献给我心爱的玲玲

星座神话

οἱ Ἀστερισμοί καί οἱ Ἥρωες

稻草人语 著

清華大學出版社
北 京

图书在版编目(CIP)数据

星座神话 / 稻草人语 著. —北京 : 清华大学出版社，2015（2024.9重印）

ISBN 978-7-302-38479-3

Ⅰ. ①星… Ⅱ. ①稻… Ⅲ. ①星座—普及读物 Ⅳ. ①P151-49

中国版本图书馆 CIP 数据核字(2014)第 260920 号

责任编辑：张立红
封面设计：肖　鹏
版式设计：方加青
责任校对：管嫣红
责任印制：曹婉颖

出版发行：清华大学出版社
网　　址：https://www.tup.com.cn，https://www.wqxuetang.com
地　　址：北京清华大学学研大厦 A 座　　邮　　编：100084
社 总 机：010-83470000　　邮　　购：010-62786544
投稿与读者服务：010-62776969, c-service@tup.tsinghua.edu.cn
质 量 反 馈：010-62772015, zhiliang@tup.tsinghua.edu.cn
印 装 者：天津鑫丰华印务有限公司
经　　销：全国新华书店
开　　本：180mm×250mm　　印　张：19.5　　插　页：2　　字　数：288 千字
版　　次：2015 年 1 月第 1 版　　印　次：2024 年 9 月第11次印刷
定　　价：79.00 元

产品编号：057532-01

序言

几年前，我通过摩西老师介绍知道稻草人语，但阴错阳差直到今年9月我们才在上海第一次见面，他的才华像他的年龄一样使我和其他老师震惊。

第一次网上交流是因为他参与我博文中的讨论。后来，时间正好也是四年前10月22日，我写了一篇博文向大家介绍稻草人语及他对词源的认识，是这样写的：

最近一段时间，我对稻草人语了解越来越多，我和他的相识，按照他的说法，起源于最初的“争执”，有意思吧？作为任何一个想弄清真相的人，什么时候都不要惧怕“争执”，特别是学术上的，这原本应该是正常的事情啊！可是，我们的传统似乎都习惯于那种你好我好的氛围。

可能大家都知道，国内从本科生到博士的答辩，“辩”的过程不是那么浓，每次开会，能提、敢提问题的人、情况越来越少，这绝对不是一个正常的现象，这样下去，“发”，也许会，“发展”呢？

真是长江后浪推前浪啊，让我很感慨，我们教授、研究语言的人中，究竟有多少人从一开始就抱着严谨的态度去独立思考很多问题的？

“躁动不安”现在是一种流行病，似乎还没有特效药，并且呈群体、高发态势，我特别希望每一个人多做一点实际的研究工作，口号，只会浪费更多能量。

几年过去了，稻草人语阅读了大量的文献资料，在古希腊语、拉丁语、印欧语等方面积累了丰富的理论和学识，他很乐意以不同的方式分享这些知识，还将一些好书寄给我和其他老师，我也从他身上学到了不少知识。

稻草人语在希腊神话、西方文化等方面的研究也非常出色。他的处女作《众神的星空》就是非常好的证据，这本书知识丰富、配图精美、行文流畅，让人享受阅读难以释卷。而相继而来的《星座神话》更有较出色的进步，更是一本难得的佳作。

这本关于星座和神话的书，仅目录"印欧人的迁徙 、字母的起源、英语的历史、天文常识漫谈、历法的故事、耶稣与古老的占星术"等就让人充满期待。48 个星座，比如其中人们熟悉的白羊座、金牛座、双子座、巨蟹座、狮子座、室女座（处女座）、天秤座、天蝎座、人马座（射手座）、摩羯座、宝瓶座（水瓶座）、双鱼座，分别对应第三章里的"金羊毛传说 、诱拐欧罗巴 、手足情深、失败的偷袭者、百兽之王 、冥王掠妻记、公平正义的度量、七月流火、技艺超群的弓箭手、潘神变形记、斟水的美少年、爱与美之女神"等故事；还有像"英雄珀耳修斯、囚锁于海滩的少女、普罗米修斯的解放、阿耳戈英雄纪、持蛇行医者、俄耳甫斯之悲歌、天狼星与侮辱苏轼的人、驾驭太阳车的鲁莽少年"则分别对应"英仙座、仙女座、天箭座、南船座、蛇夫座、天琴座、大犬座、御夫座"。读起篇名就觉得俨然故事要开始了，书中的内容更如题目一样让人有种一口气读完的冲动。有趣的神话故事及精彩的词源解读，为语言、文化及众多领域的学习者、爱好者提供了一顿色香味俱全、营养丰富的大餐，绝对不可错过。

相信也期待稻草人语在未来继续为读者带来其他方面的更多融合知识性、趣味性的系列语言、文化大餐。

袁新民（"不再背单词"系列
书及修订版《新四级 / 六级词
源 + 联想高效记忆法》作者）
2014 年 10 月 22 日

说明

一、书中神话人物均从古希腊语、拉丁语原名，大部分按照罗念生先生《罗氏希腊拉丁文译音表》（1957 年）译出，个别神话人物名采用意译，或使用通用译名；古代地名翻译也同按此标准。书中现代人名和地名均按照中国地名委员会、新华通讯社译名室相关标准翻译。

二、书中神话人物名称英文部分，如非特殊强调，皆使用英文转写的古希腊语、拉丁语人名。比如弥诺陶洛斯在希腊语中作 Μῑνώταυρος，本书中英文部分使用英语转写的 Minotaur。全书所涉及希腊语皆为古希腊语。

三、书中天文类名称术语均使用中国天文学会天文学名词审定委员会标准翻译校对。比如 Virgo 译为“室女座”，而不译为“处女座”。

四、书中出现的“词干”概念皆对应古希腊语和拉丁语语法中的词干。为了方便讲解词汇构成，引入“词基”的概念，后者指去掉词干末尾的构干元音后的剩余部分。“词根”一般用来指印欧语词根，以及其在梵语、古希腊语、拉丁语等语言中的演变形态。词干、词基和词根非完整的单词，故表示为诸如 pisc-‘鱼’。

五、为了区分书中的英语词汇和非英语词汇，凡是以单引号注解的词汇皆非现代英语单词，而以双引号注解的词汇为现代英语单词，比如：印欧语的‘星星’*aster 演变出了梵语的 tārā‘星星’、希腊语的 ἀστήρ‘星星’、拉丁语的 stella‘星星’和英语的 star“星星”；前缀、后缀、词干、词基等非完整单词也使用单引号，比如：拉丁语中的 -trum‘工具名词后缀’。在其他情况下，双引号常规使用。

六、【 】号在全书中仅仅用来对词汇进行词源解释，以区别于词汇的一般含义解释。比如：一磅之重最初被称为 libra pondo【libra by weight】，古英语中省去 libra 而称一磅为 pund，并演变出英语中的 pound，也就是一英镑之重。

七、外语连字符遵从词源和词构中的使用标准，一般表示非完整单词的概念，以与完整的单词相区别。前缀和词汇的前半部分表示为诸如：否定前缀 a-；后缀和词汇的后半部分表示为诸如：施动名词后缀 -er；词汇的中间部分表示为诸如：现在分词 -nt-。

八、* 号表示该词汇未见于书面记载，是词源学中拟构的词汇，比如：印欧词根 *men- 的零级形式 *mn- 加抽象名词后缀 *-ti- 构成 *mnti-‘思想、心智’，后者演变出梵语的 mati‘思想’、拉丁语的 mens‘思想’、英语的 mind“心智”。

九、书中“衍生”一词表示后词由前词与其他词汇（或前缀、后缀）结合而来，或经过语法变化生成而来，比如：ἕλιξ 一词衍生出了英语的直升机 helicopter【旋转的翅膀】；“演变”一词表示后词由前词本身（未与任何词汇或前后缀合成）变化而来，比如：*dʰumós 一词演变出了梵语的 dhūma‘烟雾’、希腊语的 θυμός‘灵魂’、拉丁语的 fumus‘烟’；“同源”表示几个词汇有着共同的词源（一般并非互相演变而来），比如：希腊语的 λύκος‘狼’与拉丁语的 lupus‘狼’、古英语的 wulf‘狼’同源，都来自印欧语的‘狼’*wlkʷos【危险的】。

十、书中星座配图基本上全采用 1690 年出版的赫维留星图，彼时星座与今星座略有不同。星图中凡是今仍延续使用的星座一律依据天文译名标准翻译为对应的星座，比如：狮子座、英仙座。部分今已废除的星座，在图中不再译为“座”，比如：安提诺斯、鹅、狐狸、北苍蝇、冥犬、梅拿鲁思山。

十一、书中所涉及梵文、阿拉伯文、希伯来文、波斯文都使用拉丁字母进行转写，附录中有转写与原文对照表，供有需要的读者查阅使用。其中，梵文皆按照国际梵语转写字母（IAST）标准进行转写，个别已被英语借用的词汇转写为对应英语借词。比如梵语中的‘老虎’पुण्डरीक 转写为 puṇḍarīka，而已有英语借词的‘阿弥陀佛’अमिताभ 则转写为 amitabha。

目录

第1章　引子 · 1

第2章　星空 · 37

第3章　星座故事 · 63

第1章 引　子

1.1 印欧人的迁徙

文明史

农业革命使人类开始告别石器时代野蛮的部落文化，迈入文明社会，欧亚大陆和北非先后出现诸古代文明。这些古代文明有：美索不达米亚文明（始于约公元前 4000 年）、古埃及文明（始于约公元前 3100 年）、古印度河文明（始于约公元前 3000 年）、克里特岛文明（始于约公元前 2500 年）、中国古代文明（即商文明，始于约公元前 1500 年）。诸古代文明各自发展出独特的文化，建立政府并形成阶级分化，各自发明出不同的文字系统。这些古代文明就如同黑夜中的灯火一样，点亮了大地上的几点文明曙光。然而这曙光却都孤立而微弱，被周边巨大的蛮荒和众多野蛮落后的游牧民族所团团包围。这些游牧民族主要有三个集团，分别是：来自中欧大草原的古印欧人部落、来自阿拉伯沙漠地带的闪米特人部落、来自亚洲大草原的蒙古—突厥人部落。

然而，在公元前第二个千年内，诸古代文明大部分开始衰落，并且在周边游牧民族的入侵下纷纷崩溃。入侵的结果是五个古代文明逐一凋零，而取代这些古代文明的，则是数百年后所兴起的诸古典文明，其主要有：希腊文明、罗马文明、印度文明、中国文明。诸古典文明大约都开始于公元前 1000 年至公元 500 年之间。在古典文明时期，人类文明达到了前所未有的高度和深度，彼时古希腊哲学家思想家辈出，中国也有诸子百家争鸣，这些思想文化成为我们今天科技和各种学术的基础，一直深刻地影响着人类文明的发展。

诸古典文明的崩溃同样可以归因于游牧部落的入侵。在公元 200 至 600 年之间，诸古典文明纷纷崩溃，世界格局又产生了巨大的变迁。这数百年的动乱起初是因为中国北方匈奴人的崛起和壮大。公元 220 年，东方的汉帝国在与北方的匈奴等蒙古—突厥部落的长期对峙中命数耗尽，内忧外患使得汉帝国最终分裂为魏、蜀、吴三个王国。之后经历了短暂的晋朝，中原汉族政权却再一次败于北方的少数民族入侵者，失去一统，进入纷乱的南北朝时期。直到公元589年隋统一中国为止。[1]而早在汉匈对峙的年代，一些匈奴部落也因遭汉军挫败而不得不沿着欧亚大草原西迁，彪悍恐怖的匈奴人在西迁的过程中打败了居住在西罗马帝国边境的哥特人、阿兰人等民族，仓惶逃窜的边境民族冲破了西罗马帝国的防线，终于导致这一帝国的灭亡。诸边境部落纷纷趁机涌进帝国广袤的疆土，给自己占据生存繁衍的地盘，于是欧洲政局大变。法兰克人占领了法国、盎格鲁人占领了英国、西哥特人占领了西班牙、东哥特人占领了意大利……欧洲从此进入各蛮族据地统治的时代，即中世纪时代（公元476年至公元1453年）。与此同时，东罗马帝国在欧洲东部存活了下来，但却被闪米特人的后裔——阿拉伯人所建立的穆斯林帝国重重包围。

①这一时期因为少数民族的频繁入侵也被称为“五胡乱华”。值得一提的是，中国并没有因为游牧民族的入侵而进入欧洲那样的中世纪时代，因为入侵者始终只霸占着中国北方，而在长江以南地区汉文明的血统并未断绝。因此，当隋统一中国时，汉文明依旧可以得到恢复和延续。

促使中世纪时代消亡的原因，仍然来自中国北部的大草原。公元1000年至1500年间，中国北方的突厥和蒙古民族先后崛起。首先是十一世纪突厥人的兴起。突厥人在西迁途中皈依了伊斯兰教，并先后征服了印度和西罗马帝国，他们还建立了领土广阔的土耳其帝国。十三世纪时，蒙古帝国更以惊人的速度崛起和壮大，这些勇武彪悍的野蛮战士横扫了欧亚诸国，消灭了东方的宋王朝、金王朝、西夏王朝，中东的花剌子模王朝和阿拔斯王朝等众多实力强大的王朝政权，并将欧洲文明挤压入弹丸之地。当蒙古帝国的统治者也皈依了伊斯兰教之后，处于基督教统治下的欧洲文明就变得更加岌岌可危，中世纪的封建制度在内忧外患之下逐步瓦解。欧洲人怀着强烈的危机感寻找出路，迫切地寻求生存和发展空间。于是便有了大航海时代的大发现，有了西欧的资本主义革命，有了翻天覆地的技术和科学进步。世界近代史终于拉开了序幕。

印欧人的迁徙

古印欧人最初栖息在黑海和里海之间的地区。这个游牧集团由很多个小部落组成，这些部落形成一个共同的语言文化群体。他们主要靠畜牧为生，为追逐理想的放牧环境而迁徙。在迁徙时，一个部落内的所有成员集体行动，参加迁徙或战争。在诸古代文明被诸游牧民族

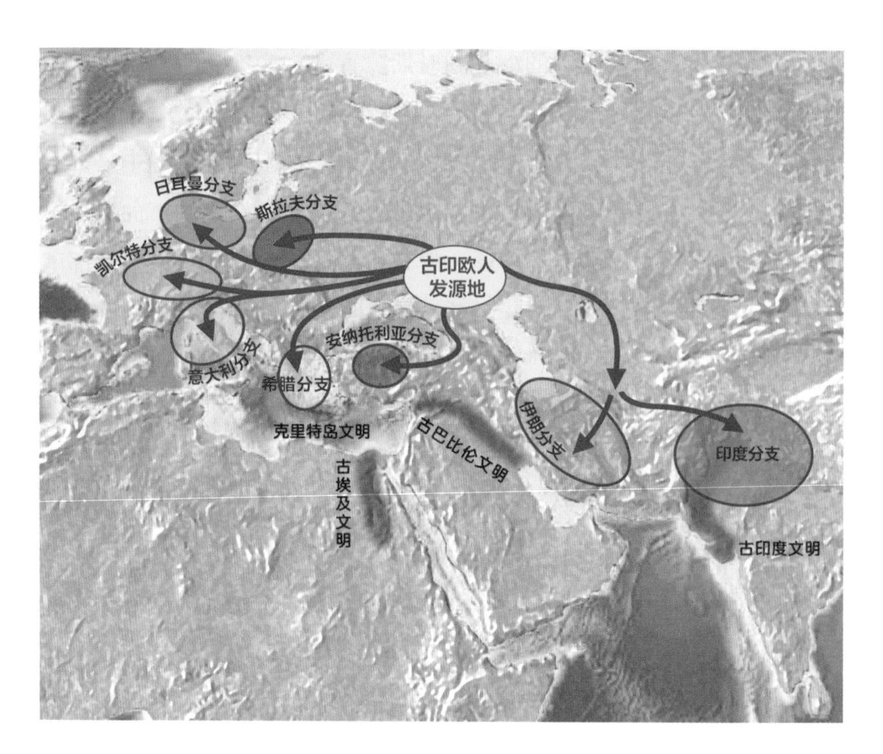

图 1-1 印欧人的迁徙

入侵的时代，这些迁徙中的游牧部落主要有：

1. 约公元前 3300 年，安纳托利亚分支开始向小亚细亚迁徙。其中的一支赫梯人于约公元前 2100 年入侵安纳托利亚高原，并在那里建立了强大的赫梯帝国。

2. 约公元前 3000 年，印度 - 伊朗分支开始向伊朗高原迁徙。其中，波斯人于约公元前 2000 年在伊朗高原定居下来，并于公元前 600 年左右建立起古波斯帝国。雅利安人部落约于公元前 1700 年入侵印度。他们征服了处于古代文明的古印度人，并吸收印度古代文明的精华，建立起了印度古典文明。

3. 约公元前 2250 年，亚该亚人抵达希腊半岛，并开始在半岛上定居下来。到了约公元前 1600 年，入侵者建立起了希腊半岛南部的迈锡尼文明。他们还多次入侵并最终摧毁了克里特岛的古代文明。

4. 约公元前 2100 年，凯尔特人迁徙至欧洲。至公元前 1200 年，凯尔特人已经占领了中欧和北欧的大部分地区，如高卢、伊比利亚半岛、欧洲西北沿海地区等。约在公元前 700 年，他们入侵并占领了不列颠岛。

5. 约公元前2000年，古日耳曼人迁徙到中欧和北欧，并在当地定居下来。

6. 约公元前2000年，意大利人入侵亚平宁半岛，到了公元前八世纪，意大利人中的一支——罗马人兴起，并最终建立起了强大的罗马帝国。

7. 约公元前1400年，斯拉夫人迁徙至东欧地带，在第聂伯河和奥得河之间的地区繁衍壮大起来。

8. 约公元前1200年，手持铁器的多里安人再度入侵希腊半岛。他们摧毁了亚该亚人建立起的迈锡尼文明，并将希腊文明带入持续了近400年的“黑暗时代”，直到公元前800年左右希腊诸城邦一一崛起。

值得一提的是，印欧人的迁徙促发了众多古典文明的出现。其中，雅利安人征服了古印度河流域的本土文明，并建立了以梵语为载体的印度文明；亚该亚人和多里安人入侵了希腊半岛，并建立了以古希腊语为载体的古希腊文明；古意大利人入侵了亚平宁半岛，并在半岛上建立了以拉丁语为载体的罗马文明。后来，罗马帝国几乎统一了整个欧洲，并将仍处于游牧状态的诸民族，如凯尔特人、日耳曼人、斯拉夫人挡在帝国的边境之外。

印欧人的第二次大迁徙因公元三世纪起匈奴人的西进而引发。当匈奴人离开东亚草原进入欧洲腹地之后，这个游牧部落迅速得到发展壮大。公元374年，匈奴人渡过顿河，毫不费力地击败了阿兰人和东哥特人。罗马帝国东部边境的众多游牧民族惊讶地发现，不论是勇敢的阿兰人还是野蛮的哥特人，在匈奴人排山倒海的进攻面前都是一触即溃。于是败北的阿兰人、哥特人压迫着边境上惊慌失措的民族纷纷向西逃奔。难民们冲破罗马帝国边境，并最终导致了西罗马帝国全线崩溃。原本被安置在帝国东部、北部的边境游牧部落纷纷涌入，并占领西罗马帝国崩溃后的广袤领土，各自据地为王。这些民族大多数来自印欧人中的日耳曼分支，其中：

1. 法兰克人占领了高卢地区，从此该地区被称为法兰西亚Francia【法兰克人之地】，英语中称为France，即今天的法国。

2. 盎格鲁人、撒克逊人占领了不列颠岛大部分地区，从此不列颠

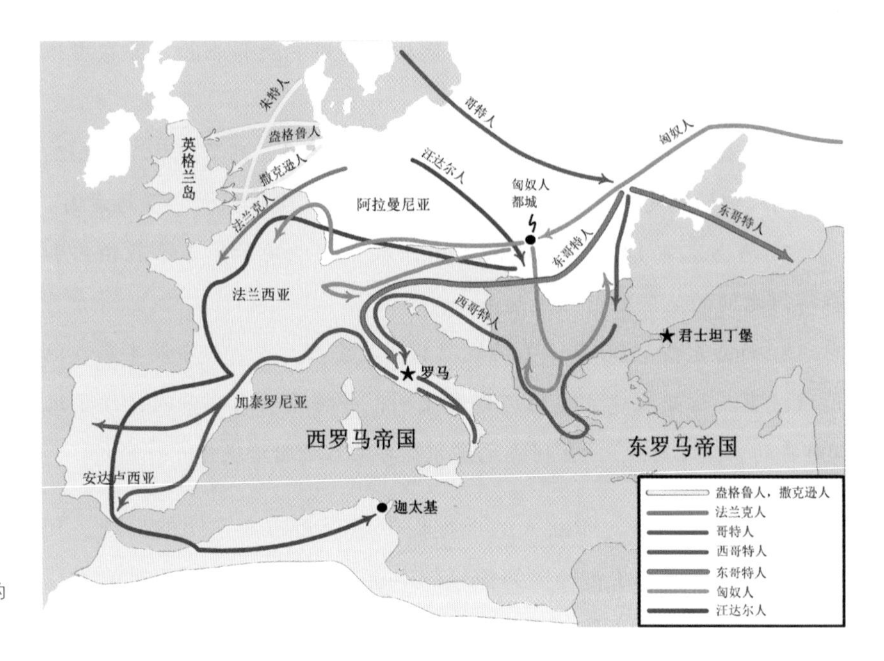

➢ 图 1-2　罗马帝国内的民族大迁徙

岛被称为英格兰 England【盎格鲁人的土地】。而部分不列颠人则逃向海峡对岸的欧洲大陆，并在后来的布列塔尼地区 Brittany【不列颠人之地】定居下来。

3. 阿拉曼人虽也深入帝国境内，但仍未放弃其对莱茵河与多瑙河之间土地的占领，这片土地也就是后来的德国。拉丁语中将这个国家称为阿拉曼尼亚 Alamannia【阿拉曼人之地】，法语中表示德国的 Allemagne 即来自于此。

4. 汪达尔人一度占据了西班牙南部，因此这片地区也被称为安达卢西亚 Andalucía【汪达尔人之地】。

5. 西哥特人和阿兰人也曾经占据西班牙的大部分地区，他们共同占领过的一个地方现在称为加泰罗尼亚 Catalonia【哥特—阿兰人之地】。

在此之后，北方日耳曼部族则建立了众多北欧国家，从而也有了今天的丹麦、瑞典、挪威、冰岛等。

关于语言

原始印欧语大约形成于公元前 4500 年以前。约自公元前 3500 年起，繁衍壮大的印欧人开始分裂为多个部落，并开始向外迁徙。征服者带着自己的家眷、习俗和武器来到一个个陌生的地方，同时也带去了他们的语言。被征服的民族被迫接受征服者的语言和习俗，大多数时候两种语言也在一定程度上相互影响和混合。其结果是，各个部族在迁徙和定居后，其语言开始发生较大变迁，随着年代流逝而与其他亲属方言越加疏远，直到变成各种相差甚远的语言。当然，虽然这些语言各自走上了不同的发展道路，但因有着共同的起源，各同源语言之间依然有很大的相似性。对这些相似性对比研究，则衍生出了印欧词源学这门学问。这门学问至今已经囊括了数百种语言，其中不少仍是现代国际上非常重要的语言，如英语、法语、德语、西班牙语、意大利语、葡萄牙语、俄语、印度语、瑞典语、爱尔兰语等。

在公元前第二个千年内，印欧人在迁徙中凭借武力夺取了欧亚大陆上众多的地盘，他们所操的语言也因此分化为不同的古语，这些古语又在后来的发展中各自衍生出了一些子语言。后来的学者们将这些语言组成的语言体系总称为印欧语系，而将印欧语系下的诸语支称为各种语族。其中：

1. 雅利安人入侵并征服了古印度人，他们的后代建立了印度古典文明。雅利安人的语言最终发展为后来的梵语，并通过各种宗教经典流传了下来，成为研究共同印欧语的一门重要古语。梵语后来衍生出了印度语、孟加拉语等现代语言。因此也有了印欧语系的印度语族。

2. 亚该亚人和多里安人入侵了希腊地区，他们的后代建立了希腊古典文明。其语言最终发展为古希腊语，并成为灿烂深邃的古希腊文化的载体，也深刻影响了欧洲的诸后代语言。因此也有了印欧语系的希腊语族。

3. 意大利人入侵了亚平宁半岛，他们中的一支建立了著名的罗马文明。后者的语言最终发展为拉丁语，并成为古罗马文明的载体。在罗马帝国崩溃后，拉丁语则分裂为各种方言，并衍生出后来的法语、西班牙语、意大利语、葡萄牙语、罗马尼亚语等。这些语言因为源自拉丁语而被统称为罗曼语。因此也有了印欧语系的意大利语族。

4. 古日耳曼人迁徙到中欧和北欧，其语言最终发展为古日耳曼语。当日耳曼民族发展壮大后，又分裂出了东部、西部和北部三大分支，其中西部分支衍生出了英语、德语、荷兰语，而北部分支则衍生出了瑞典语、挪威语、丹麦语、冰岛语等。这些语言因为源自古日耳曼语而被统称为日耳曼语。因此也有了印欧语系的日耳曼语族。

5. 波斯人入侵伊朗高原，并建立起古波斯文明。其语言最终发展为古波斯语，后者发展演变出了现代的波斯语，为伊朗的官方语言。因此也有了印欧语系的伊朗语族。

6. 凯尔特人迁徙至中欧，其语言最终发展为古凯尔特语。后者衍生出了今天的威尔士语、苏格兰盖尔语等语言。因此也有了印欧语系的凯尔特语族。

7. 斯拉夫人迁徙到欧洲大陆的东部，其语言最终发展为斯拉夫语。后者衍生出了今天的俄语、波兰语、保加利亚语、乌克兰语等诸语言。因此也有了印欧语系的斯拉夫语族。

当然，印欧语还有安纳托利亚语族、波罗的语族、亚美尼亚语族、阿尔巴尼亚语族、吐火罗语族等分支。因为这些语族的语支已经消亡或者相对不重要，此处不再细讲。

西罗马帝国崩溃之后，驻守在帝国边境东边和北边的日耳曼各部落开始了大迁徙，并在罗马帝国曾经的领土上建立起了众多的王国。入侵者与当地居民在语言文化上相互融合，于是在靠近罗马帝国中心罗马文明较深入的地区，蛮族语言屈从于先进的拉丁语，从而发展出诸罗曼语族，因此有了后来的法语、西班牙语、意大利语、葡萄牙语、罗马尼亚语等。在罗马帝国的边境和罗马帝国控制薄弱的地区，拉丁语屈从于蛮族统治者们的语言，故有诸日耳曼语言，如英语、德语、荷兰语等。部分位于北欧的日耳曼民族在斯堪的纳维亚半岛发展壮大，并逐渐发展为各种独立的王国，于是就有了后来的瑞典、丹麦、挪威、冰岛等国家，他们使用的语言也由日耳曼语衍生而来。

当帝国东部边境的日耳曼蛮族迁徙至帝国境内后，原本居住日耳曼东部的斯拉夫人迅速尾行而至，填补了东部边境留下的空缺。此后，斯拉夫人开始发展壮大，分裂为众多的部族。他们的语言也衍生出了今天的俄罗斯语、乌克兰语、捷克语、斯洛伐克语、波兰语、保加利亚语等。

1.2 字母的起源

我们现在所知最早的字母文字，源起于古埃及。古代埃及文字是一种以象形文字为主，指事和表音字符为辅的文字符号系统。这种文字因多刻绘于金字塔和神庙墙壁等神圣地方而被希腊人称为 ἱερογλυφη【神圣的雕刻】，英语的 hieroglyphic 由此而来。希腊语的 ἱερογλυφη 一词则从古埃及语的 mdw nṯr【神的文字】意译而来，中文可以翻译为圣书体文字。而我们经常听到的“古埃及象形文字”这样的说法是有失严谨的。[1]所谓的象形文字，指利用纯粹图形来表示的文字，这种图形文字与所指事物具有明显的直接关联。举个简单的例子，甲骨文中的“瓜”字形如同一只结在藤蔓上的果实，而“瓜”一字所表示的基本意思无疑也指藤蔓植物的果实，比如西瓜、黄瓜、丝瓜、甜瓜、哈密瓜等，这个字本身就是象形字，现代汉字中的“瓜”字即由此演变而来，字形上还依稀可见其所指的形象。当然，象形字只是汉字构成中的一部分，除了象形字以外我们还有会意字、形声字等，因此不能说汉字就是象形文字。同样的道理，也不能将古埃及文字统称为象形文字，因为在圣书体文字中除了象形字符以外，还存在着不少只表示发音概念的纯粹发音符号，这些发音符号便是我们所知最早的字母文字的祖先。

[1] 不少字典将hieroglyphic一词翻译为“象形文字”，这一点值得商榷。

圣书体文字始于约公元前 3000 年，到了前 2000 年的时候，古埃及的圣书文字符约有七百个，其中有二十多个常用的字符被用来表示纯粹的发音。这些字符虽然还保留着原始事物的形状，却被埃及人用来表示纯粹的发音概念：“腿”的符号仅仅表示 b 音、“水波”的符号仅仅表示 n 音、“狮子”的符号仅仅表示 l 音……这些符号与其表示发音对应如图。

图 1-3　圣书文字中的表音符号

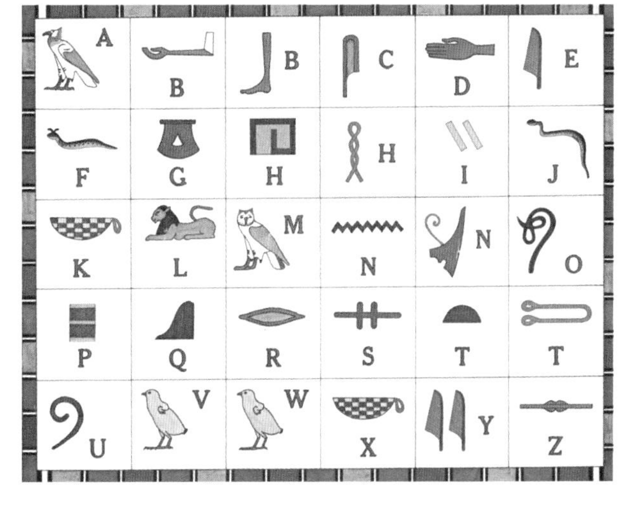

于是我们知道埃及艳后的名字克莱奥帕特拉 Cleopatra 在圣书体文字中被写作：

图 1-4 Cleopatra 一名的圣书体书写

在这样的人名中，所有的符号仅仅起着表音的作用。[1]事实上，正是基于对这类重要人名的成功解读，才使后人得以认识这被遗忘了近两千年的神秘文字。

①埃及艳后克莱奥帕特拉的名字Cleopatra是希腊语名，在埃及艳后时代整个埃及已经希腊化很久了。

腓尼基字母

公元前 2000 年到公元前 1000 年之间，在埃及为奴的闪米特俘虏受埃及表音符号启发，创造出最初的字母文字系统，我们称之为闪米特字母。这种字母文字在闪米特民族中的一支——腓尼基人那里发展成熟并得以发扬光大。腓尼基字母一共有 22 个，即：

表1–1 腓尼基字母

字母	字母名称	代表发音	名称含义
𐤀	aleph	/ʔ/	牛
𐤁	bet	/b/	屋子
𐤂	gimel	/ g /	骆驼
𐤃	dalet	/d/	门
𐤄	he	/h/	窗户
𐤅	waw	/w/	弯钩
𐤆	zayin	/z/	工具
𐤇	heth	/ħ/	栅栏
𐤈	teth	/tˤ/	轮子
𐤉	yodh	/j/	手
𐤊	kaph	/k/	手掌
𐤋	lamedh	/l/	刺棒
𐤌	mem	/m/	水
𐤍	nun	/n/	蛇
𐤎	samekh	/s/	鱼
𐤏	ayin	/ʕ/	眼睛
𐤐	pe	/p/	嘴巴
𐤑	tsade	/sˤ/	鱼钩
𐤒	qoph	/q/	针头
𐤓	reš	/r/	头
𐤔	šin	/ʃ/	牙齿
𐤕	taw	/t/	标记

这些腓尼基字母只表示辅音，没有专门的元音符号。比如国王在腓尼基文中写作𐤌𐤋𐤊。当然，这并不是说腓尼基语中没有元音，只是腓尼基文只以表现辅音的缩略形式书写，于是腓尼基语的国王大概可以表示为英语发音的 melek。事实上，元音字母的缺失乃是传统闪米特文字的一大特点。希伯来人将 22 个腓尼基字母加以改变，于是就有了 22 个古希伯来字母。这种文字因为书写《圣经》而得以发扬光大。亚拉姆字母也由腓尼基字母衍变而来，现在的阿拉伯语、蒙古语、维吾尔语等语言所使用的字母体系皆源出于亚拉姆字母。受腓尼基字母影响，这些字母文字都无元音符号，或者近代起受希腊拉丁文启发才开始部分增加元音符号。

值得注意的是，腓尼基字母虽然只用来发音，但这些字母的名称和由来最初是有具体意义的。比如 bet 一词在腓尼基语中表示‘屋子’之意，于是腓尼基人将形状像屋子的字母𐤁称为 bet，并用该字母表示辅音 /b/；šin 一词在腓尼基语中表示‘牙齿’之意，于是腓尼基人将形状像牙齿的字母𐤔称为 šin，并用该字母表示辅音 /ʃ/； reš 一词在腓尼基语中表示‘头’之意，于是腓尼基人将形状像头的符号𐤓称为 reš，并用该字母表示辅音 /r/；mem 一词在腓尼基语中表示‘水’之意，于是腓尼基人将表示水纹形状的字母𐤌称为 mem，并用该字母表示辅音 /m/。

需要声明的一点是，22 个腓尼基字母的名字与字母图形本身所表示的概念是相应的，但是字母本身仅仅是用来描述语言的发音单位，是表达语言词汇的发音符号而已。在一个单词中，任何字母符号的作用都与其符号本身的来历无关。我们需要严格将语言和表示语言的文字相区分，文字只是表达语言的一种方式，而在文字出现之前语言就早已存在了。举个简单的例子，melek 在腓尼基语中表示‘国王’，在腓尼基文中写作𐤌𐤋𐤊，这个国王的概念与腓尼基文字中的𐤌、𐤋和𐤊字母符号含义没有任何关系，并不是用‘水’、‘刺棒’、‘手’三个含义构成了国王的概念。须记住：语言的出现远远早于文字，而文字只是一种书写语言的工具而已。只可惜国内不少人将这二者混为一谈，甚至努力想证明语言源于文字，这样的努力显然是不会得到任何真正有意义的成果的。

腓尼基人是最早的航海民族之一，他们的船只往返于地中海各处的海岸和岛屿，并在沿岸建立众多殖民地作为据点和贸易港口，在开发殖民地的同时他们将腓尼基字母带给了那些尚未创立文字的民族。

古希腊人习得并改良了腓尼基字母，使其更适应本民族的语言，在腓尼基字母的基础上创制出了希腊字母。希腊字母的一个分支埃特鲁里亚字母被罗马人接受，从而衍生出了后来的拉丁字母，并发展成为今天世界上使用最广的一种文字体系，英语、法语、德语、意大利语、西班牙语等众多语言都用拉丁字母书写。希腊字母的另一支则衍生出西里尔字母，并被斯拉夫民族所广泛使用，比如俄罗斯语、乌克兰语、保加利亚语就使用这种字母书写。

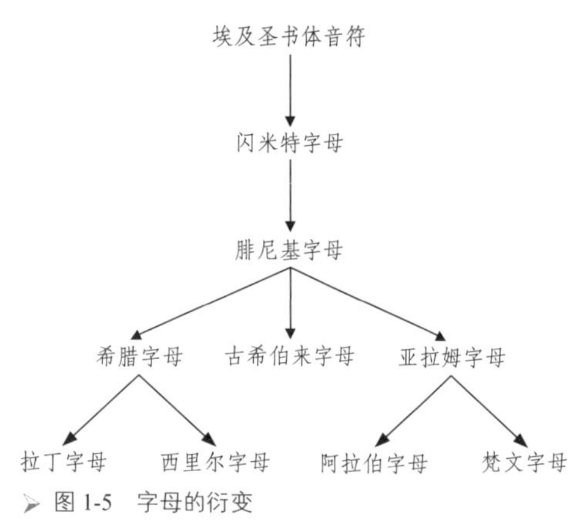

➢ 图 1-5　字母的衍变

另一方面，腓尼基字母又向东传播，于是便有了波斯字母、梵文字母、缅甸字母等至今依旧在使用的字母体系。

除了朝鲜的谚文以外（它独立发明于 15 世纪中期），我们今天使用的所有字母文字都有着一个共同的起源，那就是被腓尼基字母发扬光大的闪米特字母文字。[1]这些字母文字的应用是如此广泛，实在不得不让人对其心生敬仰。

①此处所讲的是字母文字。而像日本的假名这样的文字因为属于音节文字，故不在此列入。

希腊字母

根据古希腊神话传说，腓尼基王子卡德摩斯 Cadmus 为了寻找被宙斯拐走的妹妹欧罗巴而来到希腊，由于未能找到妹妹而无法回国复命，便在希腊境内定居下来，并建立了著名的卡德米亚城 Cadmeia【卡德摩斯之城】，也就是后来的忒拜城。当然，我们这里要讲的不是城市，而是卡德摩斯带给希腊的一样重要的礼物——文字。

传说卡德摩斯为希腊带去了 16 个腓尼基字母。后来到了特洛亚战争时，希腊人又从腓尼基文字中引进了 3 个字母。他们对腓尼基字母进行改造，使其更加适合本民族语言，从而创造出了希腊字母。希腊人在借用了 19 个腓尼基字母之后，又重新增加了 5 个新造的字母，从而完善并确立了 24 个字母的古希腊字母表，该字母体系一直沿用至今。

在希腊字母表中，前 19 个字母都是从腓尼基文字中改造过来的，这一点从各字母名称中明显能看出来：

表1–2　由腓尼基文字改造而来的19个希腊字母

字母序号	希腊字母	字母名称	腓尼基字母	腓尼基字母名称
1	Α α	alpha	𐤀	aleph
2	Β β	beta	𐤁	bet
3	Γ γ	gamma	𐤂	gimel
4	Δ δ	delta	𐤃	dalet
5	Ε ε	epsilon	𐤄	he
6	Ζ ζ	zeta	𐤆	zayin
7	Η η	eta	𐤇	heth
8	Θ θ	theta	𐤈	teth
9	Ι ι	iota	𐤉	yodh
10	Κ κ	kappa	𐤊	kaph
11	Λ λ	lamda	𐤋	lamedh
12	Μ μ	mu	𐤌	mem
13	Ν ν	nu	𐤍	nun
14	Ξ ξ	xi	𐤎	samekh
15	Ο ο	omicron	𐤏	ayin
16	Π π	pi	𐤐	pe
17	Ρ ρ	rho	𐤓	reš
18	Σ σ/ς	sigma	𐤔	šin
19	Τ τ	tau	𐤕	taw

后 5 个字母是希腊人自己创造的，它们是：

表1–3　希腊人自创的五个字母

字母序号	希腊字母	字母名称
20	Υ υ	upsilon
21	Φ φ	phi
22	Χ χ	chi
23	Ψ ψ	psi
24	Ω ω	omega

关于希腊字母值得一提的是：

1. 希腊字母的大写 H 为字母 eta，大写 P 为字母 rho，不要和常用的拉丁字母 H、P 混淆。

2. 大写字母的形状也经常被用来表示类似的形状概念，比如：Δ 呈三角形状，故 delta 一词被用来指三角形的概念，如英语中的三角洲 delta、三角肌 deltoid【Δ 状之物】；Σ 呈扭曲形，故此形状之物往往被冠以这个概念，比如乙状结肠 sigmoid【Σ 状之物】、S 形 sigmate【Σ 状的】；Y 呈倒人字形，故 upsilon 被用来指这种形状，比如倒人形 upsiloid【Y 形物】；X 呈交叉状，故 chi 被用来指交叉状事物的概念，比如染色体交叉 chiasma【X 状】、语句交错 chiasmus【X 类交错】。

3. 希腊字母表中前两个字母为 alpha 与 beta，人们常用这前两个字母表示全体字母的概念，于是就有了英语中的字母表 alphabet。希腊语的首字母和尾字母分别为 alpha 与 omega，故习语 the alpha and the omega 用来表示"从开始到结束、从头到尾"。

我们看到，腓尼基字母中的 aleph 被希腊人改称为 alpha；腓尼基字母中的 bet 被希腊人改称为 beta；腓尼基字母中的 gimel 被希腊人改称为 gamma；腓尼基字母中的 dalet 被希腊人改称为 delta；腓尼基字母中的 zayin 被希腊人改称为 zeta；腓尼基字母中的 heth 被希腊人改称为 eta；腓尼基字母中的 teth 被希腊人改称为 theta；腓尼基字母中的 yodh 被希腊人改称为 iota；腓尼基字母中的 kaph 被希腊人改称为 kappa；腓尼基字母中的 lamedh 被希腊人改称为 lamda；腓尼基字母中的 pe 被希腊人改称为 pi；腓尼基字母中的 taw 被希腊人改称为 tau。希腊字母几乎都还保留着腓尼基人对字母本身的称呼，只是在腓尼基语中这种称呼是有含义的，而到了希腊语中该称呼只剩下抽象的名字。比如，腓尼基语中的 bet 意为'屋子'，而希腊语中 beta 只是一个名字而已，除了用来指字母表中第二个字母以外没有任何实际意义，同样的道理也适用于上述其他字母。当然，还有部分字母名称与对应的腓尼基字母名称上相去甚远，比如腓尼基字母 he 被希腊人改称为 epsilon，腓尼基字母 ayin 被希腊人改称为 omicron，腓尼基字母 šin 被希腊人改称为 sigma，腓尼基字母 reš 被希腊人改称为 rho，腓尼基字母 samekh 被希腊人改称为 xi，腓尼基字母 mem 被希腊人改称为 mu，腓尼基字母 nun 被希腊人改称为 nu，这些不规则名称变化又是怎么一回事呢？

希腊语和腓尼基语相差甚大，希腊语有相当发达的元音体系。不难想象，希腊人一开始或许发现腓尼基文字并不好用，于是他们将这些字母中不适用于自己语言的辅音字母改造为元音字母，将腓尼基语中的辅音字母 aleph、he、heth、yodh、ayin 分别改为元音字母 alpha、epsilon、eta、iota、omicron（aleph 和 ayin 在腓尼基语中皆为辅音字母，这两个字母都代表闪语中特有的喉音），也就是希腊文字中元音字母 Α α、Ε ε、Η η、Ι ι、Ο ο，后来又增加了两个新元音字母 upsilon 和 omega，也就是 Υ υ 和 Ω ω。于是，希腊文中一共有了 Α α、Ε ε、Η η、Ι ι、Ο ο、Υ υ、Ω ω 七个元音字母，其中 Ε ε、Ο ο 只表示短音，Η η、Ω ω 是其对应的长音。为了区别短音 Ε ε 和长音 Η η，便将前者取名为 epsilon【简单的 e】，同样的道理字母 upsilon 发短音，其名字意思为【简单的 u】；为了区分短音 Ο ο 和长音 Ω ω，将前者命名为 omicron【短音 o】，将后者命名为 omega【长音 o】。[1]

腓尼基字母 reš 被改造为希腊字母 Ρ ρ，希腊人也改变了对其的称呼，不再称之为 reš，而称为 rho，因为这个字母在希腊语中读作 rh，后面的 o 只起到辅助发音的作用；相似的道理，腓尼基字母 mem 被希腊人改为 mu，也就是字母 Μ μ；腓尼基字母中的 nun 被希腊人改为 nu，也就是字母 Ν ν；腓尼基的 samekh 被希腊人改为 xi，也就是 Ξ ξ。

腓尼基字母 šin 被希腊人改造为 Σ σ /ς，这个字母因为发 s 音而被称为 sigma，sigma 一词由希腊语动词 σίζω【发 /s / 音】衍生而来，sigma 字面意思为【s 音】。

在引进和改造了 19 个腓尼基字母之后，希腊人发现本民族语言中还有一些特殊发音不能用这些文字表现出来，于是在此基础上新发明了 5 个字母，分别是发 /u/ 音的 Υ υ、发 /ph/ 音的 Φ φ、发 /ch/ 音的 Χ χ、发 /ps/ 音的 Ψ ψ、发 /o:/ 音的 Ω ω。拜占庭时代为了区分长音 Ω ω 和短音 Ο ο，将前者更名为 omega【长 o】，后者称为 omicron【短 o】；[2] 为了区分长音 ου 和短音 υ，故将后者更名为 upsilon【简单的 u】。至此，希腊字母名称最终确立下来。

当然，本文中所探讨的字母表为已经发展成熟的古希腊字母体

[1] omicron即【短o音】，对比微观世界microworld【小世界】、微生物microbe【小生命】、密克罗尼西亚Micronesia【小岛群岛】、显微镜microscope【微小事物的观测镜】。omega即【长音o】，对比巨石megalith【大石头】、特大城市megapolis【大的城市】、大懒兽megatherium【巨大的野兽】、冢雉megapode【大脚】。

[2] 为了创造出一个表示长音的O，希腊人使字母O底部开裂，便有了字母Ω。

系。事实上，希腊字母最初在东部和西部略有差异，也就是有两个分支。公元前八世纪时，由西部分支衍生出意大利的埃特鲁里亚字母，继而演变为拉丁字母，成为现在世界上使用最广泛的文字系统。另一方面，东部分支受后期东正教的影响，由拜占庭传入斯拉夫民族，从而衍生出西里尔字母，并被俄罗斯、乌克兰、保加利亚等国家使用至今。

拉丁字母

约在公元前八世纪，居住在意大利中部地区的埃特鲁里亚人受希腊文明的影响，他们借用并改造了希腊字母，创造了埃特鲁里亚字母。到前六世纪，埃特鲁里亚人在意大利建立王朝，统治着罗马和其他地区。后来罗马成为意大利半岛的新霸主，罗马人沿用并改造了埃特鲁里亚字母，将它变成自己民族的文字。因为罗马人最初寓居于台伯河岸的拉丁姆 Latium 地区，所以他们所使用的字母被称为拉丁 Latin 字母，其语言也被称为拉丁语。勇武智慧的罗马人通过一系列战争成为意大利半岛的霸主，之后又通过扩张将几乎整个欧洲纳入帝国版图。罗马的军人和官吏将拉丁文带到他们所征服的土地上，并推行拉丁语以取代当地的语言。罗马帝国衰亡之后，帝国各行省的拉丁语方言逐渐分化，并形成了后来的意大利语、法语、西班牙语、葡萄牙语、罗马尼亚语等语言。拉丁字母也因为罗马帝国的影响被欧洲各地纷纷采用。大航海时代以后，拉丁字母又随着欧洲列强的海外殖民由官吏、商人、传教士传到了美洲（南美洲、中美洲及墨西哥等地区因为使用西班牙语、葡萄牙语等拉丁语子语而被称为拉丁美洲）、大洋洲（大洋洲语言全部都采用拉丁字母书写）、非洲的大部分地区（除埃塞俄比亚和埃及外，非洲大部分地区都采用拉丁字母）、部分亚洲国家（如土耳其、越南、印度尼西亚、菲律宾等国家），就连我们国家也使用了拉丁字母作为文字拼音。如今，拉丁字母已经成为世界上使用最广的官方文字，全世界把拉丁字母作为母语文字的人数约为 30 亿。

既然拉丁字母源自希腊字母，那么，26 个拉丁字母是怎样变化来的呢？

我们现在所用的 26 个字母的拉丁字母体系是公元十五世纪以后

才最终形成的。而在古典时期，拉丁字母表中只有 23 个字母，所以常见的拉丁语文献里一般只有 23 个字母。到了文艺复兴时期，人们又在古典拉丁字母基础上新增加了 3 个字母，这才形成了由 26 个字母组成的拉丁字母体系。早期字母表中的 23 个古典拉丁字母皆源于希腊字母，它们分别是：

表1-4　23个古典拉丁字母

字母序列	拉丁字母	字母名称	源自希腊字母	注释
1	A a	ā	Α α	
2	B b	bē	Β β	
3	C c	cē	Γ γ	
4	D d	dē	Δ δ	
5	E e	ē	Ε ε	
6	F f	ef		由希腊字母ϝ变化而来
7	G g	gē		由拉丁字母C改变而来
8	H h	hā	Η η	
9	I i	ī	Ι ι	
10	K k	kā	Κ κ	
11	L l	el	Λ λ	
12	M m	em	Μ μ	
13	N n	en	Ν ν	
14	O o	ō	Ο ο	
15	P p	pē	Π π	
16	Q q	qū		由希腊字母Ϙ改变而来
17	R r	er	Ρ ρ	
18	S s	es	Σ σ/ς	
19	T t	tē	Τ τ	
20	V v	ū		由Y改变而来，表示u音
21	X x	ex	Χ χ	
22	Y y	y Graeca	Υ υ	为转写希腊文而引入
23	Z z	zēta	Ζ ζ	为转写希腊文而引入

关于拉丁字母值得一提的是：

1. 罗马人废除了 alpha、beta 等在拉丁语中没有意义的字母名称，而使用字母代表的发音来命名字母，或者加一个辅助发音的元音发音。用字母代表的发音命名的字母为五个元音字母 ā、ē、ī、ō、ū；辅音字母则加上一个辅助发音的元音来取名，发音前加元音命名的有

ef、el、em、en、er、es、ex，发音后加元音取名的有 bē、cē、dē、gē、hā、kā、pē、qū、tē。

2. 拉丁字母的 F、Q 字母分别由早期的希腊字母 ϝ（digamma）和 ϙ（qoppa）改变而来，这两个字母后来又都被希腊人抛弃，因此并不见于标准希腊文字。

3. 起初字母 C 同时被用来表示清音 /k/ 和浊音 /g/。到了公元前三世纪，为了区分这一对清浊辅音，在字母 C 上添加一短横创造了字母 G，用以表示浊音 /g/，而用字母 C 表示清音 /k/。并用新创造的字母 G 取代了一个不常用的字母的位置。

4. 早期的拉丁语中，字母 c、k、q 有着相似的发音，都发 /k/ 音。其最初的分工为，在 e 之前用 c，在 a 之前用 k，在 u 之前用 q，字母名称 ce、ka、qu 也是这么来的。后来人们更倾向于用 c 代替 k 的所有功能，字母 k 只在非常少数的情况下使用，而字母 q 则只出现在 u 之前构成 qu 组合。英语词汇也受此影响，英语中字母 c 的出现概率远远高于字母 k，字母 q 出现在单词中必以 qu 组合出现。

5. 公元前一世纪左右，罗马学者中掀起了学习希腊文化艺术的热潮。为了转写希腊词汇，拉丁语中引入了 Y、Z 两个字母，因为是后来加的，所以被排在最末两位。这两个字母名称中仍然保留着希腊味道，字母 Z 仍保留着其希腊名称 zeta，而字母 Y 因来自希腊文而被称为 y Graeca，意思是【希腊的 Y】。

6. 罗马文明师从希腊文明，多方面学习希腊的文化、艺术、哲学等，并翻译转写了很多希腊名家的著作。很多拉丁语词汇都源于希腊语，一般经由转写而来。希腊语到拉丁语的转写几乎是字母对应转写的，比如 Ἀθηνᾶ 就转写为 Athena。

一般的转写对应为：

表1–5 希腊字母的拉丁转写

希腊字母	Α	Β	Γ	Δ	Ε	Ζ	Η	Θ	Ι	Κ	Λ	Μ	Ν	Ξ	Ο	Π	Ρ	Σ	Τ	Υ	Φ	Χ	Ψ	Ω
小写体	α	β	γ	δ	ε	ζ	η	θ	ι	κ	λ	μ	ν	ξ	ο	π	ρ	σ/ς	τ	υ	φ	χ	ψ	ω
拉丁字母	A	B	G	D	E	Z	E	TH	I	K	L	M	N	X	O	P	R	S	T	Y	PH	CH	PS	O
小写体	a	b	g	d	e	z	ē/e	th	i	k	l	m	n	x	o	p	r	s	t	y	ph	ch	ps	ō/o

当然，转写中名词词尾有一些需要注意的更改：

表1-6　部分希腊词尾的拉丁化书写

希腊语词尾	词汇举例	对应转写	拉丁语词汇	例词含义
希腊词尾-ος	κατάλογος	拉丁词尾-us	catalogus	目录
希腊词尾-ον	ἄστρον	拉丁词尾-um	astrum	星星
希腊词尾-ης	ναύτης	拉丁词尾-a	nauta	水手
希腊词尾-ων	Πλάτων	拉丁词尾-o	Plato	柏拉图

在古典拉丁语书写中，字母 V 同时被用来表示元音 /u/ 和辅音 /w/，一般的判断标准为：在位于元音之前表示辅音，位于辅音之后表示元音。到了文艺复兴时期，为了将字母 V 所表示的元音与辅音区分开来，书写中将 V 的下半部分变得圆滑而造出了字母 U，并用字母 V 表示辅音 /w/，而字母 U 表示元音 /u/。同样的道理，最初字母 I 也被同时用来表示辅音和元音，为了将其表示的辅音和元音区分开来，将 I 的下半部分延长并打钩而造出字母 J，并用 J 表示辅音，而 I 则只用来表示相应的元音。

另外，在中世纪时，日耳曼人采用了拉丁字母书写记录自己的语言。日耳曼语在辅音 /w/ 上与拉丁民族语言有着很大的不同，为了区分这两种发音，拉丁字母中增加了字母 W。字母 W 由两个 V 构成，所以法语中将 W 称为 double vé【两个 V】；又因为 V 和 U 本为同一个字母，所以英语中将 W 叫作 double u【两个 U】。但是一般在拉丁语中，很少使用字母 W。

至此形成了国际标准的 26 个字母的拉丁字母体系，并被众多的语言所使用，包括英语。这个新的拉丁字母体系为：

ABCDEFGHIJKLMN
OPQRSTUVWXYZ
abcdefghijklmn
opqrstuvwxyz

➢ 图 1-6　拉丁字母表

拉丁字母在世界上的传播分为三个时期。早期主要依靠罗马帝国的武力和殖民扩张，罗马帝国衰落以后则主要依靠基督教的传播，到了近代因西方世界的殖民探索和西方文明的影响而传入世界各地。罗马帝国的扩张带来了拉丁字母的扩张，没有文字的民族开始采纳拉丁字母，有文字的民族也因为拉丁字母的排挤而放弃其本土文字。于是，拉丁文字先后取代了日耳曼民族的鲁尼文字、凯尔特人的欧甘文字、印度的婆罗米文字、部分斯拉夫国家的西里尔字母、部分阿拉伯国家的亚拉姆字母等文字体系。

拉丁文字成为了欧洲世界的标准文字，并且拉丁语对欧洲语言的影响也非常深远。拿英语来说，据统计，英语中约有 50% 的词汇直接或间接来自于拉丁语。这一比例非常惊人。不难想象，如果一个英语学习者利用业余时间掌握一下拉丁语基础的话，那么他的英语水平会产生很大的进步。

随着罗马帝国的衰亡，拉丁语渐渐变成一种死语言，不再被人们言说，但它的书面语却留存了下来。中世纪及后来欧洲许多著名的学术作品都是由拉丁文写就的，不少都成为今天各个学科的奠基之作。比如哥白尼的《天体运行论》（*De Revolutionibus Orbium Coelestium*）、开普勒的《宇宙和谐论》（*Mysterium Cosmographicum*）、吉尔伯特的《磁石论》（*De Magnete, Magnetisque Corporibus, et de Magno Magnete Tellure*）、牛顿的《自然哲学的数学原理》（*Philosophiae Naturalis Principia Mathematica*）、林奈的《自然系统》（*Systema Naturae*），等等。

至今国际通用的动物学名、植物学名、解剖学名、药物学名、法律类名词等都使用拉丁语。我们经常使用的缩写很多都来自拉丁语，比如：

表1–7　常见拉丁文缩写

缩写形式	拉丁语原形	汉语含义
A.D	anno Domini	公元
No.	numero	数字
etc.	et cetera	等等
i.e.	id est	也就是
e.g.	exempli gratia	比如
a.m	ante meridiem	上午
p.m	post meridiem	下午
Rp.	recipe	服用
b.i.d	bis in die	一日两次
t.i.d	ter in die	一日三次
i.m	injectio musculosa	肌肉注射
i.v	injectio venosa	静脉注射

1.3 英语的历史

约在公元前 700 年左右，居住在欧洲西部的凯尔特人开始越过海峡，迁徙到对岸的不列颠岛上。这些迁徙到岛上的凯尔特部族中，有一支名叫布立吞人 Britons 的民族成为岛上的主体民族，因此罗马人称该岛为布里塔尼亚 Britannia【布立吞人之地】，英语中的不列颠 Britain 即由此而来。以布立吞人为首的凯尔特人开始在岛上繁衍生息，直到凯撒和他之后的罗马帝王们染指这片遥远的疆土。公元 43 年，罗马征服不列颠，将其划为帝国西北边陲的一个行省。罗马人将先进的文明传入这片土地，他们在岛上修筑营寨和城市，修建多条道路交通网以连接各地的城市，从而巩固帝国在不列颠的统治。然而，北方的蛮族皮克特人 Picts 却经常南下骚扰罗马占领下的不列颠。为此罗马士兵深受其苦，并在对皮克特人的战争中屡屡受挫。于是公元 122 年，哈德良皇帝下令在罗马占领区北面修筑一条长长的防御工事，防御北面蛮族的反攻。这长墙因此被称为哈德良墙，哈德良墙后来也成为了不列颠岛上两个主体民族（即属于日耳曼民族的英格兰人和属于凯尔特民族的苏格兰人）之间的分界线。当然，这是后话。

古英语时期（公元 450 年到公元 1150 年）

公元四世纪初，罗马帝国内部日益腐败堕落，来自边境的危机却愈演愈烈。公元 374 年，当凶猛的匈人打败了哥特人和阿兰人之后，罗马边境的蛮族部落为了逃命，终于冲破了帝国的边境。西罗马帝国岌岌可危。罗马人不得不在公元 407 年撤回安扎在不列颠的军团，来保卫随时可能被蛮族攻陷的罗马城。不久之后，北方的皮克特人和来自西部岛屿的爱尔兰人发现不列颠毫无军队防守，便开始大举进犯。布立吞人在罗马的奴役下早已丧失了战斗力，他们徒劳无助地四处求援，终于从欧洲搬来了几支日耳曼部族的救兵。这些日耳曼部族主要有三支，分别是盎格鲁人 Angles、撒克逊人 Saxons 和朱特人 Jutes。布立吞人很快后悔地发现自己的行为无异于引狼入室。公元 449 年，日耳曼援兵们乘船越过海峡，轻易击溃了皮克特人和爱尔兰人的入侵。然而，这些外来民族却反客为主，在当地定居下来，还将布立吞人四处驱逐。布立吞人不得不逃至西部的山地，或者逃向海峡对岸的欧洲大陆，在后来的布列塔尼地区 Brittany【不列颠人之地】定居下来。入侵者在不列颠建立了七个主要的王国，从此不列颠进入七国时代。这七个王国分别为：由盎格鲁人建立的诺森布里亚 Northumbria【亨伯河以北之国】、东盎格利亚 East Anglia【东盎格鲁人之地】、麦西亚 Mercia【边境民族】，由撒克逊人建立的萨塞克斯 Sussex【南撒克逊之地】、威塞克斯 Wessex【西撒克逊之地】、埃塞克斯 Essex【东撒克逊之地】，由朱特人建立的肯特 Kent【边境】。不列颠的占领者以盎格鲁人为主，从此【布立吞人之地】即布里塔尼亚 Britannia 一名让位给了英格兰 England【盎格鲁人的土地】。残留的布立吞人被迫进入西部山地之中，英格兰人将这些被赶到山地的布立吞人称为威尔士人 Welsh【异族人】，并将他们栖息的地区称为威尔士 Wales【异族人之地】。

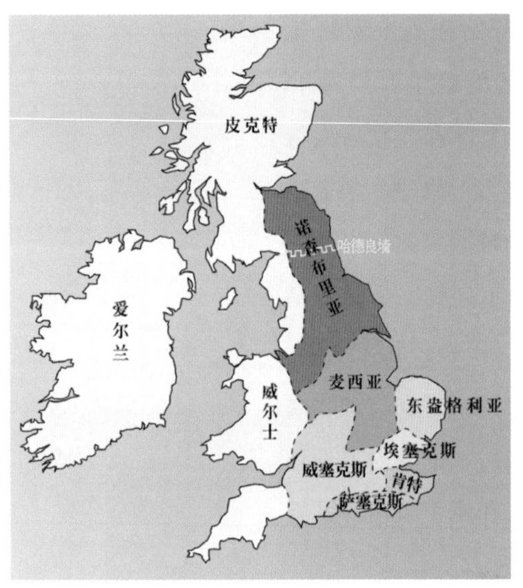

图 1-7　七国时代

从此不列颠开始被以盎格鲁人为首的日耳曼部族所占领，当这些部族与欧洲大陆上的日耳曼同胞相隔离后，他们的语言开始发展为一种新的语言，即英语 English【盎格鲁人的语言】。为了和英语后来的发展阶段区分，本阶段的英语被称为古英语。

古英语是日耳曼语族中的一员，因此就不难理解为什么古英语和今天的荷兰语、德语非常相像。对比如下基本词汇：

表1–8　英语、德语、荷兰语同源词汇对比

古英语	德语	荷兰语	现代英语	汉语翻译
fæder	Vater	vader	father	父亲
mōdor	Mutter	moeder	mother	母亲
brōþor	Bruder	broeder	brother	兄弟
swuster	Schwester	zuster	sister	姐妹
sunu	Sohn	zoon	son	儿子
dohtor	Tochter	dochter	daughter	女儿

（续表）

古英语	德语	荷兰语	现代英语	汉语翻译
sunne	Sonne	zon	sun	太阳
mōna	Mond	maan	moon	月亮
steorra	Stern	ster	star	星星
dæġ	Tag	dag	day	白天
niht	Nacht	nacht	night	黑夜
god	Gott	god	god	神灵
secġan	sagen	zeggen	say	说
sēon	sehen	zien	see	见
hȳran	hören	horen	hear	听
slǣpan	schlafen	slapen	sleep	睡
etan	essen	eten	eat	吃
drincan	trinken	drinken	drink	喝

这只是简单的词汇比较，古英语与荷兰语、德语之间的相似性远远高于此。在语法层面，这种相似性表现得更为明显。与今天的德语相似，古英语中的形容词、代词都具有五个格：主格、生格、与格、宾格和工具格。名词具有除工具格之外的四个格。形容词有阴性、阳性和中性的变化，并且在性、数、格上与所修饰的名词保持一致。动词因人称、时态、语气的不同而有不同变位。举古英语和德语中的动词为例：[1]

[1] 对于不同的动词变位，很难用汉语准确翻译，图表中的翻译仅作参考。

表1-9　古英语与德语动词变位对比

<table>
<tr><th colspan="2">动词变位</th><th>古英语</th><th>德语</th><th>汉语翻译</th></tr>
<tr><td colspan="2">不定式</td><td>drincan</td><td>trinken</td><td>喝</td></tr>
<tr><td rowspan="2">分词</td><td>过去分词</td><td>ġedruncen</td><td>getrunken</td><td>喝过的</td></tr>
<tr><td>现在分词</td><td>drincende</td><td>trinkend</td><td>正在喝的</td></tr>
<tr><td rowspan="4">陈述语气</td><td rowspan="4">现在时态</td><td>drince</td><td>trinke</td><td>我喝</td></tr>
<tr><td>drincest</td><td>trinkst</td><td>你喝</td></tr>
<tr><td>drinceþ</td><td>trinkt</td><td>他喝</td></tr>
<tr><td>drincaþ</td><td>trinken</td><td>我们喝</td></tr>
<tr><td rowspan="8"></td><td rowspan="2">现在时态</td><td rowspan="2">drincaþ</td><td>trinkt</td><td>你们喝</td></tr>
<tr><td>trinken</td><td>他们喝</td></tr>
<tr><td rowspan="6">过去时态</td><td>dranc</td><td>trank</td><td>我喝过</td></tr>
<tr><td>drunce</td><td>trankst</td><td>你喝过</td></tr>
<tr><td>dranc</td><td>trank</td><td>他喝过</td></tr>
<tr><td rowspan="3">druncon</td><td>tranken</td><td>我们喝过</td></tr>
<tr><td>trankt</td><td>你们喝过</td></tr>
<tr><td>tranken</td><td>他们喝过</td></tr>
</table>

（续表）

动词变位		古英语	德语	汉语翻译
虚拟语气	现在时态	drince	trinke	我可能喝
			trinkest	你可能喝
			trinke	他可能喝
		drincen	trinken	我们可能喝
			trinket	你们可能喝
			trinken	他们可能喝
	过去时态	drunce	tränke	如果我喝
			tränkest	如果你喝
			tränke	如果他喝
		druncen	tränken	如果我们喝
			tränket	如果你们喝
			tränken	如果他们喝
命令语气	单数	drinc	trink	请你喝
	复数	drincaþ	trinkt	请你们喝

七国时代也是盎格鲁、撒克逊、朱特诸日耳曼民族相互融合的时代，在经历了长达三百年之久的纷争战乱之后，最终成为一个统一的国家。之后北欧海盗兴起，后者入侵英格兰，从而改变了英国的政治格局。

约公元八世纪起，居住在北方的日耳曼分支开始繁衍壮大，这些民族大多居住在北海、挪威海与波罗的海沿岸港口周围，以海上活动和渔猎为生，他们自称为维京人 Vikings【港口人】。他们来自欧洲北部，故也被称为北欧人 Norse【北方人】或者诺曼人 Norman【北方人】。他们精于航海并骁勇善战，从八世纪到十一世纪之间，这些北方海盗不断南下进行各种掠夺和殖民。其结果是英格兰的统治者不得不于公元 878 年割让约三分之一的领土，给这些入侵者居住和管理，因为入侵者多为丹麦人，故被割让的领土亦称为丹麦法区 Danelaw【丹麦法】。法兰克国王也不得不在公元 911 年将北部一片地区割让给这些诺曼人居住，从此该地区被命名为诺曼底 Normandie【诺曼人之地】，并封诺曼底的统治者为公爵，即诺曼底公爵。

中古英语时期（从公元 1150 年到公元 1500 年）

在法兰克定居了数个世代以后，诺曼人逐渐接受了法国文化和法国语言，融入法兰克王国。公元 1066 年，英格兰国王忏悔者爱德华死后无裔，诺曼底公爵威廉趁机率兵入侵英国，征服了英格兰。从此英国开始了诺曼王朝的统治。

从语言的角度来看，九世纪维京人的入侵和殖民对古英语产生的影响并不太大，因为入侵者所操的北支日耳曼语和盎格鲁 - 撒克逊人所操的西支日耳曼语非常相似。而诺曼人所操的古法语却不论从语法上还是词汇上都与古英语有着天壤之别。来自诺曼底的征服者带来了法语和法国文化，于是在长达三个世纪的时间内，英格兰实际上变成了一个双语国家，宫廷、社会上层使用被认为高雅的法语，而农村和底层的工人却使用被认为低贱的英语。诺曼人三个世纪的统治给古英语带来了近乎翻天覆地的变化，这变化主要表现在三个方面：

1. 词汇方面的变化最为显著。大量法语词汇的引入，使英语同时具有了日耳曼语和罗曼语的特点。

2. 语法方面也出现了不少的变化。中古英语仍然继承古英语的语法结构，但语法变格和变位已经出现了不少简化。形容词和名词的语法性别消失，动词词尾变化也开始变得模糊。

3. 语音和书写方面也变化较大。其原因可能来自两个方面：上层法语语音对英语语音的影响，以及被确定使用通用语言的政治中心的变迁。

人们将这个时代的英语称为中古英语，因为此时的英语相对于古英语来说，已经有了巨大的变更。中古英语与其他日耳曼语相比更加偏离，并逐渐形成了自身的特点。

在诺曼人统治时期，法语为上层统治者的语言，而英语则为下层农民的语言。这导致了英语中一个非常有趣的现象，即大多来自于法语的词汇大都表示高雅的、文明的事物，而来自古英语的词汇却多表示低贱的、平庸的东西。比如：

1. 牛在活着的时候称作 ox，其来自古英语中的 oxa ‘公牛’，但烤熟了以后就叫作 beef，后者来自古法语的 buef ‘公牛’；活着的小牛叫 calf，其来自古英语中的 cealf‘小牛’，但做熟了就变为 veal 了，后者源自古法语的 veel‘小牛’；活着的羊叫 sheep，其来自古英语中的 scēap‘羊’，但做熟了就变为 mutton 了，后者源自古法语的 moton‘绵羊’；活着的猪叫 swine，其来自古英语中的 swīn‘猪’，但做熟了就变为 pork 了，后者源自古法语的 porc‘猪’；活着的鹿叫 deer，其来自古英语中的 dēor‘鹿’，但做熟了就变为 venison 了，后者源自古法语的 venesoun‘鹿肉’。究其原因，养猪养牛的乃为下层操着英语的农夫，而享受这些美味的却是社会上层使用法语的王公贵族们。

2. 普通的手工业者多以英语命名，一般多使用 -er 等英语本土后缀，比如：面包师 baker、鞋匠 shoemaker、建筑工 builder、木匠 carpenter、油漆匠 painter、理发师 barber 等。而给富人干活的手工业者或者从事高雅艺术等的手工业者的名称却多使用法语，其标志性后缀为 -or 和 -eur，比如：裁缝 tailor、雕塑家 sculptor、学者 doctor、家庭教师 tutor、审计员 auditor、文人 litterateur 等。

3. 法语借词大多反映政治、军事、法律、文学、艺术、娱乐等高贵的社会上层的内容，诸如：统治者 governor、管理 administer、武器 arm、和平 peace、正义 justice、审判 sentence、诗人 poet、寓言 fable、音乐 music、艺术 art、运动 sport、享受 enjoy。而由古英语发展衍变而来的本土词汇，则更倾向于表示最基本的或自然的事物名称，比如：水 water、火 fire、树 tree、土 earth、家 home、食物 food、老鼠 mouse 等词汇都来自古英语。

诺曼底公爵一方面成为了英国至高无上的君主，另一方面却仍是法国国王麾下的封建领主。这种微妙关系导致作为法国臣子的诺曼底公爵一方面含糊其词，不愿向法国国王履行自己的义务；另一方面却在法国王位出现空缺时，努力地抢夺王位的继承权。在这样的导火索引发之下，英国和法国之间爆发了百年战争。从 1337 年至 1453 年，两国之间战事不断，各有胜负。百年战争使英国得以摆脱法国人和法国文化的统治和压迫，在英国上下，英语逐渐恢复到官方通用语言的地位。到中古英语末期，英语已经确立了作为英国国语的地位。而此时的英语，也因吸收引进了大量的法语借词，重新发展出自己独特的特点，在英国文学、诗歌等方面结下硕果。

现代英语时期（从公元 1500 年至今）

十六世纪初，文艺复兴在欧洲兴盛，给欧洲带来了科学与艺术的革命，揭开了世界近代史的序幕。欧洲从此走出中世纪，迈入近代。在英国，文艺复兴的兴起也标志着开始从中古英语进入现代英语时期。文艺复兴时期，英语中大量吸收和借用来自古希腊语、拉丁语的词汇。这些词汇多为文化、艺术、科学、哲学概念，它们大大地丰富了英语的词汇系统。

这段时间内，进入英语的拉丁语和希腊语词汇主要表现在人文、艺术、科学、哲学、思想等方面。比如源自希腊语中的：系统 system、民主 democracy、摘要 epitome、危机 crisis、高潮 climax、信条 dogma、异端 heterodox、氛围 atmosphere、辩论 polemic、战术 tactics；源自拉丁语中的比如：存在 exist、沉思 meditate、灵巧 dexterity、无礼 disrespect、胶囊 capsule、期望 expectation、昂贵 expensive、获益 benefit、解放 emancipate、爆发 erupt 等。

需要注意的是，拉丁语对英语的影响早在古英语时期就已经存在。自七国时代的诸王纷纷皈依基督教后，拉丁语作为传教语言和书写《圣经》的语言一直影响着宗教的每一个方面。在更早的罗马帝国占领不列颠的时代，拉丁语也对后世英语留下了些许影响，这些影响大多反映在罗马时代留下的地名上。更远到盎格鲁、撒克逊、朱特人在入侵不列颠之前，他们的语言也曾经受过拉丁语的些许影响。而文艺复兴及之后拉丁语的影响则多集中于文化、艺术、科学、哲学诸方面。

不难发现，英语在产生的过程中融合了盎格鲁人、撒克逊人和朱特人所说的几种日耳曼方言，并在北欧海盗时期输入了不少北欧语中的词汇；在诺曼征服以后，英语中流入了大量的法语词汇；在文艺复兴的时代，英语中又吸收了为数众多的拉丁语、希腊语词汇。对于这些语言词汇的吸收和借用，英语几乎毫不抗拒，并很快将它们变成自己语言词汇库的一部分。这种开放性使得英语词汇量变得惊人地庞大，而词汇量的膨胀以及词汇来源的多样性也使得复杂的语法体系愈加难以维持。于是在现代英语的早期（公元 1500 年至公元 1700 年），英语语法在中古英语的基础上大大简化，词尾的曲折性变化大量消失，动词变位由十余种简化为六种（分别是不定式、现在分词、过去分词、完成式、单三人称、现在式），形容词不再有性属之分，名词的变格也简化到两种，只剩下单数和复数的变格。而古英语中复杂变格的特点似乎仅部分残存在现代英语的代词中，以古英语中的代词 hwā ‘谁、什么’为例：

表1–10　古英语代词hwā 的变格举例

性属	阳性/阴性	中性	阳性/阴性	中性
变格	单数		复数	
主格	hwā	hwæt	hwā	hwæt
属格	hwæs	hwæs	hwæs	hwæs
与格	hwǣm	hwǣm	hwǣm	hwǣm
工具格	hwȳ	hwȳ	hwǣm	hwǣm
宾格	hwone	hwæt	hwone	hwæt

古英语中，每一个名词、形容词、代词都有着类似的变格。而现代英语中则几乎完全抛弃了变格的语法现象，使用辅助的介词来实现变格功能。关于代词 hwā ‘谁、什么’值得一提的是，古英语的 hwā ‘谁’演变为了现代英语的 who，其属格 hwæs ‘属于谁的’演变为了现代英语的 whose，其与格 hwǣm ‘给谁’演变为了现代英语中的 whom，其工具格 hwȳ ‘凭借什么’演变为了现代英语中的 why，而其对应的中性主格 hwæt ‘什么’则演变为了现代英语中的 what。

而古英语中的动词 drincan ‘喝’演变为现代英语中的 drink，后者由 17 种变位简化到现在只剩下不定式 drink、过去式 drank、过去分词 drunk、现在分词 drinking 和单三人称 drinks 六种变位了。

从古英语到中古英语时期，英语发音已经发生了巨大的变化，但文字书写的变化却相对极为滞后。到了现代英语初期，这种变化最终大量反映到了文字上面。其中最重要的莫过于英语中的“元音大变化”，这使得现代英语相较于之前的英语来说，发生了翻天覆地的变革。同样也促进了语法的简化。对比古英语、中古英语和现代英语中的对应词汇：

表1–11　元音大变化

古英语	中古英语	现代英语
rīdan	riden	ride
wacan	waken	wake
grēne	grene	green
bāt	bot	boat
hūs	hus	house
wǣpen	wepen	weapon
frēond	frende	friend
sunne	sunne	sun
mōna	mone	moon
reġn	rein	rain
scēap	schep	sheep

十七世纪中叶，资产阶级革命和其后的工业革命促使英国国力大增。英帝国开始向外扩张，与世界各国的交往日趋频繁，全球各地的语言都有词汇进入英语，导致英语词汇量空前庞大。这种庞大的词汇系统一直延续到了今天。

由于英帝国的扩张，其殖民地国家也大都开始接受英语，并在独立之后仍然使用英语作为国语。这些殖民地有美国、澳大利亚、新西兰、加拿大、印度、南非等重要国家。由于这些英语国家特别是美国的发展壮大和经济文化输出，终使得英语成为当今世界最重要的一种通用语言。

1.4 希腊神话

约在公元前 2250 年，印欧民族中的一支抵达希腊半岛，并开始在半岛上定居下来。这些人自称为亚该亚人[1]，他们手持青铜武器，勇猛好战，逐渐征服了希腊半岛上最初的居民。在对希腊的征服和融合中，亚该亚人慢慢吸收了来自克里特岛的先进文化。并于约公元前 1600 年，在忒萨利亚到伯罗奔尼撒半岛的广大领土上建立了许多小王国。这些王国中，比较强大的有阿耳戈斯、忒拜、迈锡尼、雅典等，其中属伯罗奔尼撒半岛上的迈锡尼最为强大，因此后人将这个时期的希腊文明称为迈锡尼文明。迈锡尼人效仿克里特古文明建立了一支强大的海上力量，他们积极拓展海外扩张和殖民事业，进行商人式的海外贸易或者海盗式的暴力掠夺。迈锡尼世界于公元前十五世纪攻破克里特岛并劫掠了克里特文明的多个城市。根据希罗多德等历史学家的推算，以迈锡尼为首的希腊联军还于公元前十三世纪大举进犯小亚细亚西北部的特洛亚城，经过十年战争将其攻陷。约四个世纪后，盲诗人荷马将这场战争写成了两部史诗《伊利亚特》和《奥德赛》，后者成为欧洲文化的奠基之作。

①在后来的荷马史诗中，希腊联军也自称为亚该亚人Αχαιά。至于希腊被称为Ἕλληνες则是几百年后才开始采用的。

约在特洛亚战争相近的年代中，印欧民族中的另一支多里安人手持着精良的铁器再度入侵希腊半岛。文化落后但武力强大的多里安人一个接一个地攻占了迈锡尼文明的城堡和王国，并几乎占领了整个伯罗奔尼撒地区。这些多里安人尊赫剌克勒斯为偶像，他们凶猛难敌、骁勇善战的基因还遗传给了他们的后代斯巴达人。野蛮落后的多里安人摧毁了迈锡尼文明所缔造的先进的行政制度和繁荣的商业经济，希腊半岛从此坠入了长达四个世纪的“黑暗时代”（前 1200 年 ~ 前 800 年），直到约公元前 800 年诸城邦的崛起。

当迈锡尼文明因多里安人入侵而陷入崩溃时，诸王国的难民们不得不从雅典渡过爱琴海逃到小亚细亚的西部沿岸。文明的火种在那里被留存了下来，并在黑暗时代结束之后重新传播回希腊半岛。彼时从小亚细亚西岸传回希腊半岛、被各城邦视为导师的人主要有两位，分别是著作《伊利亚特》《奥德赛》的盲诗人荷马和著作《神谱》的诗人赫西俄德[1]。他们的著作深刻影响了古希腊文化以及后世整个欧洲的文化，并且基本上确立了希腊神话的框架范畴。而托名荷马的著作《英雄诗系》，后来雅典戏剧作家们著作的《普罗米修斯》《阿伽门农王》《俄狄浦斯王》《安提戈涅》《美狄亚》《特洛亚妇女》，阿波罗尼俄斯的《阿耳戈英雄纪》，伪阿波罗多洛斯的《书库》，甚至罗马诗人奥维德的《变形记》等各种关于希腊神话的作品，也不过是对荷马和赫西俄德未尽之处的各种演绎或者对神话故事的整理而已。

[1] 赫西俄德著作《神谱》时已经从小亚细亚回到了希腊半岛东部的玻俄提亚。

希腊神话主要分为两个部分：众神故事和英雄传说。相较于印欧民族其余的神话或者其他异族神话而言，希腊神话无疑是最具系统性的、内容最为丰富的神话了。对此我们不禁要问，这些富有系统性、内容丰富多彩的神话内容都出自哪里呢？

印欧民族的共同神话

印欧人在开始迁徙之前，就已有自己的宗教和所崇拜的众神了。他们奉雷电之神 / 天父神为至高神明，还特别敬奉太阳神、黎明女神、马神、双子神，他们都流传着英雄杀死恶龙的传说，都相信世上有不死的仙食或琼浆，相信人死会进入另一个世界，相信神族之间曾经爆发过可怕的战争……当我们把目光投向希腊神话，不难发现其中蕴含了很多印欧神话的影子：作为天王和雷电之神的主神宙斯、驾驭着太阳车的太阳神赫利俄斯 / 阿波罗、多情的黎明女神厄俄斯、被称为马神的海王波塞冬、变身为双子座的双子神卡斯托耳和波吕丢刻斯、杀死玻俄提亚毒龙的王子卡德摩斯、杀死科尔基龙的英雄伊阿宋、众神们饮宴用的仙食琼浆、人死之后灵魂归去的冥界、天神之战和提坦之战……

这提醒我们，希腊神话乃由印欧民族的神话发展完善而来。当然，神话传说中更多的是印欧神话中所找不到的内容，这些内容则显然是在亚该亚人及多里安人定居希腊之后发展起来的。

希腊神话形成于公元前十三世纪到前九世纪所谓的“黑暗时代”。在这数百年的时间里，迈锡尼文明因多里安人入侵而中断。因为缺少文字记录，四百年前甚至更遥远的历史事件逐渐在人们记忆中变得模糊，并导致曾经的历史事件变成各式各样的英雄传说。这些传说连同印欧民族最初的神话、希腊本土和周边民族的宗教神明、希腊人在航海探险中的各种志怪见闻，以及来自东方世界的神话传说等融为一体，最终使得希腊神话逐步形成和完善。因此不难发现，很多神话内容表面上看去是神话故事，本质上却是被模糊了的历史事件；表面上看是神明将少女劫掠至遥远的异邦，实质上却是各民族之间的相互掠夺与冲突；表面上看是神祇的某种行为或者特征，实际上却是希腊人对天文、地理的认知而已。

青铜时代的历史记忆

事实上，希腊神话中关于英雄和国王的故事，大都源自黑暗时代之前的诸王国史，我们至今仍能从神话故事和考古发现中找出各种呼应之处。一些显著的例子，比如：

1. 关于青铜时代和黑铁时代的传说

希腊神话中将众英雄们所生活的时代称为青铜时代，在青铜时代末年，人类堕落入黑铁时代，于是到处是不义的战争、欺骗、诡计、阴谋、暴力和可恶的贪婪。而神话中的英雄故事都来自迈锡尼文明中的各种历史人物和历史事件，在迈锡尼文明时期希腊正处于青铜器时代。后来手持铁器的文化落后的多里安人毁灭了迈锡尼文明，而给希腊带来了长达四百年的黑暗时代，也就是神话中所说人类堕落入了野蛮的黑铁时代。

2. 关于伊俄、欧罗巴、美狄亚、海伦的传说

神话中有几次非常重要的劫掠少女事件：宙斯抢走了阿耳戈斯的宁芙仙子伊俄，并因为赫拉的原因，使其流放至埃及才终获得解脱；宙斯抢走了腓尼基公主欧罗巴，并将其带到克里特岛繁衍生息；阿耳戈英雄乘船来到遥远的东方之国科尔基，并带走了国王的女儿美狄亚；特洛亚王子出使希腊，并抢走了被誉为第一美女的海伦。这些神话故事或许都源自真实的历史事件，正如希罗多德在《历史》一书中援引波斯人的说法：东方世界的腓尼基商人在阿耳戈斯经商时掠走了

➢ 图 1-8 Helen and Paris

国王的女儿伊俄，并将少女变卖到了埃及；作为报复，希腊一方的克里特人则在腓尼基抢走了国王的女儿欧罗巴；希腊人还乘船来到更加遥远的科尔基，在办完事情之后又抢走了科尔基的公主美狄亚；到了下一代，东方世界的特洛亚王子报复希腊人，便抢走了希腊第一美女海伦，从而引发了著名的特洛亚战争。数百年后，当波斯人对希腊挑起战端时，也曾以替特洛亚人复仇为借口。

3. 关于卡德摩斯的传说

传说当欧罗巴被宙斯拐走之后，她的哥哥卡德摩斯受父命到处寻找失踪的妹妹，他来到希腊中部的玻俄提亚地区，并在这里建立了后来的忒拜城。卡德摩斯还为希腊人带来了文字。注意到欧罗巴的名字 Europa 其实源自腓尼基语的 ereb‘西方’，而作为西方的代名词 europe 也有着同样的根源。相应地，卡德摩斯的名字 Cadmus 则源自腓尼基语词根 qdm‘东方’，正暗示着他来自东方的身份。这个故事还暗含着一个历史事实，即希腊字母源自腓尼基字母。

4. 关于英雄忒修斯的传说

在神话传说中，雅典最初不敌克里特强大的海军，被迫每年向其进贡七对童男童女，这些童男童女们被扔进迷宫供牛怪弥诺陶洛斯食用。后来王子忒修斯自愿前往，在迷宫中杀死了牛头怪弥诺陶洛斯，从而为雅典洗刷了耻辱。这个神话显然也反映了克里特文明败于迈锡尼文明的历史事实。至今人们也已经在克里特岛发现传说中用来关押牛头怪的迷宫。即使到了苏格拉底时代，这件事仍然被雅典人认为是真实的历史。苏格拉底死刑的延期也正因为忒修斯曾向阿波罗表达感恩，并宣布在前去得洛斯还愿的日子里，不得执行死刑。

天文或地理认识的抽象

这样的例子还能举很多很多。当我们仔细思考希腊神话，往往会发现其中还暗含着古希腊人对天文或宇宙的认识，或者对地理对周边民族的了解。这方面的例子也有不少，比如：

1. 珀耳修斯故事

传说宙斯变为黄金雨落入铜塔中，与阿耳戈斯公主达那厄结合，并生下了著名的英雄珀耳修斯。珀耳修斯长大后杀死了蛇发女妖墨杜萨，并在大地的极西之处，用女妖头颅将扛天巨神阿特拉斯变为石山。英雄珀耳修斯死后变为英仙座，而他手中的女妖头颅则成为了大陵五。大陵五因为亮度忽明忽暗而被人们称为 Algol【魔星】。这说明该故事很可能是受到人们对大陵五星认识的影响。而英仙座流星雨则是“宙斯化身黄金雨”故事的来源，因为据说宙斯就是在这个时节里和达那厄结合的。阿特拉斯被变为石山，更无疑是对北非阿特拉斯山的神话加工。

2. 赫剌克勒斯的十二业绩

赫剌克勒斯的故事也有着很明显的天文痕迹。他从希腊半岛出发，一路奔波到达世界的东极和西极，完成了十二项伟大的功绩。这象征着太阳绕地球运转时经过黄道十二宫的天文现象。这十二宫中，被他杀死的涅墨亚食人狮成为狮子座，偷袭他的螃蟹成为巨蟹座，他制服的克里特公牛象征着金牛座……赫剌克勒斯神话是多里安人带入希腊的，不难看出赫剌克勒斯的英勇无敌在某种程度上也是对手持铁器的多里安人在希腊半岛所向披靡的一种神话表达。

3. 独目巨人之死

独目巨人们在火山附近锻造器物时被阿波罗暗箭射死，因此他们的冤魂一直徘徊在火山附近。据说火山爆发就是他们的冤魂在作祟，火山口的形象则像极了那巨大如轮的眼睛。

周边民族神话的影响

希腊位于地中海沿岸，距离北非的埃及文明、中东的两河流域文明都不算遥远，并且希腊人善于航海，跟这些文明都有着不少的接触。因此希腊神话中也有不少从这些古代文明中借鉴的内容，比如：

1. 酒神狄俄倪索斯

酒神狄俄倪索斯的信仰源自中东地区，葡萄栽培的起源也是从东方传入希腊的。在神话中，酒神正是因为周游东方各国度而赢得了大量信徒，从而跻身于十二大主神席位的。酒神曾在信徒面前将水变为酒，他还曾经被提坦巨神们密谋杀死，并于三天后复活。这和中东神话有着很大的相似之处，对比产生于中东的耶稣基督的传说：耶稣有十二大门徒，他曾在信徒面前将水变为酒，他也曾被杀死三天后复活。

2. 美少年阿多尼斯

阿多尼斯的神话故事也源自中东。阿多尼斯的名字 Adonis 来自闪米特人对其信仰神灵的称呼，比如希伯来人就将上帝称作 Adonai。

3. 大洪水神话

在希腊神话中，天神宙斯眼看人类越来越邪恶堕落，便谋划了一场大洪水，将人类从大地上清除。智慧的普罗米修斯事先向儿子丢卡利翁泄露了这个天机，并命他造一艘大船，在洪水到来之际躲过了可怕的灭绝。而在中东神话的《吉尔伽美什》史诗中，吉尔伽美什也从先祖那里得到大洪水的消息，并建造大船躲过了洪水的浩劫。同样的故事内容我们在《圣经 · 创世纪》中同样能够看到，后者也就是大家熟知的诺亚方舟。

4. 俄里翁以及阿喀琉斯之死

在希腊神话中，有不少人物因为脚部受伤而死。著名猎人俄里翁因为被蝎子蛰到脚而死，乐师俄耳甫斯的妻子欧律狄刻因为被毒蛇咬了脚踝而死，浑身武装的青铜巨人塔罗斯因为被击中脚踝流血而亡，刀枪不入的大英雄阿喀琉斯因为被射中脚踝（一说脚踵）而死。这一

➢ 图 1-9 The death of Achilles

点显然是受到中东民族的影响，后者相信灵魂会从脚部离开躯体。同样的道理，在《旧约·创世纪》中，夏娃被狡猾的蛇蛊惑，怂恿亚当吃了禁果，上帝因而惩罚她说：女人将踩蛇的头，而蛇则会咬女人的脚跟。

5. 斯芬克斯神话

希腊神话中，斯芬克斯是一只人首狮身的怪物，她守在忒拜城的入口处逼迫行人猜一个谜题，还残忍地杀死无法给出正确答案的人。而古埃及也有着被称为斯芬克斯的类似形象，后者也被称为狮身人面像。其最著名的莫过于吉萨胡夫金字塔前的狮身人面像了。

由此我们可以看到，希腊神话是由印欧人的神话系统发展而来的，吸收借鉴了希腊本土周边民族如克里特、埃及、中东的神话内容和希腊民族的天文地理知识，并融合了青铜时代古希腊诸王国的历史记忆，以及希腊人的世界观等内容而完善起来的神话系统。或者说，它是在“黑暗时代”被传说化和抽象化了的古代希腊百科全书。

后来的人们，大都不再关心它背后的历史和传说的起源，毕竟它自身的系统性和象征性已足以让我们流连忘返。它时而优美可爱，时而悲怆感人，有着众多让人难以忘怀的内容。它曾经为众多艺术家、诗人、作家提供了源源不断的灵感。在任何一个时代，人们痴迷于它都会有很多很多独特的原因，这也正是它经久不衰的魅力所在。

第 2 章 星 空

2.1 星空

对于古希腊人来说，星星并非彼此孤单地闪耀在夜空中。相反，人们将同一星区中较亮的星星连在一起，使其构成一个具体的形象，便有了星座。到了希腊化时代，埃及天文学家托勒密将这些天文知识进行系统整理，把当时能观测到的恒星分为 48 个星座，这些星座一直沿用至今。

每个星座都被赋予一个生动的形象，而且这些形象并非孤零零悬于夜空之中。在古希腊人眼中，这些形象相互交织，深邃而幽暗的星空中似乎一直在上演着传说中那些激动人心的神话故事和英雄传说：将要被巨鲸怪 Cetus（鲸鱼座）吃掉的少女 Andromeda（仙女座）、前来相救并与 Cetus 战斗着的英雄 Perseus（英仙座）、坐在王座上对女儿忧心忡忡的王后 Cassiopeia（仙后座）、不知所措的国王 Cepheus（仙王座）；被 Perseus 砍下的女妖墨杜萨的头颅 Algol（大陵五）、从女妖身体中一跃而出的飞马 Pegasus（飞马座）；啄食盗火者普罗米修斯肝脏的巨鹰 Aquila（天鹰座）、前来解救他的大英雄 Hercules（武仙座）、英雄射向鹰鹫的箭矢 Sagitta（天箭座）、愿意献出自己不死之身以替普罗米修斯承担苦难的半人马 Centaur（半人马座）智者喀戎；大英雄 Hercules 婴儿时代因吃奶而形成的银河 Milky Way（银河）、英雄除灭的涅墨亚食人狮 Leo（狮子座）、勒耳纳沼泽里的水怪 Hydra（水蛇座）、在背后想偷袭大英雄的螃蟹 Cancer（巨蟹座）、守卫着极西园金苹果的巨龙 Draco（天龙座）；载着一对姐弟逃离刑场的牡羊 Aries（白羊座）、载着寻找金羊毛的英雄们的阿耳戈号船 Argo Navis（南船座）、在船上弹奏七弦琴 Lyra（天琴座）以抵制海妖诱惑的俄耳甫斯、手足情深的双胞胎英雄 Gemini（双子座）、英雄们的导师喀戎搭弓射箭的形象 Sagittarius（射手座）；被变成母熊 Ursa Major（大熊座）的仙子卡利斯托、她的儿子在险些误杀自己母亲的瞬间变成了一只小熊 Ursa Minor（小熊座）、追赶着两只熊的牧夫 Bootes（牧夫座）或者看熊人 Arcturus（大角星）、牧夫身边的猎犬 Canis Major（大犬座）与 Canis

2-1 古代星图

Minor（小犬座）；在夜空中远远躲避着毒蝎 Scorpius（天蝎座）的猎人 Orion（猎户座）、逃离着 Orion 追求的七仙女 Pleiades（昴星团）……

对于古希腊人来说，还有什么比这些近在眼前的故事更让人激动不已的呢。当人们仰望星空，看着那些镌刻在星空中的英雄功绩与他们经历的深重苦难，又怎能不激动地遐想万千、为之振奋，心头不涌起一股建功立业的冲动呢！

公元前二世纪，古希腊天文学家希帕耳科斯[1]对夜空中的恒星进行了多年的观察，绘制出一张精确的恒星星图，包含了夜空中 1025 颗恒星的详细信息。托勒密在此基础上，将这些恒星划分为 48 个星座，并标出了星座的具体坐标位置。这 48 个星座几乎囊括了当时已知的所有恒星，只有个别恒星因为位置和亮度的关系未能被归入这些星座中。

[1] 希帕耳科斯（Hipparchus，约前190—前125），古希腊天文学家，他编制出1025颗恒星位置一览表，首次以“星等”来区分星星。

表 2–1　托勒密星座

星座	拉丁语学名	古希腊名	英文名	名称注释
白羊座	Aries	Κριός	the Ram	金羊毛神话
金牛座	Taurus	Ταῦρος	the Bull	欧罗巴神话故事
双子座	Gemini	Δίδυμοι	the Twins	海伦的两个哥哥
巨蟹座	Cancer	Καρκῖνος	the Crab	天后的宠物
狮子座	Leo	Λέων	the Lion	天后的宠物
室女座	Virgo	Παρθένος	the Virgin	正义女神

（续表）

星座	拉丁语学名	古希腊名	英文名	名称注释
天秤座	Libra	Ζυγός	the Scales	正义女神之天平
天蝎座	Scorpius	Σκορπιός	the Scorpion	蜇死猎户之蝎
人马座	Sagittarius	Τοξότης	the Archer	半人马智者
摩羯座	Capricornus	Αἰγόκερως	Sea Goat	山神潘
宝瓶座	Aquarius	Ὑδροχόος	Water Bearer	斟水的美少年
双鱼座	Pisces	Ἰχθύες	the Fishes	爱神母子
英仙座	Perseus	Περσεύς	Perseus	英雄珀耳修斯
仙女座	Andromeda	Ἀνδρομέδα	Andromeda	珀耳修斯之妻
仙王座	Cepheus	Κηφεύς	Cepheus	埃塞俄比亚王
仙后座	Cassiopeia	Κασσιόπεια	Cassiopeia	埃塞俄比亚王后
鲸鱼座	Cetus	Κῆτος	Cetus	威胁公主的海怪
飞马座	Pegasus	Πήγασος	Pegasus	飞马珀伽索斯
武仙座	Hercules	Ἡρακλῆς	Hercules	英雄赫剌克勒斯
长蛇座	Hydra	Ὕδρα	Water Serpent	水怪许德拉
天箭座	Sagitta	Τόξον	Arrow	射死巨鹰之箭
天鹰座	Aquila	Διός Ἀετός	Eagle	宙斯的圣宠巨鹰
半人马座	Centaurus	Κένταυρος	Centaur	半人马肯陶洛斯族
豺狼座	Lupus	Θηρίον	Wolf	狼
天坛座	Ara	Θυμιατήριον	Altar	祭坛
南船座	Argo Navis	Ἄργος	Argo Ship	阿耳戈号船
天龙座	Draco	Δράκων	Dragon	守卫金羊毛之龙
天琴座	Lyra	Λύρα	Lyre	俄耳甫斯之七弦琴
巨爵座	Crater	Κρατήρ	Cup	调酒或混药之器
乌鸦座	Corvus	Κόραξ	Crow	乌鸦
蛇夫座	Ophiuchus	Ὀφιοῦχος	Serpent Holder	持蛇之人
巨蛇座	Serpens	Ὄφις	Serpent	蛇
大熊座	Ursa Major	Ἄρκτος	Big Bear	宁芙仙子卡利斯托
小熊座	Ursa Minor	Κυνοσούρα	Little Bear	卡利斯托之子
牧夫座	Boötes	Βοώτης	Herdsman	牧牛人
猎户座	Orion	Ὠρίων	Orion	神话中的猎户
大犬座	Canis Major	Σείριος	Big Dog	猎户的牧犬
小犬座	Canis Minor	Προκύων	Little Dog	阿克泰翁之犬
天兔座	Lepus	Λαγώς	Hare	兔子
北冕座	Corona Borealis	Στέφανος βόριος	Northern Crown	公主阿里阿德涅之冠
南冕座	Corona Australis	Στέφανος νοτίος	Southern Crown	塞墨勒之冠

（续表）

星座	拉丁语学名	古希腊名	英文名	名称注释
天鹅座	Cygnus	Κύκνος	Swan	宙斯所变的天鹅
海豚座	Delphinus	Δελφίς	Dolphin	海王的爱宠海豚
御夫座	Auriga	Ἡνίοχος	Charioteer	驾太阳车的少年
波江座	Eridanus	Ἠριδανός	Eridanus	神话中一条河名
南鱼座	Piscis Australis	Ἰχθύς νότιος	Southern Fish	南方之鱼
小马座	Equuleus	Ἵππου προτομῆς	Little Horse	喀戎的女儿
三角座	Triangulum	Τρίγωνον	Triangle	该星座呈三角状

当罗马帝国衰落后，欧洲走向了分裂而保守的中世纪，而古希腊罗马的先进思想文化与科学技术则被迅速兴起的阿拉伯帝国所继承。阿拉伯帝国包容了当时最先进的几种文明：东亚的印度文明、北非的古埃及文明、两河流域的古巴比伦文明、中东的波斯文明以及欧洲的古希腊文明。在天文学方面，阿拉伯学者继承和发展了古希腊天文知识，并用阿拉伯语命名了夜空中的众多恒星，大多星星的名称一直沿用至今。因此，我们至今所用的星座名称一般源自古希腊语中的称呼，或者被罗马人翻译的拉丁语中的称呼。而诸星座中的恒星则多是用阿拉伯语命名的。这构成了今天绝大多数星体的学名。

第三章将对这 48 个古老星座与其相关的神话故事、文化影响进行探究，并对其中的著名亮星进行介绍，以更全面介绍这些天文概念的来历。

希帕耳科斯在绘制星图时，为了区分星体之间不同的亮度，他将观察到最亮的 20 颗星定为一等星，将肉眼能看到的最暗的一组星定为六等星，处在这之间的按照亮度依次归入二等星、三等星、四等星、五等星类别。“星等”这一概念一直沿用至今天，英语中称为 magnitude，字面意思是【the bigness】，即“星之大”或“星之亮”。

随着近代天文观测仪器的发明与进步，对星等进行更详细的划分显得益加必要。1850 年，英国天文学家波格森[1]将肉眼看得见的一等星到六等星做了比较，发现星等相差五等的星亮度之比约为 100∶1。于是他提出一种精确衡量天体亮度的方法，将相邻两个星等间的亮度比规定为 100 的五次根方，即相差五个星等，亮度相差 100 倍，因此一个星等差亮度相差 2.512 倍，也就是一等星比二等星亮 2.512 倍，

[1] 波格森（N.R.Pogson，1829—1891），给出精确星等计算的近代英国天文学家。

二等星比三等星亮 2.512 倍，依次类推。反观两千多年前希帕耳科斯的星表很容易看到，被定为一等的 20 颗星之间亮度也有着不小的差距，其中，夜空中最亮的天狼星远高出六等星二百余倍，于是在此基础上引进零等星与负等星的概念，零等星比一等星高一个星等，负一等星比零等星高一个星等，依次类推。

①表格的星等栏中，参数后加v表示该星的视觉亮度（从地球上观察）是变化的，即variable。另外，表格中的亮星名有不少源于阿拉伯语，为了予以区分，“含义”一栏中凡是来自阿拉伯语的星名皆用英文译出，比如Deneb【tail】；凡是用希腊语或拉丁语命名的星使用汉语翻译，比如Regulus【小帝王】。

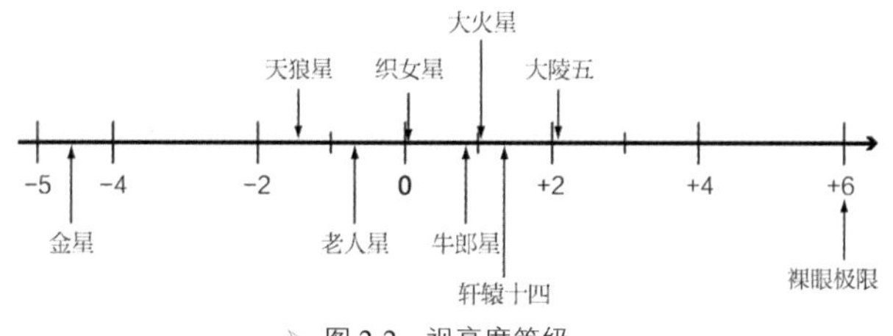

图 2-2 视亮度等级

夜空中最亮的 22 颗星排行榜为：①

表 2–2 恒星视亮度排行

排行	星名	含义	星等	汉语星名	拜尔恒星名	翻译
1	Sirius	灼热者	-1.4	天狼星	α Canis Majoris	大犬座α 星
2	Canopus	神话人名	−0.72	老人星	α Carinae	船底座α 星
3	Arcturus	看熊人	-0.04v	大角星	α Boötis	牧夫座α 星
4	Rigil Kentaurus	foot of the Centaur	-0.01	南门二	α Centauri	人马座α 星
5	Vega	landing	0.03	织女星	α Lyrae	天琴座α 星
6	Rigel	foot	0.12	参宿七	β Orionis	猎户座β 星
7	Procyon	先于狗星	0.34	南河三	α Canis Minoris	小犬座α 星
8	Betelgeuse	the hand of Orion	0.42v	参宿四	α Orionis	猎户座α 星
9	Achernar	the end of the river	0.5	水委一	α Eridani	波江座α 星
10	Agena	膝盖	0.6	马腹一	β Centauri	人马座β 星
11	Capella A	母山羊	0.71	五车二	α Aurigae	御夫座α 星
12	Altair	the flying eagle	0.77	牛郎星	α Aquilae	天鹰座α 星
13	Aldebaran	the follower	0.85v	毕宿五	α Tauri	金牛座α 星
14	Capella B	母山羊	0.96	五车二	α Aurigae	御夫座α 星
15	Spica	麦穗	1.04	角宿一	α Virginis	处女座α 星
16	Antares	火星之敌	1.09v	大火	α Scorpii	天蝎座α 星
17	Pollux	神话人名	1.15	北河三	β Geminorum	双子座β星
18	Fomalhaut	the mouth of the fish	1.16	北落师门	α Piscis Austrini	南鱼座α 星
19	Deneb	tail	1.25	天津四	α Cygni	天鹅座α 星
20	Becrux	南十字β 星	1.3	十字架叁	β Crucis	南十字β 星
21	Rigil Kentaurus	foot of the Centaur	1.33	南门二	α Centauri B	人马座α 星
22	Regulus	小帝王	1.35	轩辕十四	α Leonis	狮子座α 星

表示恒星除了使用星名之外，一般多采用星座来标识，标准表示方法为“希腊字母 + 星座名称属格”，这种命名法称为拜尔恒星命名法，该命名法由德国天文学家拜尔[1]于1603年在《测天》一书中提出。比如天狼星 Sirius 为大犬座 Canis Major 的 α 星，所以 Sirius 一星也表示为 α Canis Majoris，其中 Canis Majoris 为 Canis Major 的属格。α Canis Majoris 的字面意思可以翻译为【α star of the Canis Major】。巴耶恒星命名法中，原则上一个星座之中最亮的那一颗星会被称为 α，第二亮的就是 β，接着是 γ、δ……依此类推，希腊字母用完后使用阿拉伯数字。但实际上在很多星座中，α 星未必就是最亮的那一颗星，次序倒转并不罕见；甚至有些星所处的星座跟其名字所显示的并不符合。虽然如此，这些名字还是有一定用处的，所以至今它们仍被广泛使用。

[1] 约翰·拜尔（Johann Bayer，1572—1625），德国天文学家，他介绍了新的恒星命名系统，也就是今天的拜尔恒星命名法，他也命名了一些现在仍在使用的星座。

2.2 星座

1922年，国际天文联合会规定，将地球上所能观测到的星区分88个星座。黄道面上有12个星座，也就是大家熟知的黄道十二星座；黄道面以北的北边天空内有28个星座，黄道面以南的南边天空内有48个星座。其中，北半球能够观察到的星座大多沿用古希腊天文学所确定下来的星域和命名方法。这些星座基本上都来自于公元二世纪时的托勒密星表，当时托勒密综合了古希腊的天文成就，编制出包含了当时可观察到的48个星座的星图，并用假想线条将星座内的主要亮星连起来，这就是48个古典星座。人们将这些星座与神话故事中的人物等形象联系起来，于是就有了各星座背后的希腊神话故事。

因为古希腊人生活在北纬地区，当时南半球夜空中的很多星星无法观察到，所以古希腊人的视野中只有以北天星空为主的48个星座。十五世纪末大航海时代兴起，船舶在大海上航行，随时需要导航，夜间的星星就是最好的指路灯，于是南半球的星空也得以被研究和命名。因为航海时代的影响，南半球的星座多以航海仪器的名称来命名，或者用与航海、新发现的世界有关的内容来命名。

正如英语中的"星座"constellation一名所示，古人将夜空中某一区域的【星星划分在一起】，并用特定的形象和含义来表述它们。很早很早以前，古巴比伦星象学家就将较亮的星星互相连线，将连接成的形状联想为各种动物、器物或他们所信仰的神灵等，并为其取相应的名字，便有了各种各样的星座。古希腊人学习并改进了这些知识，从而完善了星座的体系划分。这些内容大多流传了下来，成为星座文化的重要组成部分。

黄道十二星座无疑是非常重要的十二位星座。汉语的"黄道"即太阳运行的轨道，[1]因此黄道星座即太阳运行时所经过星空位置上的星座。"黄道"在英语中称为ecliptic，后者由拉丁语的linea ecliptica【line of eclipse】变来。eclipse表示日食或者月食，因为这时候月亮或太阳被阴影挡住，观察不到，就如同【离去、消失】了一样。这种现

① 太阳的光芒是金黄色的，因此我们祖先将太阳运行的轨道称为黄道。相应的，月亮皎洁莹白，因此其运行的轨道被称为白道。

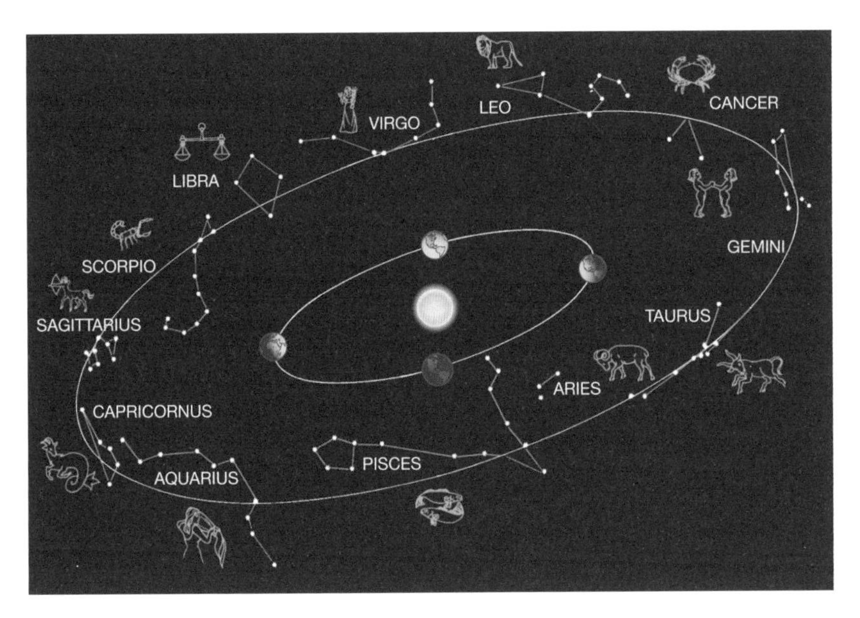

图 2-3 黄道十二宫

象只有在月亮运行进入黄道面的时候才可能发生，因此人们用 linea ecliptica【交蚀线】来表示黄道线，英语中的 ecliptic 即来源于此。

黄道被等分为 12 段，每一段为一个星宫，每个宫对应一个星座形象，于是就有了黄道十二星宫。从春分点开始，[1]这十二星宫依次为：白羊宫、金牛宫、双子宫、巨蟹宫、狮子宫、室女宫、天秤宫、天蝎宫、人马宫、摩羯宫、宝瓶宫、双鱼宫。[2]这十二个星座大多为动物形象，这也正是为什么黄道十二星宫被称为 Zodiac【动物圈】的原因。

表2–3 黄道星座

国际学名	名称含义	英文名	星座符号	中文译名	时间
Aries	牡羊	the Ram	♈	白羊座	3.21~4.20
Taurus	公牛	the Bull	♉	金牛座	4.21~5.21
Gemini	双生子	the Twins	♊	双子座	5.22~6.21
Cancer	螃蟹	the Crab	♋	巨蟹座	6.22~7.22
Leo	狮子	the Lion	♌	狮子座	7.23~8.23
Virgo	处女	the Virgin	♍	室女座	8.24~9.23
Libra	天平	the Scales	♎	天秤座	9.24~10.23
Scorpius	蝎子	the Scorpion	♏	天蝎座	10.24~11.22
Sagittarius	弓箭手	the Archer	♐	人马座	11.23~12.21
Capricornus	有角山羊	Sea Goat	♑	摩羯座	12.22~1.20
Aquarius	斟水人	Water Bearer	♒	宝瓶座	1.21~2.19
Pisces	鱼	the Fishes	♓	双鱼座	2.20~3.20

① 在公历 3月21日。

② 需要注意的是，黄道星宫和黄道星座是不同的概念。黄道星座即黄道带附近构成具体形状的星体的组合，而星宫则表示的是黄道带上的位置区域。早在公元前七世纪，古巴比伦的占星家就将黄道带分为12段，并根据各段位置上的星座依次将其命名为白羊宫、金牛宫、双子宫、巨蟹宫、狮子宫、室女宫、天秤宫、天蝎宫、人马宫、摩羯宫、宝瓶宫、双鱼宫。因此，最初白羊座位于白羊宫的位置，其余的星座亦位于同名星宫位置中。但是随着岁差和章动的影响，现在的黄道星座已经不在对应的星宫位置了。白羊座并不在白羊宫对应的时间（即3月21日～4月20日）内出现在太阳的位置上。同理，其余的黄道星座亦产生偏移。后文如非特别说明，将不区分这两个概念。

黄道以北的天空称为北天，北天共有 28 个星座，这些星座基本都沿用托勒密星座体系的内容，并与古希腊神话故事相关或以神话人物来命名。极少数比较暗淡不易观察的星座是后来人们加上去的，毕竟古希腊人的观测没有这么精细。

表2-4 北天星座

北天星座	英语解释	名称释义	汉语名
Perseus	Perseus	珀耳修斯（英雄名）	英仙座
Andromeda	Andromeda	安德洛墨达（公主名）	仙女座
Cepheus	Cepheus	刻甫斯（国王名）	仙王座
Cassiopeia	Cassiopeia	卡西俄珀亚（王后名）	仙后座
Pegasus	Pegasus	珀伽索斯（马名）	飞马座
Equuleus	little horse	小马	小马座
Ursa Minor	little bear	小熊	小熊座
Ursa Major	big bear	大熊	大熊座
Boötes	herdsman	牧牛人	牧夫座
Canes Venatici	hunting dogs	猎犬	猎犬座
Auriga	charioteer	御马人	御夫座
Cygnus	swan	天鹅	天鹅座
Aquila	eagle	鹰	天鹰座
Sagitta	arrow	箭矢	天箭座
Hercules	Hercules	赫剌克勒斯（英雄名）	武仙座
Draco	dragon	龙	天龙座
Corona Borealis	northern crown	北方之头冠	北冕座
Delphinus	dolphin	海豚	海豚座
Lyra	lyre	七弦琴	天琴座
Triangulum	triangle	三角形	三角座
Coma Berenices	Berenice's hair	王后的头发	后发座
Lynx	wildcat	野猫	天猫座
Vulpecula	little fox	小狐狸	狐狸座
Leo Minor	little lion	小狮子	小狮座
Lacerta	lizard	蜥蜴	蝎虎座
Camelopardalis	camel leopard	一种像骆驼和豹子的怪物	鹿豹座
Scutum	shield	盾牌	盾牌座
Microscopium	microscope	显微镜	显微镜座

图 2-4　北天星座

黄道以南的天空称为南天，南天共有 48 个星座。其中一些纬度较低的星座在北半球可以观察到，这些星座沿用托勒密星座的名称，对应希腊神话中的相关形象。另一些星座直到大航海时代到来后才被到达南半球探险的海员观察和记载，彼时才得到研究和命名。这些星座大多带有航海世界的气息，多以航海仪器、器具等名称命名。此外，还有一些以相似的动物形象命名的星座。

表2–5　南天星座

南天星座	英语解释	名称释义	汉语名称
Serpens	serpent	蛇	巨蛇座
Ophiuchus	serpent holder	持蛇之人	蛇夫座
Vela	sails	船帆	船帆座
Pyxis	compass	罗盘	罗盘座
Puppis	stern	船尾	船尾座
Carina	keel	龙骨	船底座
Crater	cup	调酒或混药之器	巨爵座

（续表）

南天星座	英语解释	名称释义	汉语名称
Canis Minor	little dog	小犬	小犬座
Canis Major	big dog	大犬	大犬座
Cetus	cetus	海怪	鲸鱼座
Centaurus	Centaur	肯陶洛斯（半人马）	半人马座
Eridanus	Eridanus	厄里达努斯（河名）	波江座
Hydra	water serpent	许德拉（蛇怪名）	长蛇座
Lupus	wolf	狼	豺狼座
Orion	Orion	俄里翁（猎人名）	猎户座
Corvus	crow	乌鸦	乌鸦座
Piscis Australis	southern fish	南方之鱼	南鱼座
Lepus	hare	兔子	天兔座
Ara	altar	祭坛	天坛座
Columba	dove	鸽子	天鸽座
Pavo	peacock	孔雀	孔雀座
Corona Australis	southern crown	南方之冠	南冕座
Horologium	clock	报时器	时钟座
Telescopium	telescope	望远镜	望远镜座
Reticulum	reticle	瞄准线	网罟座
Norma	square	矩尺	矩尺座
Octans	octant	八分仪	南极座
Circinus	compasses	圆规	圆规座
Sextans	sextant	六分仪	六分仪座
Sculptor	sculptor	雕塑家	玉夫座
Caelum	chisel	凿子	雕具座
Crux	cross	十字架	南十字座
Fornax	furnace	壁炉	天炉座
Antlia	air pump	抽气筒	唧筒座
Pictor	easel	绘图架	绘架座
Mensa	table	桌子	山案座
Triangulum Australe	southern triangle	南三角	南三角座
Grus	crane	仙鹤	天鹤座
Apus	bird of paradise	天堂鸟	天燕座
Volans	flying fish	飞鱼	飞鱼座
Dorado	goldfish	剑鱼	剑鱼座
Tucana	tucana	一种南美鸟类	杜鹃座
Musca	fly	苍蝇	苍蝇座

（续表）

南天星座	英语解释	名称释义	汉语名称
Chamaeleon	chameleon	变色龙	蝘蜓座
Hydrus	water serpent	水蛇	水蛇座
Monoceros	unicorn	独角兽	麒麟座
Phoenix	phoenix	火鸟	凤凰座
Indus	Indian	印第安人	印第安座

图 2-5　南天星座

2.3 天文常识漫谈

地球绕着太阳转动。这对我们来说一点都不新鲜，但是对六百年以前的古人来说，这却是意想不到的事情。事实上，十五世纪以前，人们普遍认为地球是静止的，太阳绕着地球转动，其在夜空大背景即天球背景上留下的轨道痕迹被称为黄道。所谓的天球背景是指以地球为中心、以无限大为半径的假想圆球。从地球上观察，星空背景下的恒星是相对静止的。在此基础上，人们将太阳运行的圆轨道十二等分，每30度对应一个黄道带上的星宫，便有了黄道十二星宫。从地球上看，太阳绕黄道线运行一周的时间，即太阳从冬至点到下一次运行到冬至点所经历的时间，称为一个回归年 tropical year。另外，地球除了绕太阳公转以外，还绕着地轴自转，其自转平面即赤道面与黄道面并不重合，二者存在一个23.5°的夹角。这个夹角使太阳对地球的日光直射点不只限于赤道上，而是在南纬23.5°至北纬23.5°之间做周年变化。

从北半球看，冬至时阳光直射南纬23.5°线，这是阳光能直射到的南半球最高纬度。此时北半球得到的日照最少。北半球在一年之中夜晚最长，白昼最短，北极区出现极夜。冬至后昼长始增，夜长始缩，日光直射点开始北移，三月后日光直射零纬度赤道地区，进入春分。春分时，日光直射赤道地区，北半球昼夜等长。[①]春分后阳光直射点继续北移，白昼仍在增长，三个月后进入夏至，白昼时间达到最长。夏至时阳光直射北纬23.5°，这是阳光能直射到的北半球最高纬度。此时北半球获得的日光最为强烈。北半球在一年之中白昼最长、黑夜最短，北极区出现极昼。夏至后阳光直射点开始由北转南，昼长始缩，夜长始增，日光直射点开始南移，三个月后日光直射零纬度赤道，进入秋分。秋分时日光直射赤道地区，北半球昼夜等长。秋分后阳光直射点继续南移，白昼仍在缩减，三个月后进入冬至，白昼时间达到最短，夜晚最长。到达冬至历时一个回归年。

英语中，回归线被称为 tropic【转向】，因为太阳直射点在一年中往返转向于回归线上。夏至时，太阳进入巨蟹宫，故北回归线称为 the

①事实上，南半球此时也昼夜等长。我们生活在北半球，故文中仅从北半球的视角来考察。

Tropic of Cancer【巨蟹宫之回归线】；冬至时，太阳进入摩羯宫，故南回归线被称为 the Tropic of Capricorn【摩羯宫之回归线】。

太阳从北回归线出发，再回到北回归线的时间被称为一个回归年 tropical year【太阳直射点绕回归线一圈形成的年】。两个回归线之间的地区，即从 23.5° S 至 23.5° N 的地区被称为 tropical zone【回归线中间的地带】，中文叫作热带。

tropic 一词来自希腊语的 τροπή‘转向’，后者衍生出了英语中的：转义 trope【转变】、向地性 geotropism【朝向地】、西洋镜 zoetrope【活物的转轮】、天芥菜属 heliotrope【朝向太阳】、趋光性 phototropism【朝向光】。而对流层称为 troposphere【转向层】，因为对流层内空气运动方向多变。

春分和秋分在英语中称为 equinox，因为不管是在春分 spring equinox 还是秋分 autumn equinox，白天都【与黑夜等长】。冬至和夏至称为 solstice，此时【太阳停留】于回归线上，数日后才开始移动。

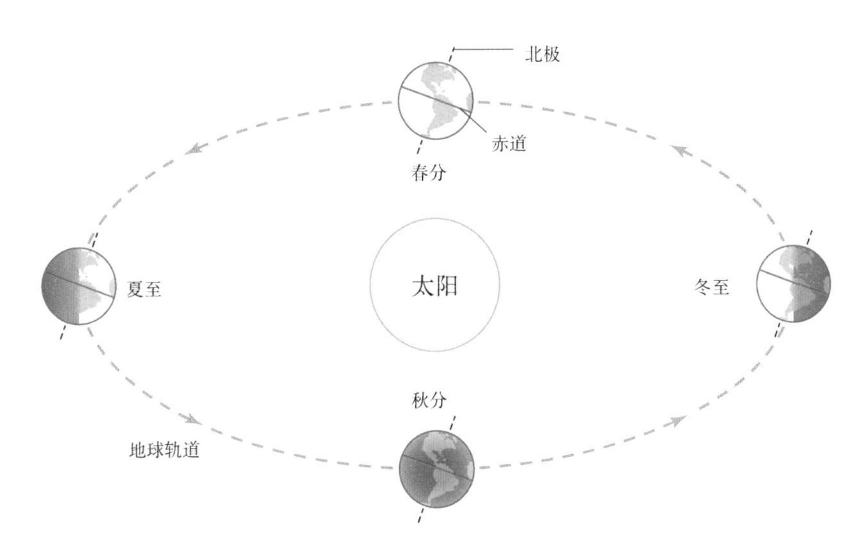

图 2-6　春分、夏至、秋分、冬至

当我们把地球的自转和绕日公转都考虑进来，会发现在冬末春初的时间里，太阳的直射点在南半球，这时从北半球看，会发现早晨的太阳是从东偏南的角度升起的，而不是正东方。这也正是那首汉乐府民歌《陌上桑》开篇所表现的背景。

日出东南隅，照我秦氏楼。

秦氏有好女，自名为罗敷。

罗敷善蚕桑，采桑城南隅。

第一句话暗示着时间是在初春，正好衬托出少女罗敷的勤劳美丽，理应是很好的句子。以前听到有人争辩说太阳从东边升起，这是公理，怎么可能从东南方向呢。现在想来，这实在是浅薄事理，又乏于观察的典型啊。

再回到天文话题，从地球上观察太阳在星空背景中的位置，会发现太阳在一年 12 个月中分别经过黄道十二星宫。这十二个星宫依次为：白羊宫、金牛宫、双子宫、巨蟹宫、狮子宫、室女宫、天秤宫、天蝎宫、人马宫、摩羯宫、宝瓶宫、双鱼宫。注意到黄道上的星座形象大多数为动物，所以古希腊人称之为 ζωδιακός κύκλος【动物环】，英语中的 zodiac 便来自于此。对比古希腊人对银河的称呼 Γαλαξίας κύκλος【乳汁环】，英语中的 galaxy 由此而来，后者被用来泛指星系，而对 Γαλαξίας κύκλος 一词的英文意译 Milky Way 则被用来指银河系。

Ζωδιακός κύκλος 由 ζωδιακός‘动物的’和 κύκλος‘圆环’组成。Ζωδιακός 来自希腊语的 ζῷον‘动物’，该词衍生出了英语中的：动物 zoon【动物】、动物学 zoology【动物学】、动物传染病 zoonosis【动物病症】；动物园为 zoological garden【动物研究园】，该词一般简写为 zoo；动物中流行的病症称为 epizootic【在动物中间】，对比在人类中流行的病症 epidemic【在人们中间】；还有各种各样的生物，如太阳虫 heliozoan、水螅 hydrozoan、苔藓虫 polyzoan、原生动物 protozoan，以及动物界分类的各种学名，如原生动物门 Protozoa、后生动物亚门 Metazoa、扁盘动物门 Placozoa，地理时代中的各个阶段，如原生代 Proterozoic、古生代 Paleozoic、中生代 Mesozoic、新生代 Cenozoic 等。

所谓十二星宫，是从地球上的观察者来看，太阳在黄道带上运行时所在的星宫位置。比如一月初时太阳在摩羯宫位置，但是对古代的观测者来说，此时摩羯座被淹没在太阳的光辉中，是无法观测到的。这时最便于观察的则是黄道带上和太阳位置正好相对的双子座。只有在出现日食的时候，太阳光被月亮挡住了，迎着太阳的位置才能观测得到这个星座。因此黄道被称为 ecliptic，意思是【日食中出现的】太阳位置，因为日食被称为 eclipse。后者来自希腊语的 ἔκλειψις，由 ἐξ‘向外’和 λείπω‘离开’组成，ἔκλειψις 意思是‘失去、离开’，因为日食时月亮挡住了太阳，此时我们视野中的太阳【失去了】。λείπω 与英语中的 leave 同源，该词还衍生出了：省略 ellipsis【弃去】、避讳之词 lipogram【被弃之字词】、字母脱漏 lipography【书写漏写】、无毛发 lipotrichia【毛发脱落】。

2.4 时间

人类很早便开始思考时间。对于时间，各民族有很多共性的认识。昼夜交替、月圆月缺、斗转星移，诸天体恒定而周期地往复运转，这为人们提供了测量时间的可靠尺度。时间的变化也反映在人们自身与周边物候的变化中。出生、成长、衰老、死亡，时间从遥远的过去走向遥远的未来，贯穿着每个人的一生。因此，认识时间，以及如何准确测量时间就成为非常重要的事情。

从汉字的角度看，我们古人对时间的主要单位即日、月、年的观念就来自周而复始的自然现象，这三个字在甲骨文中分别写作⊖、☽、秊。象形字⊖字本指太阳，从日出到日落的时间构成一个白昼，即一日（对比一夜），这个基础上扩展为代表一整个昼夜的时间，即一个昼夜。一日我们也称为一天，后者最初也表示一昼的时间，故称为白天（对比黑夜），即太阳照临大地，给大地带来光明和温暖的这段时间，这个基础上扩展为代表一整个昼夜的时间。象形字☽字本指月亮，月亮阴晴圆缺的周期构成一个更大的时间单位，即一月。表示年的形声字秊字从禾千声，这个字本身表示物候上的谷物成熟，以此来指代谷物成熟的自然周期，即一年。

➢ 图 2-7　Time orders Old Age to destroy Beauty

当我们把目光转向印欧民族时，会看到印欧人对于时间之主要单位的定义与我们何其相似。我们从古希腊语、拉丁语和英语来考察吧。希腊语中称一日为 ἡμέρα，其词源意为【热】；拉丁语中称一日为 dies，其词源意为【发光】；英语中称一日为 day，其词源意为【燃烧】。这些词也都同中文的“一日”和“一天”一样，最初用来表示一个白天，后来也扩展为表示一个昼夜的时间。希腊语中称月份为 μήνη，拉丁语中称月份为 mensis，英语中称月份为 month，这些词都来自印欧语的 *mēns‘月亮’，与中文的“月份”来自天体“月”如出一辙。希腊语中称一年为 ἔτος，词源上本表示【人或动物的成长】；这与中文的“年”所表示的谷物之成熟周期这种物候变化也内在一致。拉丁语中称一年为 annus，词源本意为【运动】；英语中称一年为 year，词源上也本是【运动】之意。

关于日

从汉语的角度看，表示一个昼夜的“日”、“天”最初仅是用来表示白天的概念，故有白天 - 黑夜、日 - 夜的对立。到了后来，人们将表示白昼的“日”和“天”扩大来指代一个昼夜的时长。印欧人无疑也使用类似的方式表示时间。古希腊语的‘天’ἡμέρα 来自印欧语的 *āmer-‘热’；拉丁语的 dies 来自印欧语的 *dyeu-‘发光’；英语的 day 则源自印欧语的 *d^{h}eg^{wh}-‘燃烧、发热’。很明显，天空中燃烧着的太阳给人们带来光和热，这些词语最初也表示太阳给予着大地阳光和温暖的白昼，并由此扩展为一整天的概念。

希腊语 ἡμέρα

希腊语中称‘天’为 ἡμέρα，故有表示正午和南方的 μεσημβρία【日中】，一日之中即为正午，对于北半球居民来说，此时太阳刚好位于正南方。薄伽丘《十日谈》的名字 *Decameron* 则来自希腊语的 δέκα‘十’和 ἡμέρα，字面意思即【十日】；蜉蝣被称为 ephemeron【一天之间】，因为它们朝生暮死，寿命不过一天；萱草属植物称为 Hemerocallis【一日之美】，其花在日出时开放，在日落时凋谢，故名。

拉丁语 dies

拉丁语的 dies 为‘天’，所以‘正午’被称为 meridies【一天的中间】，因此有了 ante meridiem【正午之前】和 post meridiem【正午之后】，表示上午的 a.m 和表示下午的 p.m 即来自于此。日记 diary 其实是【关于一天之事】，日常饮食 diet 则是【每日事务】，伤感的 dismal 即【不好的日子】。dies 的形容词形式 diurnus 演变为法语的 jour‘白天’，因此有了英语的旅行 journey【一日之（行程）】、日报

journal【一日的】、新闻记者 journalist【报导日报者】、逗留 sojourn【呆一天】; 以前人们在一次会议结束之前要指定下一次会议的日期，英语中的休会 adjourn【指定日期】便来自于此。

拉丁语的 dies 来自印欧语的 *dyeu-‘发光’，后者现在分词形式 *deywós【光芒四射的】用作名词表示‘天神’，因此有了印度神话中的天帝 Dyauṣ【天神】、希腊神话中的宙斯 Ζεύς【天神】、罗马神话的朱庇特 Jupiter【天父】，以及北欧神话的战神提尔 Tyr【神】。

英语 day

英语的 day 表示“天、日”，故有：星期日 Sunday【太阳日】、星期一 Monday【月亮日】、星期二 Tuesday【战神之日】、星期三 Wednesday【奥丁神之日】、星期四 Thursday【雷神之日】、星期五 Friday【爱神之日】、星期六 Saturday【农神之日】; 以及工作日 workday【工作日】、假日 holiday【神圣的日子】、生日 birthday【出生之日】、末日 doomsday【审判之日】、今日 today【这一天】、昨日 yesterday【另一日】、每日 everyday【每天】、正午 midday【日中】、某一日 someday【某一天】、如今 nowadays【在今天】、天明 daybreak【破晓】、每日的 daily【每天的】、日光 daylight【白天之光】、白日梦 daydream【白天之梦】、白天 daytime【白昼之时】等。

英语的 day 与希腊语的 τέφρα‘灰烬’、拉丁语的 foveo‘取暖’同源，都来自印欧语的 *d^heg^{wh}-‘燃烧、发热’。希腊语的 τέφρα 意为‘灰烬’，灰叶属植物因绒毛呈灰色而被称为 Tephrosia【灰色的】，而林鵙鸟类则因周身灰色而称为 Tephrodornis【灰色鸟】。拉丁语的 foveo 则衍生出了热敷 foment，字面意思即【给予温暖】。

关于月

月亮的阴晴圆缺有着固定的时间周期，人们在此基础上确立了月份的概念。印欧人将月亮称为 *mēns，这个词也表示月份的概念，它演变出了希腊语的 μήνη‘月份’、拉丁语的 mensis‘月份’、北欧语的 máni‘月亮’、古英语的 mōna‘月亮’。

印欧语 *mēns

古英语的 mōna 衍生出了英语的：月亮 moon、月光 moonlight、月亮的 moony、蜜月 honeymoon、月份 month、逐月的 monthly；星期一被称为 Monday【月亮之日】，对比星期日 Sunday【太阳之日】。北欧语的 máni '月亮' 同时也是月亮神的名字，即北欧神话中的曼尼 Mani。拉丁语的 mensis '月份' 衍生出了英语的：半学年 semester【六个月】、三个月 trimester【三个月】、每月的 menstrual【月的】、每两个月的 bimestrial【两个月的】。希腊语的 μήνη '月份' 复数为 μήναι，据说月亮女神塞勒涅爱上了美少年恩底弥翁，并为他生下了 50 位女儿，这些女儿被称为 Μήναι，对应着一个奥林匹克年里的 50 个月份；这个词还衍生出英语中的：新月 meniscus【小月牙】、月经 catamenia【逐月】、停经 menopause【月经停止】。

词根 *mē-

印欧语的 *mēns '月亮' 来自动词词根 *mē- '测量'[1]，这也验证了月亮是度量时间的重要天体这一事实。该词根的抽象名词形式的 *me-ti- 衍生出了希腊语的 '智慧' μῆτις【思想的度量】和拉丁语动词 '测量' metiri【测量出】。希腊语的 μῆτις 同时也是大洋仙女墨提斯的名字，她是智慧的象征，她的女儿雅典娜更是公认的智慧女神。而盗火的普罗米修斯神 Προμηθεύς 之名即【先知先觉者】，因娶潘多拉而给人类带来灾难的厄庇米修斯 Ἐπιμηθεύς 则是个不折不扣的【后知后觉者】。拉丁语的 metiri 衍生出了英语中的：测量 measure【测量】、可测量的 measurable【可量的】、无法计量的 immeasurable【不可测量的】、维度 dimension【测量】、浩瀚的 immense【不可测量的】。

[1] 梵语中mita即 '测量的'，而amita即 '不可测量的'，故有阿弥陀佛 amitabha【无量光】。

扩展形式 *med-

词根 *mē- 的扩展形式为 *med-，这个词根除了 '测量' 之外，也表示 '思考' '统治' '医治' '标准' 之意。

当人们在心中丈量事务时，类同汉语的 "思量" 一样，是一种思考，故有希腊语 '主意、智慧' μῆδος【思量】、拉丁语的 '沉思’meditari【反复思量】。希腊语的 μῆδος 意为‘主意、智慧’，故有人名狄俄墨得斯 Διομήδης【宙斯之智】、阿基米德 Ἀρχιμήδης【大智者】。拉丁语的‘沉思’meditari 则衍生出了英语的：沉思 meditation【反复思量】、预谋 premeditation【预先想出】。

治理国家和管理人民需要使管理事务合乎尺度（法理和德行），因此有了希腊语的‘统治’μέδω【使合乎尺度】。故有神话中的英雄墨冬 Μέδων【统治者】、墨杜萨 Μέδουσα【女王】、奥托墨冬 Αὐτομέδων【自己统治】、欧律墨冬 Εὐρυμέδων【广泛统治】。

人体的健康建立在适度的基础之上，超过这个尺度过多或过少都会引发疾病的产生。而医药的作用即在于保持人体处于健康的度量内，因此 *med- 词根也有了‘医治’之意。因此有了拉丁语的 mederi‘治疗’和 medicus‘医生’，其衍生出了英语中的：医药的 medical【医生的】、用药医治 medicate【治疗】、药剂师 medicator【用药医治者】、江湖医生 medicaster【庸医】、医学 medicine【医生的】、药剂 medicament【疗方】、治疗法 remedy【医治】。希腊神话中悲剧人物美狄亚的名字 Μήδεια，或许正暗示着她【巫医】的身份，她曾用药膏使自己的爱人伊阿宋刀枪不入，也曾施展魔法用神奇的药草使埃宋王返老还童。

度量大小往往需要具体的标准或者模具，因此有了拉丁语的‘标准、模具’modus【度量标准】，后者衍生出了英语中的：形式的 modal【模式的】、模特儿 model【模型】、现代的 modern【新式的】、修饰 modify【使有型】、模块 module【模具】、调制 modulate【加载在模具中】、模子 mold【模具】、使适应 accommodate【使与标准相同】。若衡量人的品德，适中是最好的，过激或者不足都会表现得乖戾，因此拉丁语中称谦虚为 modestus【适中的】，其衍生出了英语中的：谦逊的 modest【适中的】、自负的 immodest【不谦虚的】、适度的 moderate【有节制的】、过度的 immoderate【无节制的】。

关于年

希腊语表示年的 ἔτος‘年’来自印欧语的 *wetos，后者侧重描述人或动物的年岁增长。拉丁语的 annus 来自印欧语的 *atno-，侧重于表示年的运动变化。英语的 year 则来自印欧语的 *yero-，其侧重表现一年的行走流逝。

希腊语 ἔτος

希腊语的 ἔτος 与梵语的 vatsa‘一岁’、拉丁语的 vetus‘年老的’、英语中的 wether 同源，都来自印欧语中表示年的 *wetos。这些词同时也用来表示一岁的幼崽，因此希腊语的 ἔτος 的指小词 ἔταλον 也用来表示‘幼崽’，拉丁语 vetus 衍生的指小词 vitulus 也表示‘牛犊’，梵语的 vatsa 也用来表示‘牛犊’。英语的 wether 最初也表示‘小公羊’，如今词义已经扩展为表示阉过的公羊，牧人一般在领头的公羊脖子挂上铃铛，称其为 bellwether【系着铃铛的公羊】，也就是领头羊。拉丁语的 vetus‘年老的’则衍生出英语中的：老兵 veteran【老者】、成瘾的 inveterate【积习日久的】；而指小词 vitulus 则衍生出了英语中的：牛肉 veal【牛犊】、兽医 veterinary【动物相关的】；意大利因为盛产牛而被称为 Viteliú【产牛之地】，后者演变为今英语中的 Italia 或 Italy。

拉丁语 annus

拉丁语的 annus 和希腊语的 ἔνος‘年’同源，都来自印欧语的 *atno-‘年’，后者由动词词根 *at-‘行进’和后缀 -no- 组成，字面意思是【(周期性的)变动】。罗马人将按照年代编写的史书称为 annales libri【年书】，该词变为英语中的编年史 annals，编年史的编纂者则是 annalist【著编年史的人】；周年纪念日 anniversary 是【每年一次的】，这种一年期的也可以称为 annual【一年的】；还有一些事物可能是两年期的 biennial【两年的】、三年期的 triennial【三年的】、多年的 perennial【全年的】；而一千年则是 millennium【千年】，对比千足虫 millipede【千足】。

英语 year

英语的 year 和希腊语的 ὥρα‘时令’同源，都来自印欧语的

*yero-‘年’。英语的 year 衍生出了：一岁的 yearling【一年的】、每年的 yearly【年的】、年鉴 yearbook【年书】。希腊语的 ὥρα 意为‘时令’，故有神话中的时序女神 Horae【众时令女神】，以及英语中的时计 horography【时间记录】、日晷 horologe【时间指示】、星占 horoscope【观时占命】；ὥρα 演变出英语中的 hour，后者更多被用来表示现代意义的“小时”。

印欧语名词 *yero- 来自动词词根 *ey-‘走’，后者衍生出梵语的 eti、希腊语的 εἶμι、拉丁语的 eo。希腊语 εἶμι 的阳性现在分词为 ἰών（中性分词 ἰόν），故有：提坦神许珀里翁 Ὑπερίων【在高空中行走】，被赫拉迫害的流浪少女依俄 Ἰώ【流浪】，以及英语中的离子 ion【游离者】、电离层 ionosphere【离子层】。拉丁语 eo 则衍生出了：罗马人将执政官也称为 praetor【走在最前面者】，因为这些人是领导国家和军队的人；他们还将为了竞选而到处活动拉选票的行为称为 ambitio【到处走动】，于是也有了英语中的抱负 ambition、有抱负的 ambitous；以及英语中的出口 exit【往外走】、巡回 circuit【绕圈走】、范围 ambit【附近走】、丧生 perish【彻底离去】、交媾 coitus【交合】、最初的 initial【进入时的】、过去时态 preterit【已走过的】、过渡 transition【穿过】。

2.5 历法的故事

古巴比伦天文学家们最早将黄道分等为 12 个区域。他们还将每一星区的亮星用假想线连起来，用各种生动的形象赋予这些形状特殊的含义。因此有了黄道星宫，太阳在一年中依次留驻在这些星星组成的宫殿之中。这个黄道星宫体系后来被古埃及、希伯来、古希腊、罗马所学习采用，并流传至今，如今我们称之为黄道十二星宫，对应的十二个星座我们称之为黄道十二星座。我们还应该看到，最初的黄道星座形象与该星宫所对应的时节有一定关系，比如公历 1 月 21 日至 2 月 19 日为宝瓶宫，而这个时期正好是冰雪初融、水流涓涓的时节；公历 2 月 20 日至 3 月 20 日为双鱼宫，而这个时期正好也是鱼类开始活跃的时期；公历 8 月 24 日至 9 月 23 日为室女宫，其星座对应神话中的丰收女神，而这个时节刚好是农作物丰收的时期，另外，因为丰收是饱食的象征，室女座有时也被称为“面包之屋”。

➢ 图 2-8　两河流域星历泥板

事实上，古巴比伦人很早就以黄道星宫来订立十二个月和一年中的历法。[①]从春分点开始（公历 3 月 21 日），一年中的第一个月为太阳留驻在白羊宫的时段，也就是说古巴比伦的一月相当于是公历的 3 月 21 日至 4 月 20 日，其他月份依此类推，二月为太阳留驻在金牛宫的时段、三月为太阳留驻在双子宫的时段、四月为太阳留驻在巨蟹宫的时段、五月为太阳留驻在狮子宫的时段、六月为太阳留驻在室女宫的时段、七月为太阳留驻在天秤宫的时段、八月为太阳留驻在天蝎宫的时段、九月为太阳留驻在人马宫的时段、十月为太阳留驻在摩羯宫的时段、十一月为太阳留驻在宝瓶宫的时段、十二月为太阳留驻在双鱼宫的时段。当然，古巴比伦人对这些星宫的称呼有些不同。将一年的首月定在春分点附近是古代历法中常有的事，毕竟从春分点起，开始夜消昼长，作为一年的开端，春分点是一个非常好的选择。古罗马历法中一年的第一个月也在春分日附近，大概也是类似的原因。所以，当罗马人说‘第一个月’mensis Martius 的时候，我们看到的却是公历三月 March；当罗马人提起‘第七个月’mensis September 时，

① 这也是为什么古巴比伦历法，即使在现在看来，也常常精准得让我们惊讶的一个原因。

我们看到的却是公历九月 September；当罗马人说‘第八个月’mensis October 时，我们看到的却是十月 October。

古代历法与今不同，故古籍所言月份和我们今天所说月份的区间，自然大有不同。先秦时中国各朝代岁首不尽相同，以太阴历看，夏以一月为一年之首，商则以十二月为岁首，周以十一月为岁首，而秦以十月为岁首。这其实解释了很多问题。比如《史记·秦始皇本纪》中记载曰：

三十七年十月癸丑，始皇出游。

又言：

七月丙寅，始皇崩于沙丘平台。

三十七年十月，秦始皇开始出外巡游，却又在三十七年七月，死于沙丘平台。为什么十月出游却同年七月驾崩呢？实际上这从秦人的历法来看是非常简单的事情，因为秦始皇在秦历首月出巡（即十月），同年第十个月驾崩而已（即七月）。类似的例子也见于陈胜、吴广所领导的起义。《史记·陈涉世家》中有：

二世元年七月，发闾左适戍渔阳九百人，屯大泽乡。陈胜、吴广皆次当行。

又有：

二年冬，陈涉所谴周章等将西至戏。兵数十万。

腊月，陈王之汝阴，还至下城父。其御庄贾杀陈王以降。

陈胜王凡六月。

起义在秦二世元年七月爆发，陈胜称王。二年腊月失败。太史公却说：陈胜王凡六月。这看似奇怪，其实不然。在秦历中，十月起就是次年了，因此从二世元年七月到二年腊月，其实也就只有六个月时间。

秦宫殿的设计无疑也与其历法有关：秦以太阴历之十月为岁首，

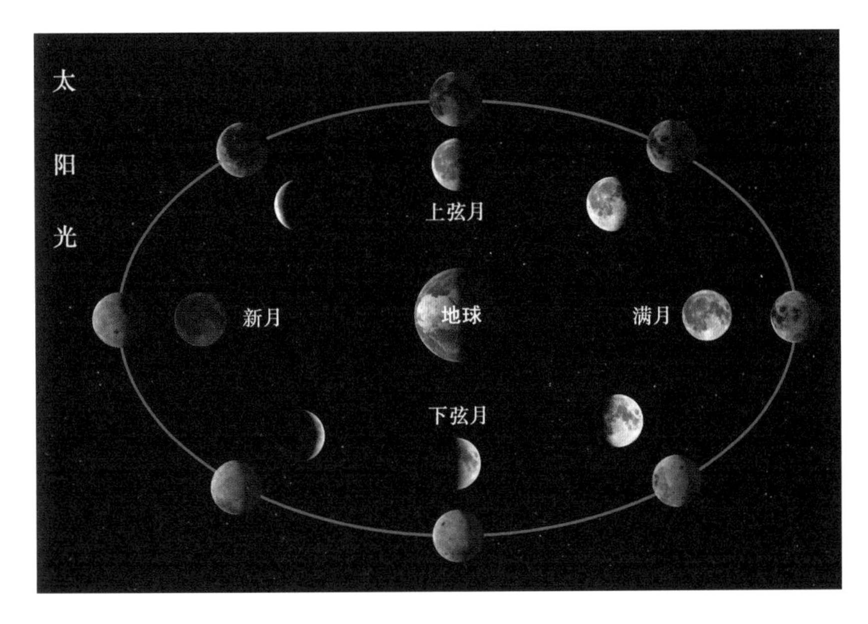

图 2-9　月相

此时夜空中天河（即银河）东西横陈，天极在其北，营室在其南，天河上的阁道像一座桥梁，贯通南北；而秦人以渭河对应天河，始皇帝在渭河北修筑咸阳宫以象征天极，在渭河南修筑阿房宫以象征营室，又在渭河上修筑复道以象征天上的阁道星。

话说回来，在古代世界中，将建筑与星象结合的例子又是何其之多呢！

至今，国际上比较公认的历法有两种，阴历和阳历。如果算上阴阳合历的话，就一共有三种了。考虑到后者只是一种混合形态，我们暂且不作详述。

关于阴历

阴历是以月亮的圆缺晦明变动为基础，利用朔望月（即月亮的运行周期）为标准制定的历法，也叫太阴历 lunar calendar【月亮之历法】。月亮的运行周期为 29.53 日，阴历就用大月（30 日）、小月（29 日）相间，一大一小来调整时间。事实上最初的"月份"概念就是通过月亮的运转周期得来的，所以被称为"月"，英语中的 month 无疑也与 moon 有着这样的关联。阴历的好处在于它与月亮有着密切的关系，圆月即十五，新月即初一，上弦月为初七八，下弦月为二十三四，看一下月亮的形状就知道具体日期了。

尚在使用的比较重要的太阴历当属伊斯兰教的回历，回历通常用 A. H. 表示，A. H. 为 Anno Hegirae【真主迁徙纪年】的缩写，以纪念穆罕默德于公元 622 年率穆斯林由麦加迁徙到麦地那这一重要历史事件，并将该年定为回历元年。回历以朔望纪月，十二个月为一年，每月以月牙初见为第一日，单月 30 日，双月 29 日，大月小月相间，故全年一般 354 日，闰年 355 日，30 年中设 11 个闰年，不置闰月。以日落为一天之始，到次日日落为一日，即黑夜在前，白昼在后，构成一天。

关于阳历

阳历是以太阳的回归年为基础制定的历法，也称为太阳历 solar calendar【太阳之历法】。我们现在所使用的太阳历始自公元前 46 年古罗马独裁官凯撒制定的儒略历，儒略历 Julian calendar 一词本意即为【Julius Caesar 之历】，Julius Caesar 即尤利乌斯·凯撒。当时测得回归年长度为 365.25 日，因此儒略历中规定，每四年的前三年为平年 365 日，第四年为闰年 366 日，即逢四的倍数的年份都取为闰年。

远在古罗马人最初的历法中，一年始自 mensis Martius（相当于现在公历的三月），一共有十个命名月份，从一月开始依次为：

mensis Martius【战神玛尔斯之月】，英语中的 March 由此而来；
mensis Aprilis【爱神阿佛洛狄忒之月】，英语中的 April 由此而来；
mensis Maius【春女神迈亚之月】，英语中的 May 由此而来；
mensis Junius【婚姻女神朱诺之月】，英语中的 June 由此而来；
mensis Quintilis【第五个月】，对比英语中的 quintessence“第五元素”；
mensis Sextilis【第六个月】，对比英语中的 Sextant “六分仪”；
mensis September【第七个月】，英语中的 September 由此而来；
mensis October【第八个月】，英语中的 October 由此而来；
mensis November【第九个月】，英语中的 November 由此而来；
mensis December【第十个月】，英语中的 December 由此而来；

一年中除了这十个月外，其余的六十余天因处于冬季，与农耕等要事无关，最初并没有对应的名称。到了公元前七世纪左右，罗马王努马[1]将剩余的两个月分别命名为：

mensis Januarius【两面神 Janus 之月】，英语中的 January 由此而来；

mensis Februarius【赎罪神 Februa 之月】，英语中的 February 由此而来；

在儒略历颁布之后，因为凯撒出生在第五个月，故此月被重新命名为 mensis Julius【凯撒之月】，英语中的 July 由此而来。奥古斯都大帝出生在第六个月，故此月也被重新命名为 mensis Augustus【奥古斯都之月】，英语中的 August 由此而来。最初规定一年分 12 个月，单月为大月 31 天，双月为小月 30 天。因罗马帝国在年终 Februarius 处决犯人，视为不吉，故将此月减去一日，平年只有 29 日，闰年为 30 日。又因为奥古斯都大帝出生在第六个月，给第六个月 mensis Augustus 增加一天，由 30 天的小月变为 31 天的大月。而年底的 mensis Februarius 则只剩下 28 天（闰年为 29 天）。为了避免由于第五、第六、第七个月（即 Julius、Augustus、September）三月连大，又改第七、第九个月（September、November）为 30 天的小月，而第八、第十个月（October、December）则改为大月。

公元 1582 年，教皇格里高利十三世 Gregory XIII 修订颁布新历法（即格里高利历 Gregorian calendar），才改为以 January 为第一个月，于是就有了英语中的一月 January、二月 February、三月 March、四月 April、五月 May、六月 June、七月 July、八月 August、九月 September、十月 October、十一月 November、十二月 December。

[1] 努马·庞皮利乌斯（Numa Pompilius，前753—前673），古罗马早期七王时代的第二位王。

2.6 耶稣与古老的占星术

圣诞节，顾名思义，是一个由“圣人的诞生”而来的节日，这个圣人就是基督教宣称的救世主耶稣·基督。圣诞节在法语中称为Noël，西班牙语中为Navidad，意大利语中叫作Natale，意思都为‘诞生’，此处作专有名词特指【基督的诞生】。英语中的Christmas稍有些特殊，意思为Christ's Mass【基督的弥撒】，即纪念基督出生的弥撒，这弥撒在圣诞节举行。众所周知，12月25日即为圣诞节，这告诉我们耶稣·基督生于12月25日。但是，耶稣真的生于这个日期吗？

事实上，今天西方重要节日几乎都和基督教有关，不少相传都与耶稣的事迹有关。圣诞节就是一个很好的例子。圣诞节之外，与耶稣事迹直接相关的还有：1月6日的主显节[1]，用以纪念耶稣受洗；[2]复活节前后的一系列节日——复活节为春分月圆后的第一个礼拜天，以复活节为参考，这一系列节日有：

表2-6　复活节前后的节日

节日时间	节日名称	解释	汉语译名
前四十天	Lent	纪念基督受苦受死的一段时期	四旬期
前七天，周日	Palm Sunday	民众手摇棕枝欢迎耶稣入圣城	圣枝主日
前四天，周四	Maundy Thursday	最后的一次晚餐，耶稣设立圣餐	立圣餐日
前三天，周五	Good Friday	耶稣被钉死的日子	受难日
复活节，周日	Easter	受难后第三天，耶稣复活	复活节
四十天后	Ascension	耶稣复活之后，第四十日升天	升天节
五十天后	Pentecost	复活后第五十日，圣灵降临	五旬节

当我们探究与基督相关的节日在天文上的特殊性，不禁会对这些节日的本源产生怀疑。显而易见，复活节前后一系列节日与春分关系密切。而圣诞节又与冬至有关——在耶稣的时代，冬至在12月25日，此时太阳直射南回归线，北半球夜晚最长，白昼最短，世界被笼罩在最至极的黑夜之中。[3]也就是说，从12月25日开始太阳犹如重获新生，世界也开始显现出光明和希望。而耶稣出生于12月25日，这似乎是个很好的隐喻：耶稣的出生就如同太阳的诞生，给这个世界带来

①主显节是为纪念耶稣向世人显现的节日，在阳历1月6日。

②人们认为耶稣受洗才真正诞生为神之子。而我们所说的公元，是以耶稣的出生纪年，所以公元前被称为B.C，为Before Christ【基督之前】的首字母简写；公元后被称为A.D，乃是拉丁语Anno Domini【主之年】的首字母简写。耶稣生于12月25日，公元元年一月一日则对应耶稣受割礼的日子。《旧约》上有规定，男孩子出生第八天必须进行割礼，从而正式成为上帝的子民。而使用耶稣出生纪年，是公元525年由一位神父提出，后被基督教世界广泛接受，并开始成为普遍使用的纪年方法。

③在凯撒颁布的儒略历中，冬至日被定在12月25日。基督的诞生地亦位于罗马帝国境内，彼时罗马帝国已经开始使用儒略历。

了光明和希望，拯救人们于黑暗和罪恶之中。

既然耶稣的出生是太阳和光明的象征，我们看到，耶稣的复活也带有非常浓的星相学意义。复活节最重要的内容是耶稣的复活，而其以春分为标志。我们知道，春分时白天和黑夜等长，从隐喻的角度来看，也就是光明与黑暗势力相等。在春分之前，一直是黑暗的势力主宰着世界。而从春分之日开始，光明“复活”并战胜黑暗，开始主宰着这个世界。

与耶稣相关的这两个重要话题似乎从星相学角度告诉我们，耶稣的生平一直在暗示着“太阳”相关的天文信息。

关于耶稣的生平事迹，至今被广泛流传的说法为：

耶稣由圣母玛利亚以处女之身受圣灵感孕所生，于 12 月 25 日出生在伯利恒。那时夜空中的一颗亮星预示着他的降生，来自东方的三个贤士按该亮星的指示来到了伯利恒，朝拜这位新生的救世主并献上赠礼[1]。耶稣三十岁时去施洗者约翰那里接受洗礼，从此开始传授教义。他收了十二个门徒，并在人间四处行使神迹。一个名叫犹大的门徒背叛和出卖了他，之后他被逮捕并钉死在十字架上。三天后耶稣复活，之后进入天国。

图 2-10　The Virgin Maria

耶稣由处女之身的圣母玛利亚在伯利恒所生。圣母玛利亚对应着黄道十二星座中的室女座，室女座 Virgo 一词意为【处女】。室女座的形象为一个手持小麦的少女，此星座偕日升起的八九月份是作物丰收的季节，因此这个星座也被称为“面包之屋”。而伯利恒的名字 Bethlehem 字面意思也是【面包之屋】，[2]与人们对室女座的称呼相同。所以，耶稣生于‘面包之屋’的伯利恒，意思其实就是说他是由被称为‘面包之屋’的‘室女’所生。另外，室女座的标志为♍，其中的 M 符号也可以认为是圣母玛利亚 Maria 的第一个字母。

东方的三位贤士遵循一颗亮星的指引来到了伯利恒，找到了刚刚

①耶稣出生的时候，三位贤士Magi送来了礼物。圣诞节时圣诞老人送礼物，乃是对贤士送礼物的效仿。事实上，Magi这一概念往往被人们同“礼物”联系起来。欧·亨利的著名短篇小说《麦琪的礼物》就是一个很好的例子，小说的内容是关于妻子与丈夫之间互送圣诞节礼物的事。注意到这里的Magi、圣诞节、礼物三个概念，往往是这篇小说被中国读者所忽略的重要内涵。

②伯利恒的名字Bethlehem由希伯来语的Bēṯ‘房屋’和Leḥem‘面包’组成，字面意思是【面包之屋】。对比伯特利Bethel【神之屋】。

诞生的救世主。在一些版本中，这三位贤士也被翻译为three kings“三王”。这不禁让人想起位于猎户座腰带部位的三颗亮星，其在古代也被称为 three kings。在 12 月 24 日这三颗星会和东方的一颗亮星排成一条直线，这颗星是夜空中最耀眼的天狼星，而这条线则指向 12 月 25 日太阳即将升起的地方。也就是三位贤士（猎户腰带上的三星）在东方一颗亮星（天狼星）的指引下，找到刚要出生的救世主（初升的太阳）。这个太阳并不只是一天中初升的太阳，而是一年中初升的太阳，是太阳生命力最弱小的时候，如初生婴儿般。而在传说中，东方的三位贤士在一颗亮星的指引下，找到了初生的救世主耶稣，那时正好是 12 月 25 日。

耶稣有十二位门徒。太阳运行于十二个星座之间，十二星座即其追随者。

耶稣被钉死在十字架上，三日后复活。冬至之时，太阳在一年中爬升的高度最低，这一日黑夜最为漫长，如同太阳走向灭亡了一般。

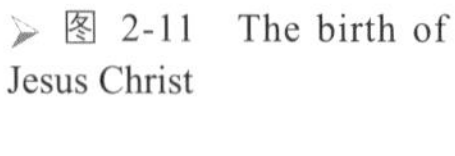

图 2-11 The birth of Jesus Christ

在这一天，就像冬至 solstice【太阳停留】一词所暗示的一样，太阳在这个最低点停留很长时间。而在这停留的时间里，太阳悬挂于南十字座附近（南十字座形象为十字架），仿佛死在了这个十字架上。冬至后，太阳终于开始向高处爬升，大地开始昼增夜减，仿佛是太阳在死亡后重新“复活”。而耶稣被钉死在十字架上，不久后复活。只不过人们另辟春分之日来庆祝这个“太阳神祇”的复活内容，因为春分时万物复苏，太阳和光明开始主宰世界。

我们看到，耶稣生平最关键的几个内容乃是星象中对太阳运动的隐喻，这些内容在耶稣出生之前就已经完全确定了。这不禁让我们深思，耶稣是在我们所说的圣诞节日出生的吗？是在复活节复活的吗？[1]

[1] 因为人类古代文明几乎全然集中在北半球，上述天象内容的考察角度都是从北半球出发。

第3章 星座故事

3.1 白羊座 金羊毛传说

黄道十二宫中第一个星宫是白羊宫 Aries。太阳在春分点处进入这个星宫，一个月后离开，所以出生于春分点后一个月内（即 3 月 21 日 ~ 4 月 20 日）的人被称为 Arian【白羊宫的人】。白羊座的星座符号为“♈”，其状如一只长着曲角的绵羊，说明这只羊是雄性的。Aries 是白羊座的拉丁语名称，希腊人称之为 Κριός，意思都为‘公羊’。Aries 的英语译名 the Ram【公羊】更加清楚地体现了这一点。

这只公羊怎么来的呢？我们且来说说相关的神话故事吧。

玻俄提亚国王阿塔玛斯与云之仙女涅斐勒相爱，生下了两个孩子，姐姐赫勒和弟弟佛里克索斯。后来，国王阿塔玛斯喜新厌旧，抛弃云之仙女又娶了忒拜公主伊诺为妻。伊诺为国王生下了两个儿子，为了能让自己亲生儿子将来继承王位，伊诺想尽各种办法来除掉仙女生下的两个孩子。当播种的时节即将到来时，全国的妇女带着谷物种子去得墨忒耳神庙中祈福，希望能够获得丰收。王后伊诺就用烘焙过的种子换下妇女们的谷种，结果种子烂在了地里，全年倾国颗粒无收，发生了饥

➢ 图 3-1 白羊座

荒。人民纷纷求援于国王，国王便派使者去德尔斐祈求神谕，恶毒的王后又私下用重金买通了去求神谕的使者，回来后假传神谕告诉人民说，只有将王子佛里克索斯作为牺牲献祭给神，土地里才能重新结出果实。

民众的饥荒迫使国王不得不执行这个伪造的神谕，他下令处死前妻生下的两个孩子。云之仙女听闻后心生焦虑，想救回自己可怜的孩子，便去求天神宙斯。大概是宙斯对云之仙女心怀歉疚，[1]就命神使赫耳墨斯去搭救仙女的两个孩子。赫耳墨斯派一只长有双翼的金毛牡羊飞赴刑场，并唤起一阵风沙使得在场的人们都睁不开眼。白羊载着弟弟与姐姐凌空飞起，飞越了陆地和茫茫大海，飞向遥远的太阳升起的地方。赫勒在大海上空时因为眩晕，坠海而死，后来希腊人便将这一片海域称为 Ἑλλήσποντος【赫勒之海】，直到现在希腊语中仍保持着这样的称呼。弟弟佛里克索斯则骑着白羊到达了世界最东边的科尔基国，在那里他受到国王埃厄忒斯的热情招待，国王还将长女卡尔喀俄柏许配给他。佛里克索斯宰杀金毛羊祭献给宙斯，感谢天神保佑他逃离死亡，而这只牡羊的形象被升至夜空，变成了白羊座。佛里克索斯还将金羊毛献给了国王埃厄忒斯，感谢他的收留之恩。

从此金羊毛成为王位和权威的象征。国王将它悬挂在战神圣林里的一棵橡树上，还派一只可怕的巨龙看守，这条巨龙也被称为 Draco Colchi【科尔基龙】。很多年过去了，佛里克索斯一直怀念着故土希腊，却老死在异乡，他的灵魂依然对希腊念念不忘。

那位恶毒的皇后伊诺是忒拜城建立者卡德摩斯的女儿，她的妹妹塞墨勒为宙斯生下了后来的酒神狄俄倪索斯。狄俄倪索斯出生的时候，塞墨勒就死去了。伊诺便替妹妹照顾这个孩子。这引起天后赫拉的不满，天后憎恨丈夫在人间的这个野种，便对伊诺一家人好生迫害。她使国王阿塔玛斯陷入疯狂，失去理智的国王将王后和两个王子看成是一头母狮和两头小狮，对其进行猎杀。国王把大孩子从母亲怀里夺了过来，像甩链子似地在空中抡了两三遭，然后狠狠地摔在石头上。看到惨死的儿子，伊诺惊惧地疯狂吼叫着，抱着小儿子一路逃奔，在山岩的尽头投海而死。[2]

[1] 对于这样的事情，宙斯一般都是坐视不理的，但是这次却对云之仙女出手相助。这是因为宙斯曾怜悯人品超差的伊克西翁，治好了他的疯癫，并邀请他参加诸神的飨宴，借以感化这个恶棍。不料伊克西翁看见美丽的天后赫拉居然起了淫心，想对天后下毒手。为了试探伊克西翁是否真的敢做出这种渎神行为，宙斯将云之仙女变成赫拉的模样，后者不幸惨遭伊克西翁毒手。清纯美丽的仙子一下被毁了，并因此怀孕生下了上身为人下身为马的怪物肯陶洛斯，这怪物的后代被称为肯陶洛斯人，即半人马。宙斯因对仙子心生歉疚，于是出手相助，答应救她的两个孩子。

[2] 伊诺的母亲是战神阿瑞斯和爱神阿佛洛狄忒之女哈耳摩尼亚，爱神看到自己的后代悲惨地死在大海中，非常伤心。她找到海神波塞冬，求他将自己死去的后代变成海中的神祇，海神答应了她的请求。阿佛洛狄忒将自己的名字Leucothea【白色女神】送给了伊诺，因为阿佛洛狄忒是从海中白色的泡沫中出生的女神。

➢ 图 3-2 The fury of Athamas

关于金羊毛故事起因是这样的：阿塔玛斯的兄弟克瑞透斯[1]建造了伊俄尔科斯国，并统治了整个忒萨利亚地区。克瑞透斯将国家分给几个儿子共同继承。长子埃宋继承了伊俄尔科斯和大部分的国土，然而埃宋王的弟弟珀利阿斯[2]却利欲熏心，他使用权谋策动兵变，企图得到整个忒萨利亚的统治权。兵变成功后，珀利阿斯成为忒萨利亚的统治者，他放逐了自己的兄弟涅琉斯、阿密塔翁，还将兄长埃宋囚禁了起来。那时埃宋王有一个儿子，他将儿子偷偷送到半人马智者喀戎那里避难，喀戎为这个孩子取名伊阿宋，并教会了他很多技艺。伊阿宋长大后再次来到故国，向篡位的叔叔索要本应属于自己的王权。然而珀利阿斯老奸巨猾，为了除掉伊阿宋，他假装愿意将王位让给自己的侄儿，却要求伊阿宋去帮自己实现一个神谕，这个神谕说只有把金羊毛带回希腊，才能摆脱笼罩在他们家族头上的诅咒，并安抚弗里克索斯漂泊在外的灵魂。珀利阿斯暗地里却想着让这位青年在各种危险、灾难中死去。

伊阿宋是个急于建功立业的青年，当即就答应了这个请求。然而在那个时代，遥远的科尔基对于希腊人来说就是世界最东边的尽头，要想到达那里必须经历种种艰险和磨难。事实也正是如此。后来在伊阿宋的号召下全希腊最有名的英雄都纷纷报名参加这次探险，他们乘上阿耳戈号船一路经历狂涛骇浪，险象环生，他们斩妖除怪、历尽磨难，最后终于抵达科尔基。在爱神阿佛洛狄忒的蛊惑下，科尔基国王埃厄忒斯的小女儿美狄亚爱上了伊阿宋，并帮助他取得了金羊毛。为了伊阿宋，美狄亚甚至背叛父亲和国家，还亲手杀死了自己的弟弟，和伊阿宋一同逃回希腊。后来，伊阿宋另觅他欢，为了报复这个负心郎，美狄亚将两个儿子亲手杀死。当然，这只是故事的梗概，详细内容我们后文再叙。

①阿塔玛斯的父亲是忒萨利亚的埃俄罗斯王，埃俄罗斯王有四个儿子，分别是萨耳摩纽斯、希绪弗斯、阿塔玛斯和克瑞透斯。

②珀利阿斯是埃宋同母异父的弟弟，埃宋是克瑞透斯和堤罗的儿子，而珀利阿斯则是堤罗和波塞冬的儿子。堤罗和克瑞透斯王生下了埃宋、阿密塔翁和斐瑞斯，她还和海王波塞冬生下珀利阿斯和涅琉斯。

夜空中的白羊座就来自这位驮着姐弟飞越茫茫大海的金毛牡羊，它身上金光闪闪的羊毛也成为了传说中的稀世珍宝。为了金羊毛，英雄们乘着阿耳戈号来到了遥远的未知国土。而阿耳戈号的形象也成为了夜空中的南船座，这个星座因太大又被细分为船尾座、船底座、船帆座、罗盘座四个星座，它们分别代表着这船对应的部分。阿耳戈号在经过巨大的撞岩时，英雄们放出一只鸽子查看能否通过，这只鸽子险些被夹在撞岩中间，而其形象也被置于夜空中，成为了天鸽座。返航途中英雄们遭到海妖歌声的迷惑，险些丧命，乐师俄耳甫斯用七弦琴奏出激荡的乐曲，压制住了海妖的靡靡之音，从而挽救了所有人的性命，这七弦琴形象被置于夜空中，成为天琴座。伊阿宋的导师喀戎弯弓射箭的形象被置于夜空中变成了人马座。喀戎本身是一只半人马，他的形象也被升为夜空中的半人马座。要是算上伊阿宋的同门师兄弟，相关的星座就更多了，毕竟喀戎教过的大英雄实在太多。比如：后来的医神阿斯克勒庇俄斯，他的形象被置于夜空成为了蛇夫座，他权杖上蛇的形象成为了巨蛇座；双胞胎卡斯托耳和波吕丢刻斯，双子座就是由他们的形象而来；大英雄赫剌克勒斯，跟赫剌克勒斯有关的星座很多，天鹰座本是被他射死的巨鹰，而用来射死巨鹰的箭矢则成为了天箭座，狮子座、长蛇座、巨蟹座都是被他除灭的怪兽，赫剌克勒斯自己则成为了英勇的武仙座。

伊阿宋的名字是其导师喀戎取的。喀戎不仅精通各种技术、武艺、智慧，而且还是位著名的医师[1]。他给伊阿宋取名为Ἰάσων，字面意思是【医治者】，该词由动词ἰάομαι‘医治’衍生而来，因此希腊语中称‘医生’为ἰατρός【看病的人】。故有英语中的各种 -iatrics 或 -iatry【医术】，比如：心理治疗法 psychiatry、儿科治疗 pediatrics、物理疗法 physiatrics、皮肤病治疗术 dermiatrics、耳病治疗学 otiatrics、足部医疗 podiatry、鼻科学 rhiniatry、老年医学 geriatrics、妇科治疗学 gyniatrics、青年病学 hebiatrics、医马术 hippiatrics 等。

因为伊阿宋喜新厌旧，爱上了其他女人，并抛弃了旧爱美狄亚。英语中 to be a Jason[2] 就用来表示这种人，表示“负心郎”的意思，相当于汉语中的“陈世美”。

[1] 后来的医神阿斯克勒庇俄斯就曾经跟他学习医术。

[2] Jason即Ἰάσων在英语中的转写名。

3.2 金牛座 诱拐欧罗巴

黄道十二宫中第二个星宫是金牛宫 Taurus。太阳驻留在金牛宫的时间为4月20日至5月21日，出生在这个时段的人被称为Taurian【金牛宫的人】。金牛座的星座符号为“♉”，其形如一头长着角的公牛。希腊人将这个星座称为 Ταῦρος，罗马人将之意译为拉丁语的 Taurus，意思都是‘公牛’，英语中也称为 the Bull【公牛】。

关于这头公牛的故事是这样的。腓尼基的堤洛斯国国王阿革诺耳有位非常貌美的女儿欧罗巴，她的美丽勾起了神王宙斯的欲望。有一天，公主欧罗巴和女伴们在海边游玩，被天神宙斯看见，宙斯立刻爱上了这位迷人的少女。他命神使赫耳墨斯把山脚吃草的牛群赶到海边，自己则撂下权杖，变成一头雪白的公牛混在这群牛中。少女们看见山坡的嫩草上，一群牛儿哞哞地叫唤着朝着自己的方向走来，其中有一头非常俊美的雪白的牛，它温顺地停在欧罗巴的身旁。公主被这可爱的公牛所吸引，她小心翼翼地贴近它，把野花送到它雪白的唇

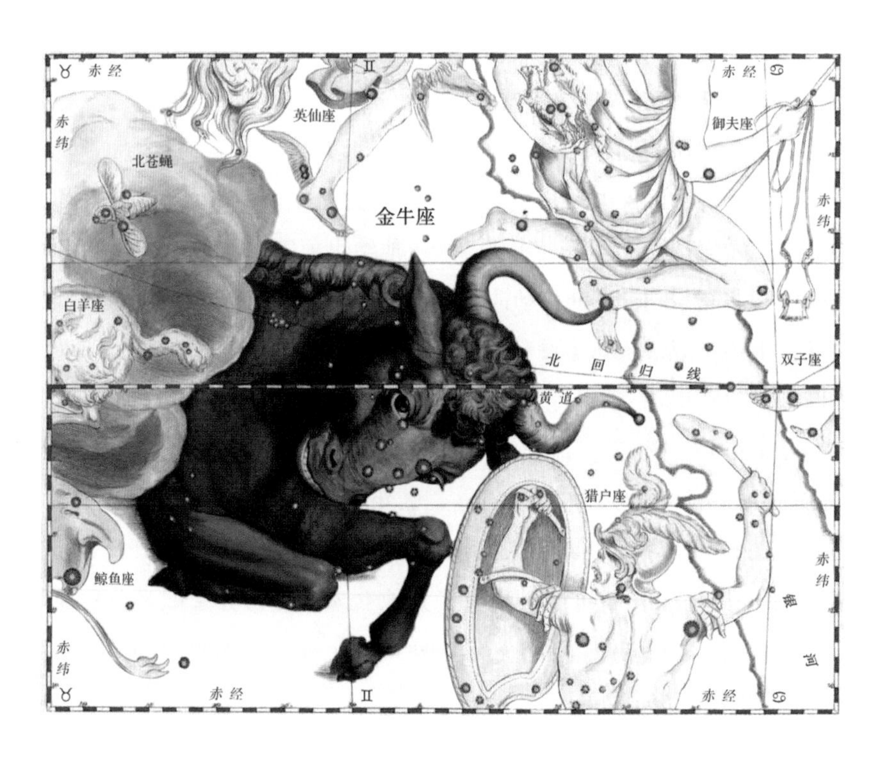

➢ 图 3-3 金牛座

边。这牛儿轻轻舔着她的手，并温顺地卧在公主脚下，欧罗巴便大胆地骑到牛背上。哪知她刚在牛背上坐稳，白牛立刻起身狂奔入海，在海中浮游了一天一夜。少女吓坏了，她一手紧握住一只牛角，另一只手扶着牛背，生怕会跌落海中溺水。

白牛载着欧罗巴从腓尼基海岸一直往西，穿越茫茫大海，到达了克里特岛。就在这四际无人的田野中，宙斯的阴谋得逞了。神王在克里特岛上一连待了好几天，欧罗巴无奈也只好认命，并为宙斯生下了三个儿子，分别是弥诺斯、刺达曼堤斯和萨耳珀冬。其中弥诺斯和刺达曼堤斯死后成为了冥界的两大判官。

➤ 图 3-4 The rape of Europa

话说宙斯对自己化身的这头公牛形象非常满意，便将这形象升至夜空，于是有了金牛座。夜空中的金牛座形象只能看见牛的上半身，因为当时牛在海中前进，下身都浸在水中无法看见。欧罗巴是宙斯最出名的情人之一，她的名字 Europa 也被用来命名木卫二，即主神宙斯（木星 Jupiter 来自宙斯的罗马名朱庇特）的卫星。欧罗巴从腓尼基海岸来到了西方的克里特岛，于是西方以及整片西方大陆便被以欧罗巴的名字冠名 Europa，英语中转写为 Europe，汉语译为“欧洲”。

失去心爱的女儿后，国王阿革诺耳痛苦万分，他派出几个王子分头去找他们的妹妹，并命令各位王子找不到欧罗巴就不要回来见他。大王子卡德摩斯一路向西来到了希腊境内，因一直没有打听到妹妹的下落，他无可奈何，又不敢回归故国，只好来到德尔斐神庙祈求阿波罗的神谕。神谕告诉他说：当你走出神庙会遇到一头母牛，这头牛将带着你去该去的地方，你要在它休息的地方建造一座城市。

出门果然如神谕所说，卡德摩斯及随从们跟着这母牛一路南行，很久后到达一片田野中，母牛在这里的绿草茵中卧下休息。卡德摩斯满怀感激，命仆人们去河边取水，并开始筹谋建城之事。哪知森林的深处藏了一条毒龙，仆人们纷纷有去无回，被这只毒龙杀死。后来卡德摩斯孤身闯入林中，和毒龙展开一场恶战并最终将其杀死。在雅典娜女神的指导下，他将毒龙的牙齿种在田里，这时泥土开始松动起来，一群全身披挂、手持长矛等沉重武器的武士纷纷从大地的深处站了起来。这群武士刚在大地上站稳就相互厮杀起来，杀得昏天黑地，最终只剩下五位存活者。在雅典娜的命令下，他们发誓对卡德摩斯效忠，并陪着王子一同建立了一座新的城市，这个城市因卡德摩斯 Cadmus 而得名卡德米亚 Cadmeia【卡德摩斯之城】，也就是后来的忒拜 Thebes[①]。这些武士们则成为该城的第一批居民，他们被称为 Spartoi，因为他们【从土地中长出】。忒拜城所在的地区也因带领着王子前来的那头母牛而被称为玻俄提亚 Boeotia，意思是【牛之地】。

①这个城市的名字一般有两种翻译方法，忒拜是从希腊语的Θῆβαι翻译而来，后者是Θῆβῆ的复数形式。底比斯是从英语Thebes翻译而来，后者是Thebe的英语复数形式。

这只被杀的毒龙乃是战神阿瑞斯心爱的宠物。为了平息战神的愤怒，卡德摩斯答应为其服徭役，并在服役期间把战神与爱神的私生女哈耳摩尼亚 Harmonia“和谐”了。这大概是阿瑞斯始料不及的事，但饭已蒸熟木已成舟自己也不好追究，只好将女儿下嫁给这位忒拜城的建立者。

少女哈耳摩尼亚是爱神阿佛洛狄忒与战神阿瑞斯偷情所生，这让戴了一顶大绿帽的火神赫淮斯托斯大为光火。火神打造了一条精致华

➢ 图 3-5 Cadmus slays the dragon

美的项链，并在上面打下诅咒的烙印，将这条项链送给新娘哈耳摩尼亚。表面上看，凡是戴上这条项链的人都会变得更年轻更美丽，但事实上这项链却会给其拥有者及其家人带来各种可怕的厄运。后来，哈耳摩尼亚的小女儿塞墨勒死于宙斯的雷电，大女儿伊诺被丈夫阿塔玛斯追杀投海自尽；其外孙阿克泰翁被狩猎女神变成了鹿并死于猎狗和标枪之下；另一个外孙兼忒拜的继承者彭透斯被自己的母亲和妹妹们疯狂地杀死；后来项链被忒拜王后伊俄卡斯忒继承，她生下了俄狄浦斯王，后者在命运的捉弄下杀死了自己的父亲而成为忒拜新国王，并娶母亲为妻，伊俄卡斯忒在知道此事后上吊自杀；国王俄狄浦斯的两个儿子为了争夺王位互相残杀，都死在了战场上；他们的妹妹安提戈涅为了埋葬被国家遗弃的哥哥，而被新王克瑞翁囚禁后自杀……于是有了《俄狄浦斯王》《安提戈涅》《七雄攻忒拜》等一系列的古希腊悲剧作品。

据说卡德摩斯还为希腊人带来了文字——在他之前，希腊民族是没有文字的。[1]字母系统最早在腓尼基民族中发展完备，而来自腓尼基的卡德摩斯在希腊建立城邦，并给希腊人带来了 16 个腓尼基字母。希腊人在腓尼基字母的基础上进行改进，从而创制出了希腊字母。罗马人则改进希腊字母，从而有了至今应用广泛的拉丁字母，现代的英国、法国、德国、意大利、西班牙等众多国家都使用拉丁字母书写自己的语言。希腊字母还被斯拉夫人借鉴，改进成了俄罗斯、乌克兰、哈萨克、蒙古、塞尔维亚等诸国所用的西里尔字母。

希腊人将金牛座称为 Ταῦρος，意思为‘公牛’。欧罗巴的长子弥诺斯后来成了克里特岛的国王，他的王后爱上了一头公牛，并为之生下了一个半人半牛的怪物，人称弥诺陶洛斯 Minotaur【弥诺斯之牛】。国王弥诺斯为了掩盖这个丑闻，命技艺高超的代达罗斯建造了一个阴森可怖的迷宫，将这个怪物关在迷宫之中，每年放入从雅典进贡的七对童男童女供其享用，直到后来雅典王子忒修斯进迷宫将其杀死。

希腊语中的 ταῦρος 衍生出了英语中的：属牛的 taurine【of bull】，[2]牛状的 tauriform【牛形的】、斗牛 tauromachy【和牛打架】、斗牛士 toreador【斗牛人】、大角斑羚 Taurotragus【似牛与山羊】等。

[1] 虽然个别地方如克里特出现了简单的线形文字，但使用极不方便且普及面窄。

[2] -ine为常用的形容词后缀，对比feminine、masculine、marine等形容词。taurine一词也用来指牛磺酸，这里的-ine可以理解为‘医药化学制剂’标志后缀，对比吗啡morphine、咖啡因caffeine、阿托品atropine、疫苗vaccine、海洛因heroin、阿司匹林aspirin、维他命vitamin、胰岛素insulin。

卡德摩斯的名字 Cadmus 一名源自腓尼基语，意思是‘东方’。卡德摩斯自东方的腓尼基来到西方的希腊，寻找自己的妹妹欧罗巴，正是对此名非常好的解释。而欧罗巴无疑则是西方的象征，一些学者认为这个名字源于腓尼基语的 ereb，意思也为西方，而欧洲 Europe 在本质上无疑也指的就是“西方”。

卡德摩斯的妻子哈耳摩尼亚的名字 Harmonia 一词演变出了英语中的 harmony，故也表示“和谐”之意。她是战神和爱神的私生女，这名字或许说明战神阿瑞斯和爱神阿佛洛狄忒相处得很好，我不禁想起了《倚天屠龙记》中的杨不悔，哎，可怜的绿帽火神赫淮斯托斯啊。

源于这个故事的外语典故也有不少：卡德摩斯种下龙牙，长出的战士相互残杀，于是就有了 sow the dragon’s teeth【播种龙牙】表示“引起纠纷”，而 dragon’s teeth【龙牙】则用来表示“引起纠纷之物”；而 the creations of Cadmus【卡德摩斯之创造】则被用来表示“相互抵消、同室操戈”之意。火神送给哈耳摩尼亚的项链接连导致了大量悲剧和不幸的产生，于是 Necklace of Harmonia【哈耳摩尼亚的项链】则被用来表示“不祥之物”。

3.3 双子座　手足情深

黄道十二宫中第三个星宫是双子宫 Gemini。太阳驻留在双子宫的时间为 5 月 22 日至 6 月 21 日，出生在这个时段的人被称为 Geminian【双子宫的人】。双子座的星座符号为“♊”，为拉丁语中表示“双”的数字符号。这个星座在希腊语中称为 Διόσκουροι【宙斯的孩子】[①]，指神话故事中宙斯的两个孩子卡斯托耳与波吕丢刻斯，罗马神话中一般称这两个孩子为卡斯托耳与波鲁克斯。并且双子座中最亮的两颗星 Castor 与 Pullux 就分别以卡斯托耳 Castor 与波鲁克斯 Pullux 的名字命名。

① 狄俄斯库里一名 Διόσκουροι由διός‘宙斯的’和κοῦροι‘孩子们’组成，字面意思为【宙斯的孩子们】。κοῦροι一词是κοῦρος‘男孩’的复数形式。其对应的阴性形式为κόρη‘女孩、少女’。冥后珀耳塞福涅的原名Kore即来于此，意为‘少女’。

那么，这个星座又有着什么样的故事呢？

斯巴达王后勒达天生楚楚动人，天神宙斯被她的美貌所深深吸引，日思夜想企图俘获这位美丽少妇。一次勒达在河边沐浴，宙斯看后不禁欲火焚身，便化作一只白色天鹅缓缓向她游去。勒达见这只天鹅羽毛丰润、姿态优雅迷人，便将这只温和的天鹅搂在怀中嬉戏，哪知……

当天夜里，勒达又同丈夫廷达柔斯结合。王后十月怀孕后却生下了两只鹅蛋，一只鹅蛋中孵出了卡斯托耳和克吕泰涅斯特拉，另一只蛋中孵出了波吕丢刻斯和后来举世闻名的美女海伦。这些孩子中，卡斯托耳与波吕丢刻斯兄弟俩情同手足，虽然理论来看他们有着不同的父亲。事实上，波吕丢刻斯与海伦乃是宙斯的孩子，他们拥有如神一般的不死或美貌。而卡斯托耳与妹妹克吕泰涅斯特拉则为斯巴达王廷达柔斯的孩子，他们是肉体凡胎，这也是为什么卡斯

➢ 图 3-6　Leda and the Swan

托耳会死在伊达斯手下的原因，当然，这是后话。话说宙斯对这次变成的天鹅形象非常满意，便将该形象置于天空，就有了夜空中的天鹅座。

这对双胞胎可是神话故事中不折不扣的大英雄，他们参加过不少著名的英雄事迹。当阿耳戈号远航穿越茫茫大海，去世界最东方的科尔基探取金羊毛时，这对双胞胎就在船上指导航行；当船经博斯普鲁斯海峡时，一位当地擅长拳击的国王挑战众英雄，结果被上前迎战的波吕丢刻斯一拳撂倒在地；当伊阿宋那作恶多端的叔父珀利阿斯被分尸的时候，这对兄弟也曾在场；[1]他们还参加了著名的围猎卡吕冬野猪的活动。

①一说珀利阿斯王因遭美狄亚陷害，被自己的女儿们所杀。

海伦在十二岁的时候，就已经是全希腊著名的美女了。她的美貌使得希腊各地的英雄都不禁心动，但大都慑于斯巴达国的武力以及海伦两个武艺高强的哥哥，只有贼心却没有贼胆。年轻的雅典国王忒修斯在好友皮里托俄斯的怂恿下，将正在月亮女神神庙跳舞的海伦劫持，并从俄耳提亚一直绑架到了阿提卡。这两位英雄居然胆大包天，还想再去绑架冥后珀耳塞福涅，结果中了冥王的计谋，被骗坐在忘忧椅上忘记了一切，渐渐被这只魔椅石化。话说二位哥哥得知妹妹被绑架之后，来到阿提卡索要妹妹，并在蹂躏了这片土地之后救出少女海伦，将妹妹安全带回斯巴达。

据说卡斯托耳和波吕丢刻斯之所以能找到妹妹，很大程度上归功于一个名叫阿卡德摩斯的英雄提供的信息。为了答谢这位英雄，两兄弟将雅典城郊的一片小树林送给了他。这林中设有神庙，故一直受到很好的保护。这片树林以他的拥有者阿卡德摩斯 Ἀκάδημος 命名为 Ἀκαδημία【阿卡德摩斯之领地】，著名的哲学家柏拉图后来在这里建立学校，广收门徒，研究哲学等各种学科。因此 ἀκαδημία 一词就有了“学校、学园、学术”之意，英语中转写为 academy，用以指学会或研究院等机构，比如 the Royal Academy of Arts 为英国的“皇家艺术学会”，the Chinese Academy of Sciences 也就是“中国科学院”等。

海王波塞冬也有一对双生子，分别为伊达斯和林扣斯，他们也是当时著名的大英雄。与卡斯托耳与波吕丢刻斯兄弟身世相似，伊达斯的真实父亲是波塞冬，而林扣斯的真实父亲是英雄阿法柔斯。一开

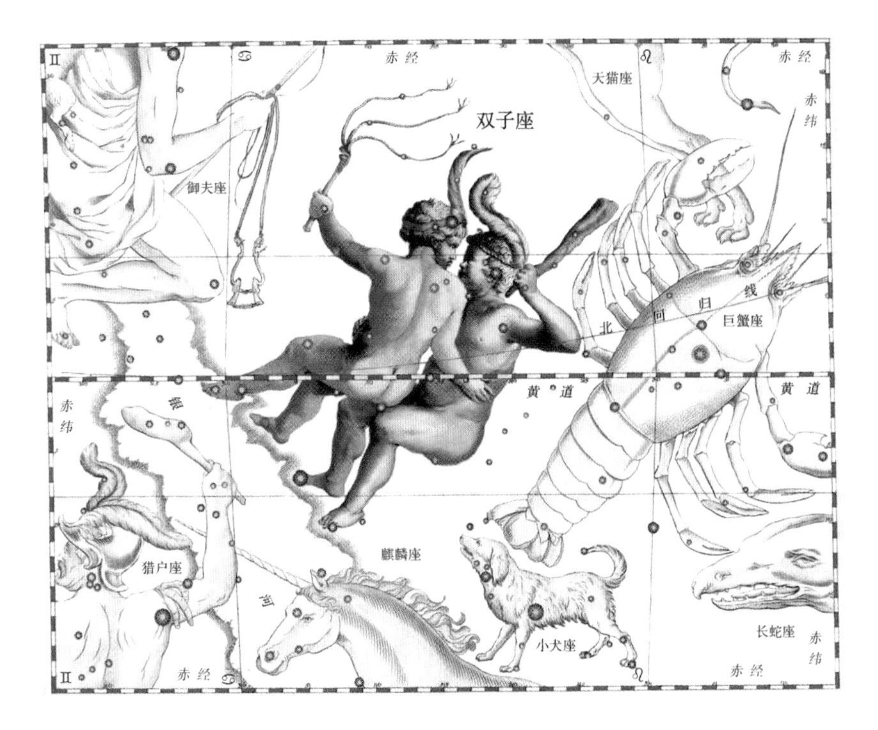

图 3-7 双子座

始的时候，这两对双胞胎一直和睦相处，一起参加阿耳戈号探险，一起围捕卡吕冬野猪，直到有一天他们为争夺两个漂亮的少女而反目成仇，并埋下了矛盾的种子。后来他们又因分配抢来的牛群而矛盾激化，厮杀了起来，卡斯托耳被波塞冬的两个儿子杀死。后来波吕丢刻斯虽然为哥哥报了仇，却无法挽回已经死去的兄弟。他不愿意独活，便向父亲宙斯请求，用自己的生命来换回哥哥的生命。宙斯被两兄弟的情谊感动，将他们的形象置于夜空中，成为了双子座。

因为他们之间的真挚情谊，人们用 Castor and Pollux 典故表示“手足情深”。

双子座 Gemini

Gemini 一词，是拉丁语 geminus‘twin’的复数形式，意思是【双生子】。这个词可能与梵语中的 yama 同源，阎罗 Yama 是古印度传说中最早的人，他和妹妹 Yamī 是一对双生子。阎罗是第一位死去的人，并在死后成为阴间之主。Yama 一词通过佛教传入中国，有的佛经中意译为“双世”[1]，而民间多采用音译的“阎罗”。我们所说的“阎罗

[1] 阎罗王在佛经中又译为“双王”，因为阎王有兄妹俩人，共同管理地狱的死神和死者，兄长专门惩治男鬼，妹妹专门惩治女鬼，因此也称为“双王”。

王”正乃此人，梵语中称为 Yamaraja【阎罗王】。

两兄弟中，弟弟波吕丢刻斯的名字 Polydeuces 意为【非常甜美】，由希腊语的 πολύς‘十分、多’和 δεῦκος‘甜美’构成。πολύς 衍生出了英语中的：水螅 polypus【多只足】、波利尼西亚 Polynesia【多岛之国】、多项式 polynomial【多个项】、西洋樱草 polyanthus【多花】、多毛纲 Polychaeta【多毛】、多用途的 polychrestic【多用的】、远志属 Polygala【多乳】、黄精属 Polygonatum【许多关节】、[1]多面体 polyhedron【多个面】、多边形 polygon【多个角】、博学者 polyhistor【智慧超群的人】、多核的 polynuclear【多核的】、多名的 polyonymous【多个名字】、聚乙烯 polyethylene【很多乙烯】、多食症 polyphagia【吃很多】、多头政治 polyarchy【许多统治者】，还有被奥德修斯刺瞎的独眼巨人波吕斐摩斯 Polyphemus【非常有名】，以及因与哥哥争夺王位而为忒拜城带来两次可怕战争的波吕涅克斯 Polyneices【很多杀戮】。δεῦκος‘甜美’与拉丁语的 dulcis‘甜’同源，后者衍生出英语中的：使愉快 dulcify【使变甜】、悦耳的 dulcet【甜美】、使甜 edulcorate【变甜】、情书 billet-doux【甜美的信】，以及人名达尔茜 Dulce【甜美】和唐吉诃德的梦中情人达尔西尼娅 Dulcinea【甜妹】。

①远志被认为能够用来催乳，故称其为polygala【much milk】，英语中称远志为milkwort，也是因为这个原因。而黄精属则因为有很多茎而得名为Polygonatum【many joints】。

相比下来，卡斯托耳的名字 Castor 看起来要奇怪得多，因为无论希腊语或者拉丁语，该词都被用来指“河狸”这种动物，很久以前人们就经常从这种动物中提取麝香。这似乎和波吕丢刻斯的名字形成对应，一个是非常清香，一个是非常甜美。

但是，为什么要将河狸称为 castor 呢？

从拉丁语来看，castor 一词或与动词 castro‘切割、阉割’同源，可以理解为【阉割者】。这似乎在告诉我们河狸这种动物和阉割有关。早在古希腊罗马时代，人们就开始抓捕河狸，用这种动物的腺囊制成麝香。河狸生殖器旁的腺囊分泌出的麝香有着特殊的香气，它们利用这种香气吸引异性，从而寻找到配偶。这种麝香可以用来制造高级香料，也可以制成药物等。[2]因为其出奇的制香效果，河狸便成为猎人捕捉的主要对象，而这些猎人无疑是冲着河狸生殖器旁的麝香腺囊去的。古人似乎曾对此产生误解，以为麝香来自河狸的睾丸，毕竟睾丸

②即使到了现在，其独特的香味仍然是一些顶级香水品牌的挚爱：法国高地香水的Emeraude款式、兰蔻的Magie Noire款式、娇兰的Shalimar款式等著名香水产品中都使用了这种取自河狸身上的麝香。

和生成麝香的腺体紧邻。这点很有趣地保留在一些民间传说中，比如《伊索寓言》就有一篇“河狸与它的睾丸”的寓言故事：

河狸是生活在水中的四足动物。据说它的睾丸可用于治疗某种病，因此人们一看见它就追赶，要捉住它，割下它的睾丸来。河狸知道被追赶的原因，便靠腿的力量竭力逃生，以保护自己的身体。每到它要被捉住时，它便把自己的睾丸撕下来，抛出去，这样就能保全自己的生命。

河狸在被追捕得无处可逃时，会阉割掉自己的睾丸并扔给捕猎者，以图逃命，因为它知道捕猎者所求的乃是自己的睾丸。在这个认识的基础上，我们看到河狸被称为 castor 的原因，因为它们是【自行阉割者】。大概正是基于这个原因，“阉割睾丸”被称为 castrate，其对应的名词形式为 castration。

castro‘分割’一词还与拉丁语中的‘军营’castrum【分开之地】同源。罗马军营一般驻扎在帝国边境远离蛮族居住的地方，并对驻守地进行加固，防止蛮族的武装叛乱等。罗马军营在欧洲大地上留下了深刻的印记，至今我们仍能从不列颠看到那些被驻扎的痕迹，不过这些 castrum 被英语化后变成了 chester，于是就可以知道英国现今的地名：曼彻斯特 Manchester、温彻斯特 Winchester、多彻斯特 Dorchester、罗彻斯特 Rochester、奇切斯特 Chinchester，这些城市都起源于罗马军队的驻扎地。在帝国的各个行省，这些军营分别成为如今各种语言中对应的：

英语中的 castle。驻扎在边境的军官首领成为了该行省的执政官，首领一般在驻扎地建立宫殿城堡，于是 castle 就有了城堡之意。后世各地君王纷纷效仿，就有了西方世界非常众多的城堡。其中英国著名的城堡有博丁安城堡 Bodiam Castle、鲁尔沃斯城堡 Lulworth Castle、爱琳多南城堡 Eilean Donan Castle、贝尔塞城堡 Belsay Castle 等古堡。

法语中的 château。château 意思亦为‘城堡’，后来一些小城堡及其领地产生出庄园的概念，这不禁让人想起了法国的五大酒庄：拉菲酒庄 Château Lafite Rothschild、奥比安酒庄 Château Haut-Brion、拉图酒庄 Château Latour、木桐酒庄 Château Mouton Rothschild、玛歌酒庄 Château Margaux，这些地方所产的葡萄酒都享誉世界。

西班牙语中的 alcazar。这里的 al- 乃是受阿拉伯语影响所致，相当于英语中的定冠词 the，对比英语中 alchemy、algebra。于是就有了西班牙的阿尔卡萨王宫城堡 Alcázares de Sevilla、圣胡安城堡 Alcázar de San Juan、阿尔卡沙尔城堡 Alcázar de Segovia 等著名城堡。

拉丁语的‘阉割’castro 和‘城堡’castrum 都来自动词 caedo‘切割、杀死’，后者衍生出英语的：凿子 chisel 无疑是一种【裁切之物】，而裁决 decide 其实就是【切下来】之意，如果是提前裁定好的，那自然就精确的 precise【提前裁定】了。动词 caedo 还衍生出英语中的后缀 -cide，一般表示‘杀死、杀死者’之意，于是就有了：

对各种动物的捕杀，如屠牛 bovicide【杀牛】、杀狼 lupicide【杀狼】、捕杀蛇 serpenticide【杀蛇】、捕杀狐狸 vulpicide【杀狐狸】、捕杀鸟类 avicide【杀鸟】。杀人 homicide【杀害人类】根据其对象不同而有弑君 regicide【杀君王】、弑父 patricide【杀父亲】、弑母 matricide【杀母亲】、杀夫 / 妻 matricide【杀配偶】、杀子女 filicide【杀孩子】、杀害兄弟 fratricide【杀兄弟】、杀害姐妹 sororicide【杀姐妹】、杀婴 infanticide【杀婴儿】、杀害胎儿 feticide【杀胎儿】等说法，也有自杀 suicide【杀死自己】。更大规模的则有种族灭绝 genocide【除去种族】、城市毁灭 urbicide【毁灭城市】、生态灭绝 ecocide【毁灭生态】。除灭各种害虫、菌类等，诸如农药 pesticide【杀虫】、杀虫剂 insecticide【杀昆虫】、灭鼠药 raticide【杀鼠】、除蚁剂 formicide【杀蚂蚁】、灭蚊药 culicide【杀蚊子】、杀蝇剂 muscicide【灭蝇】、灭蚤剂 pulicicide【杀跳蚤】、杀螨剂 miticide【杀螨】、杀菌剂 germicide【杀死菌类】、杀真菌剂 fungicide【灭真菌】、杀寄生虫剂 parasiticide【杀寄生虫】、除草剂 herbicide【除草物】、除藻剂 algicide【灭海藻】。

3.4 巨蟹座 失败的偷袭者

黄道十二宫中第四个星宫是巨蟹宫 Cancer。太阳驻留在巨蟹宫的时间为 6 月 22 日至 7 月 22 日，出生在这个时段的人被称为 Cancerian【巨蟹宫的人】。巨蟹座的星座符号为“♋”。希腊人称这个星座为 Καρκίνος，即‘螃蟹’。在神话中，这螃蟹乃是天后赫拉的一只宠物，被派去偷袭战斗中的大英雄赫剌克勒斯，却被后者在愤怒之下杀死。天后为纪念自己心爱的宠物，将其形象置于夜空，就有了巨蟹座。[1]罗马人将其意译为拉丁语的 Cancer，英语沿用了这个称呼，就有了现在的巨蟹座，有时也将其意译为 the Crab。

[1] 在后世壁画和星图中，这只螃蟹或被表现为一只龙虾的形象。

英雄珀耳修斯有一个儿子名叫阿尔卡伊俄斯 Alcaeus，阿尔卡伊俄斯的妻子生下了美丽的阿尔克墨涅，这位少女长得美若天仙。主神宙斯爱上了美丽的阿尔克墨涅，并化装成其丈夫安菲特律翁与她结合，为了能充分享用这有着诱人胴体的美人，宙斯将这个夜晚延长了三倍。后来阿尔克墨涅生下了一个孩子，取名为阿尔喀得斯 Alcides

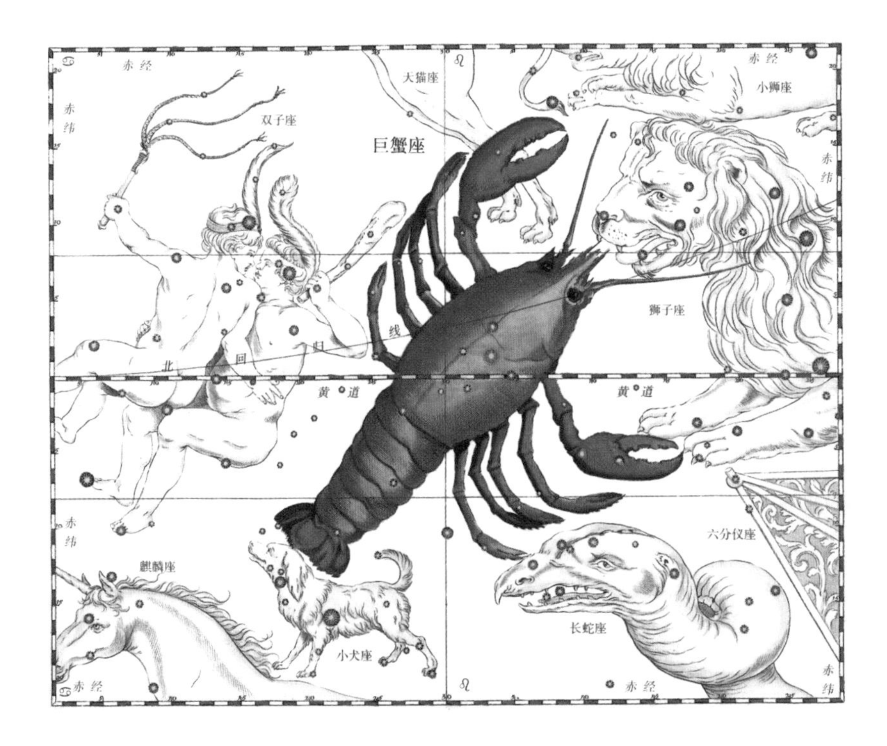

图 3-8 巨蟹座

【阿尔卡伊俄斯之后裔】。这个孩子因遗传了天神强大的基因，在幼年的时候就表现出神力，还在襁褓中时他就曾经扼死两条可怕的大蛇。赫拉一直很讨厌这个孩子，一个原因是他是宙斯的野种，而赫拉乃是宙斯的原配；还有一个原因，宙斯曾经趁天后赫拉熟睡时，把这个孩子抱到天后身边偷偷给他喂奶，由于幼年的阿尔喀得斯天生神力，吃奶时将女神的乳汁都挤得喷了出来。据说这乳汁洒在夜空中，形成了我们所看见的银河 Milky Way【乳汁之路】。赫拉对这个孩子愤恨之极，她使出各种解数、派出各种怪兽想杀死这个孩子，但都没有得逞。天后更加气愤，便施法术让他陷入疯狂，阿尔喀得斯在疯狂中亲手杀死了自己的孩子，从而遭到天庭和众神的责备。为了清洗自己的罪名，他被罚要完成十二项非常艰苦危险的任务，很多任务即使是诸神也难以完成。从结果来看，正是因为赫拉的迫害而使阿尔喀得斯在人间建立了众多的伟大功绩，因此这个英雄被后世称为赫剌克勒斯 Heracles【赫拉的荣耀】。

赫剌克勒斯的十二项任务中，第二项任务是杀死在勒耳那沼泽地出没的水蛇许德拉。许德拉是怪物堤丰与蛇妖厄喀德娜的后代，它有九颗头，每颗头都可以再生，且最中间的一颗是永远不死的。赫剌克勒斯在伊俄拉俄斯的帮助下与蛇妖战斗，并用火把灼烧伤口，使蛇妖被砍掉的脑袋不能及时长出来。经过长时间的搏斗，赫剌克勒斯终于将蛇妖最中间的那颗头砍了下来，并迅速埋在一颗巨大的岩石下面，使它没有机会再逃出。后来，这蛇妖的形象与赫剌克勒斯的伟大形象都被置于夜空，便有了长蛇座与武仙座。

➢ 图 3-9 Slay of Hydra and Cancer

当然，我们的主人公即将出场，虽然并不怎么体面光彩，但是它

也算出场了。它就是夜空中巨蟹座的化身，传说是一只巨大的螃蟹。它的出场多少有点像《东成西就》中的王重阳，一出场就辜负了我们的期望。在赫剌克勒斯与蛇怪战斗时，这只巨蟹奉天后赫拉之命，悄悄潜出沼泽水面，准备从后方袭击战斗中的英雄，并用它的爪子紧紧钳住了英雄的脚，使得他疼痛万分。赫剌克勒斯在疼痛和震怒之下，重重地一脚踩死了这只巨蟹。如今当我们抬头仰望夜空，会发现巨蟹座与长蛇座依然紧紧挨着，似乎它们还在商议着该怎么对付这位勇武的英雄呢。

希腊语人将螃蟹称为 καρκίνος。螃蟹有着坚硬的躯壳，而 καρκίνος 本身就有‘坚硬’之意，其与古英语中表示‘坚硬’的 heard 同源。heard 演变为现代英语的 hard，与此同源的还有日耳曼人名中常见的 -ard 后缀，一般表示‘勇猛、坚强’之意，这名字最初多见于彪勇强悍的日耳曼战士，比如：埃弗拉德 Everard【hard as a boar】一名乃是如野猪般凶猛，伯纳德 Bernard【hard as bear】一名则给人以虎背熊腰的感觉；不过似乎还没有伦纳德 Leonard【hard as the lion】勇猛，因为后者乃如狮子一般的猛士；杰勒德 Gerard 则为【hard with the sword】，这名字似乎让我们看到了古代持长剑的勇士；而理查德 Richard 字面意思为【a solid kingdom】。hard 一词由‘坚硬’引申出‘困难、费力’等义，于是就有了英语中的：艰难 hardship【难】、硬件 hardware【硬件】、顽固的 diehard【死硬的】、吹牛大王 blowhard【使劲吹牛者】。

部分 -ard 后缀经由法语进入英语中，这些词汇往往含有贬义和讽刺的成分，比如：杂种 bastard、胆小鬼 coward、醉鬼 drunkard、笨蛋 dullard、自私小人 buzzard、小气鬼 niggard、巫师 wizard、懒蛋 laggard、老糊涂 dotard、扯淡 canard、小鬼 boggard、流浪汉 clochard。当这后缀被用来称呼一些外邦人时，也常透露出嘲讽的成分，比如西班牙佬 Spaniard、伦巴第佬 Lombard、萨瓦人 Savoyard。

巨蟹座在英语中也称为 the Crab“螃蟹”。Crab 来自印欧词根 *gerebʰ- ‘抓、划’，看一下螃蟹那对爪子就知道为什么要取这个名字了。*gerebʰ- 衍生出希腊语的 γράφω ‘写、划’，因此有了英语的：相片 photograph【光线绘画出之物】、地理 geography【描绘地形之学问】、时计 chronograph【记录时间之物】。动词 γράφω 词干 γράφ- 加后缀 -μα 构成该动作的执行对象，也就是【所写】，一般翻译为‘文字’，γράφ-μα → γράμμα。后者衍生出了英语中的：密码 cryptogram【隐藏信息的文字】、电报 telegram【远距离传输之文字】、心电图 cardiogram【描绘心脏跳动的图】、全息射像 hologram【含所有信息的图】。

公元前四世纪，“医学之父”希波克拉底[1]在研究一位癌症病人时发现，病人癌症部位的切面由一种硬硬的坏死组织构成，该坏死组织的切面随静脉扩张着如同螃蟹伸张着的肢。希波克拉底给这种疾病取名为 καρκίνος‘螃蟹’。到了公元二世纪，罗马医师盖伦[2]为区分螃蟹与癌症两个概念，在该词词基后加后缀 -ωμα[3]，用 καρκίνωμα【蟹状肿瘤】来表示癌症的概念。

而表示‘螃蟹’与‘癌症’的希腊语 καρκίνος 被拉丁语翻译为 cancer，后者亦同时含有这两种意义，该词原封不动地被英语继承，从而有了英语中的 cancer 一词，首字母大写时表示“巨蟹座”，小写时表示“癌症”。

盖伦对癌症的称呼法被后世所继承，因此就有了英语中的：癌症 carcinoma，该词更经常用来表示上皮细胞所引起的癌变，比如肝癌 hepatocarcinoma；由结缔组织引发的癌变称则为 sarcoma，字面意思为【肉瘤】，比如脂肪癌症 liposarcoma；与淋巴系统有关的癌变称为 lymphoma【淋巴癌症】，比如霍奇金淋巴瘤 Hodgkin lymphoma；与胚胎有关的癌变 blastoma【胚细胞瘤】，比如肾胚细胞瘤 nephroblastoma；另有一种与生殖有关的癌变称为 germinoma【生殖瘤】，比如无性细胞瘤 dysgerminoma 。而癌症从癌变细胞的角度分类，共分为上述 carcinoma、sarcoma、lymphoma、blastoma、germinoma 这五种类型。

巨蟹座开始于 6 月 22 日，时值夏至。太阳在高空运行，于夏至日升入天空的最高点，于冬至日降落至天空的最低点。也就是说，在夏至之日太阳升至天上的最高点，之后从天界向人间回落。这在古代宗教中被形象地比喻成一种观念：神灵从夏至之日开始降落人间。两河

①希波克拉底 (Hippocrates，前460 ~ 前377)，古希腊著名医生，被誉为“医学之父”。

②盖伦（Claudius Galenus，129 ~ 199），罗马著名医师，地位仅次于希波克拉底的第二个医学权威。

③-ωμα后缀在希腊语中表示‘肿胀’之意。

图 3-10 Birth of Jesus

流域的古巴比伦人将夏至所在的巨蟹宫称为“人之门”，因为这是神灵从天界降临人间的入口；对应的，将冬至所在的摩羯座称为“神之门”。神灵从天堂降临到了人间，这不得不让人想到基督的降生。根据福音书记载，耶稣由处女玛利亚生于马槽之中[1]。而巨蟹座正中间有星团被称为 Prasaepe‘牲槽’，也就是耶稣降生时的那个马槽。该星团两侧亮星分别称为 Asellus Borealis【北面的驴】与 Asellus Australi【南面的驴】。这驴无疑是圣母玛利亚与其夫约瑟夫来到伯利恒时所骑的驴。而当我们将夏至看作太阳最接近天界之日，将冬至看成太阳最接近人间之日，我们看到：神灵从最高点的夏至开始降落人间，于最低点的冬至（即 12 月 25 日[2]）最终抵达并降生于世。

这真的是一个巧合吗?

①此处的马槽准确地说应该是“驴槽”，这个概念最初从英语的manger翻译而来，而后者兼具“驴槽”和“马槽”的概念，毕竟据记载，当时的牲槽中饲养着驴子。这不禁让人想起了那本著名的《牛虻》，其实准确地说，这本书应该翻译为“马虻”。

②在耶稣诞生的时代，冬至日被确定为12月25日。

3.5 狮子座　百兽之王

黄道第五个星宫是狮子宫 Leo。太阳驻留在狮子宫的时间为 7 月 23 日至 8 月 22 日，出生在这个时段的人被称为 Leonian【狮子宫的人】。狮子座的星座符号为“♌”，这个符号表示狮子头及尾巴。希腊人将这个星座称为 Λέων，罗马人将其转写为 Leo，意思都是‘狮子’。希腊语中的 λέων 源自埃及人对狮子的称呼。据说每年七八月份时埃及酷热干燥，狮群经常出没于凉爽湿润的尼罗河河岸。定居在尼罗河两岸的埃及人观察到这时节经常出现狮子，便将对应星座以狮子命名。在希腊神话中，这只狮子与前文中那只巨蟹相似，也是一只怪物，并不幸被大英雄赫剌克勒斯除灭。

赫剌克勒斯被天后赫拉诅咒而陷入疯狂，误将亲生骨肉杀死，为洗脱罪名他必须完成迈锡尼王欧律斯透斯交付的十二项任务。这国王是英雄的叔父，他嫉妒于赫剌克勒斯响亮的名声，也惧怕这个侄儿会篡夺自己的王位，对他充满了仇恨和恐惧。在赫拉的支持下，国王屡屡向英雄发难，试图用艰巨的任务置英雄于死地，要么让他与可怕的怪兽肉搏，要么冒犯重要神灵，要么去世界尽头或阴曹地府冒险，每一项任务都隐藏着巨大的危险。幸亏英雄勇猛命大，每次都逃过劫难并成功完成任务。从某种程度上来讲，赫拉的迫害反而使得赫剌克勒斯建立功业并为民除害，他被全希腊人拥戴，并被后人追称为赫剌克勒斯 Heracles，

➢ 图 3-11　狮子座

即【赫拉的荣耀】。后来神王宙斯将这位伟大的儿子纳入奥林波斯山众神之中，还把青春女神赫柏许配给他。

赫剌克勒斯的第一项任务是杀死涅墨亚地区的食人狮。这狮子的皮毛像钢一样坚固，无论什么利器都不能刺进它的体内；它的爪子更是锋利无比，能瞬间将全副铠甲的英雄撕为碎片。一开始，赫剌克勒斯向狮子射箭、用大棒痛捶怪兽，却未曾伤到这狮子一点皮毛。英雄不得不与之肉搏，费尽九牛二虎之力，直到将这头狮子活活掐死。后来他拿狮爪将其坚固的皮毛剥开，并用它的皮做自己的铠甲，好不威风。夜空中的狮子座据说就由这狮子的形象变来，即使到了夜空，它依然霸气十足，看一下具有标志性的一颗星就知道，狮子座最耀眼的一颗星被称为 Regulus，意思是【小君王】。或许正因如此，狮子座被认为是最具有王气的一个星座。

图 3-12 Heracles fighting the Nemean lion

拉丁语的 leo 源自希腊语 λέων 一词，而希腊语中的 λέων 并非出自印欧语，对比一下梵语中表示‘狮子’的 siṃha 一词即可知道。λέων 一词大概来自古埃及语的 lawai，这也是为什么埃及圣书文字中用狮子的图形符号表示辅音 l 的原因。希腊语 λέων 演变为拉丁语的 leo 以及英语中的 lion。蒲公英 dandelion 一词来自法语 dent de lion【狮子的牙齿】，因为蒲公英锯齿状的叶子像狮子的牙齿；猎豹被称为 leopard，最初人们认为它是狮子 leo 与豹 pard 的混种；[1]变色龙 chameleon 则意为【地上的狮子】。leo 一词还衍生出不少人名：斯巴达王列奥尼达斯 Leonidas【猛狮之子】曾经带领 300 名斯巴

[1] 猎豹最初被认为是狮子（具有鬃毛）和豹类（具有斑点）的杂交后代。猎豹的学名Acinonyx jubatus就是【爪子固定，带有鬃毛】的意思。

达勇士死守温泉关，以抵抗波斯大军征伐希腊；莱昂纳多·达·芬奇 Leonardo Da Vinci【芬奇镇来的猛狮】被誉为文艺复兴三杰之首，其代表作《蒙娜丽莎》至今仍是人类艺术的瑰宝；俄国文豪列夫·托尔斯泰 Leo Tolstoy【胖狮子】一生著述众多，并被誉为“十九世纪的世界良心”；还有《泰坦尼克号》男主角莱昂纳多·迪卡普里奥 Leonardo DiCaprio 以及巴塞罗那队的里奥内尔·安德雷斯·梅西 Lionel Andrés Messi 等。

上文提及，梵语中将狮子称为siṃha。由于佛教东传，整个东亚和南亚都深受佛教熏陶，并深深烙下佛教文化的载体语言——梵语的印记。汉语中的佛教词汇比比皆是，我们今天所言的世界、宇宙、恶魔、因果、缘分、过去、现在、未来、刹那、悲观、平等、方便、圆满、宗旨、演说、忏悔、烦恼、信仰、真理、实际、障碍、消灭、妄想、习气、绝对、相待、普遍等常用词汇都源出自佛经译典，更不用说文化、信仰、思想、习俗等诸多方面。相似地，东南亚一些常见地名往往也都有着梵语起源：斯里兰卡古名僧伽罗 Simhala【狮子国】[1]；新加坡 Singapore 得名自梵语 siṃha pura【狮子城】[2]，故新加坡也被称为“狮子城”，而新加坡的国家象征是鱼尾狮 merlion【海中之狮】[3]也更是说明了这一点。

中国本土不产狮子。中文的“狮”由波斯语的šēr音译而来，后者与梵语的siṃha同源。“狮”字是个形声字，“犬”旁“师”声。其最初的汉译形式是“师”，后来改为“狮”乃是为了让人一看就知道它属于兽类。

狮子座的头号亮星名为 Regulus，该词是拉丁语‘君王’rex（属格 regis，词基 reg-）的指小词形式，意思是【小君王】。这种指小词形式由名词词基加 -ulus 构成，对应的阴性指小词为 -ula，对比拉丁语中的小河 rivulus、小花 flosculus、小女孩 puella、小故事 novellus、小红点 rubellus、小影子 umbella、小书 libellus。而名词 rex‘君王’则来自拉丁语的动词 regere‘正直、统治’，其衍生出了英语中的：摄政王 regent【摄政者】、皇家的 regal【属于王的】、王制 regime【王的统治】、女王 regina【女君王】、正确 right【合乎王道】、区域 region【统

---

①玄奘和尚在《大唐西域记》将该地音译为僧伽罗，而义净和尚《大唐西域求法高僧传》则将其意译为狮子洲。史书《梁书》中称此地为狮子国。

②siṃha pura意为【狮子城】，由梵语的siṁha和pura构成。pura意为‘城市’，故有众多印度地名如

那格浦尔Nagpur
斋浦尔Jaipur
坎普尔Kanpur
焦特布尔Jodpur
赖布尔Raipur
詹谢普尔Jamshedpur
巴加尔布尔Bhagalpur
曼尼普尔邦Manipur
特里普拉邦Tripura

③新加坡的标志为鱼尾狮，一方面因其国家名与狮子有关，另一方面，新加坡因扼守马六甲海峡而富裕繁荣，与海洋有着密不可分的关系。鱼尾狮merlion一词由拉丁语的mare‘海’和leo组成。‘海’mare衍生出了英语中的：美人鱼mermaid【海中少女】、海的marine【海洋的】、潜水艇submarine【水下之物】等。

治领域】、正常的 regular【遵从王法的】、院长 rector【管理人】、直接 direct【直】、纠正 correct【使正确】、勃起 erect【直起来】、直肠 rectum【直的】、笔直 rectitude【直性】、直角 rectangle【直角】，以及通过其他语言间接进入英语的：皇家的 royal【国王的】、统治 reign【做国王】、控制 rule【统治】、富裕 rich【统治者的】。拉丁语的 rex 与梵语中的 rājā 同源，故也有了“阎罗王”的名字 Yamaraja。

3.6 室女座 冥王掠妻记

黄道十二宫中第六个星宫是室女宫 Virgo，或有翻译为处女宫。太阳驻留在室女宫的时间为 8 月 24 日至 9 月 23 日，这个星座被古希腊人称为 Παρθένος，其星座符号“♍”就是从 Παρθένος 的前三个字母 Παρ 简写而来。罗马人继承希腊人的称呼方法，将这个星座称为 Virgo。拉丁语的 Virgo 与希腊语的 Παρθένος 一样，都表示【处女、少女】之意。

关于室女座的希腊神话起源有几种说法，一种说法认为其由公正女神阿斯特赖亚 Astraea 的形象变来。阿斯特赖亚是公正和正义之女神，她手持天平为人类称量善恶、评判是非。据说在远古时代，诸神和人类一同生活在大地上，过着和平快乐无忧无虑的日子，这个时代被称为人类的黄金时代。后来人性开始堕落，进入白银时代，世间出现四季寒暑，冷暖无常，人类不得不开始劳累耕作，驱寒避暑。后来进入青铜时代，日子更加困苦，兵灾和战事频繁，但是彼时人类仍然

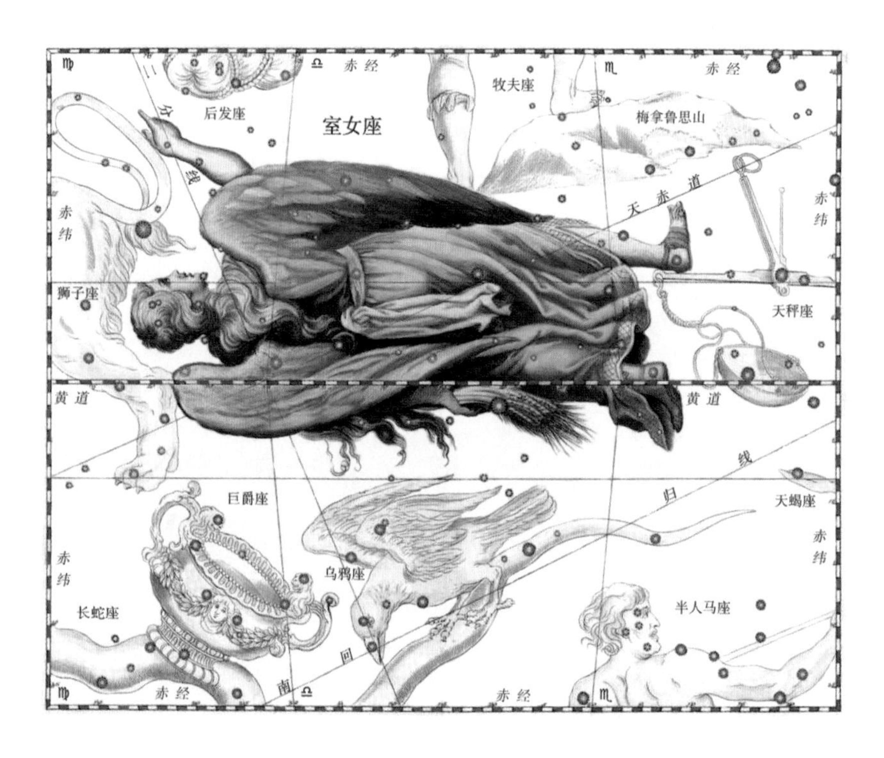

➢ 图 3-13 室女座

还虔信天神。最后人类开始堕落，进入无情的黑铁时代，人们抛弃信仰、相互欺诈、彼此迫害、自私贪婪、杀戮无辜，各种可怕的罪恶相继出现，于是诸神纷纷抛弃人类回到天上居住，只有公正女神留在人间想要挽救堕落的人类。直到她自己也无法挽回贪婪罪恶的人性，终于不得不伤心地离开了人间。

后来正义女神的形象被置于夜空，成为室女座 Virgo。而她手中的那杆天平也被一同带入夜空中，成为天秤座。这星座似乎一直在夜空中警示着我们，就如那句箴言一样：Fiat justitia, ruat caelum。[1]

[1] 这句话的意思是"苍天可崩，正义不失"。

另一个广泛流传的故事将我们带到丰收女神得墨忒耳那里，得墨忒耳是宙斯的姐姐，也是奥林波斯十二位主神之一，她司掌谷物成熟、农业丰收，就连四季的更替变迁据说都是她的旨意。室女座形象则被认为是得墨忒耳的女儿科瑞 Kore，该名字的意思也是【少女】，与表示室女座的希腊语的 Παρθένος、拉丁语的 Virgo 都有着相同的含义。少女科瑞后来被冥王哈得斯抢走，此后她被人们称为珀耳塞福涅 Persephone，这个名字更符合她冥后的身份，字面上可以理解为【带来死亡者】。

之所以用丰收女神的女儿来命名这个星座，大概因为八九月份正好属于收获的季节，故将该星座冠以丰收女神相关的形象。室女的星座形象乃为一位手持麦穗的少女，该星座头号亮星 Spica 就是她手中的谷穗，拉丁语中的 spica 意思即'谷穗、麦穗'。据说得墨忒耳在耕过三遍的休耕地上与第一位播种者伊阿西翁 Iasion 结合，女神后来生下了菲罗墨罗斯 Philomelos，菲罗墨罗斯发明了犁和车，并教会了人们农业技术。这个星座似乎也在告诉我们，农业和丰收是女神得墨忒耳送给人类的礼物，以使得人类摆脱最初的野性与愚昧，走向文明这种温和的生活方式，而英语中的文明 culture 一词正说明了这一点，它本意即【耕作】。

希腊人将这个星座称为 Παρθένος，这个名字的全称为 Παρθένος θεά【处女神】，其中 Παρθένος 意即'处女的'。雅典卫城著名的帕特农神庙 Parthenon【处女神之庙所】就由 Παρθένος 衍生而来，这个处女神就是著名的智慧女神雅典娜。顺便说一下，雅典城 Athens 即得名于雅典娜女神。祭拜女神雅典娜的还有一个被称为 Παλλάδιον【帕拉斯女神之庙所】的神庙，因为雅典娜的全名是帕拉斯·雅典娜 Pallas Athena。其中，后缀 -ιον 在希腊语中经常构成表示“……之场所、……之地”概念的名词[1]，于是酒神狄俄倪索斯 Dionysus 的神庙就被称为 Διονύσιον、火神赫淮斯托斯 Hephaestus 的神庙被称为 Ἡφαίστειον。雅典王厄里克透斯 Erechtheus 所建的神庙被称为 Ἐρέχθειον 也是同样的道理。值得一提的是，这个后缀对应拉丁语中的后缀 -ium，后者也被用来表示‘……之地’的概念，因此就有了英语中的：水族馆 aquarium【容放水的容器】、礼堂 auditorium【容纳听众之场所】、商场 emporium【生意之地】、体育馆 gymnasium【练习之地】、医院 nosocomium【养病之地】、蒸熏消毒室 fumatorium【烟熏之所】、蒸汽疗室 vaporium【储蒸汽之所】。另外，由这个后缀衍生出拉丁语中的 -arium、-orium、-erium 等后缀形式，在英语中转写为 -ary、-ory、-ery，都表示“聚集……的场所”之意，于是就有了英语中的：工厂 factory【干活的地方】、天文台 observatory【观察天象的地方】、图书馆 library【收藏书籍的地方】、墓地 cemetery【安眠的地方】、词典 dictionary【收容词汇的地方】、卵巢 ovary【容放卵子的地方】，这样的词汇还有很多，比如：

①-ιον后缀一般在人名等专有名词词基之后，构成该专有名词对应的中性形容词。比如帕拉斯一名Παλλὰς，其词基为Παλλάδ-，构成的形容词阳性为Παλλάδιος、中性为Παλλάδιον。根据形容词与名词一致性的原则，当该词用来修饰神庙ἱερόν（该词为中性名词）时使用中性形容词，因此就有了Παλλάδιον ἱερόν【帕拉斯之神庙】，拉丁语转写为Palladium。国王埃勾斯Αἰγεύς投海自尽后，人们将这片海域称为Αἰγαῖον【埃勾斯的】海，英语中意译为对应的形容词Aegean；人们用伊罗斯王子的名字Ἶλος命名了伊利昂城Ἴλιον【伊洛斯的】城市，也就是特洛亚。

表 3-1　-ium类场所名

英文词汇	构词含义	常用汉语译意	简要解释
laboratory	劳动之地	实验室	对比labor“劳作”
dormitory	睡觉之地	宿舍	对比dormant“安眠的”
lavatory	洗漱之所	盥洗室	对比laver“洗礼水”
eatery	吃饭之所	小餐馆	对比eat“吃”
bakery	烤面包之所	面包房	对比bake“烘烤”
depository	存放之地	仓库、储藏室	对比deposit“存放”
vocabulary	收集词汇之地	词汇表	对比vocable“词”
glossary	收集词汇之处	词汇表	对比glossa“唇舌”
diary	记录每天活动之处	日记	对比daily“每天的”
apiary	养蜂之所	蜂房	对比apis“蜜蜂”
aviary	养鸟之所	鸟舍	对比aviate“鸟之飞翔”
piggery	养猪之所	养猪场	对比pig“猪”
fishery	养鱼之地	养鱼场	对比fish“鱼”

（续表）

英文词汇	构词含义	常用汉语译意	简要解释
piscary	养鱼之地	捕鱼场	对比Pisces“双鱼座”
formicary	蚂蚁之居所	蚁窝	对比formic acid“蚁酸”
oratory	祈祷之地	小礼拜堂	对比orate“口述”
purgatory	受洗之地	炼狱	对比purge“净化”
monastery	僧侣之居所	修道院	对比monk“僧侣”
nunnery	修女之居所	女修道院	对比nun“修女”
sanctuary	神圣之地	圣殿	对比sanctity“神圣”
seminary	培养种子的地方	神学院	对比seminal“种子的”
granary	存储谷物的地方	谷仓	对比grain“谷实”
herbary	种植药草之地	药草园	对比herba“药草”
orangery	橘子园	橘子园	对比orange“橘子”
lacrimatory	容泪之器	泪壶	对比lacrima“眼泪”
pottery	制陶之地	陶器厂	对比potter“陶工”
brewery	酿啤之所	啤酒厂	对比brew“酿造啤酒”

拉丁语的 virgo 演变出英语中表示处女的 virgin。virgo 与拉丁语的‘嫩枝’virga 同源，毕竟少女就如同新绿的嫩枝一样。关于 Virgo 一词的词源，还有一种比较有意思的民间解释，认为该词源于拉丁语的 vir‘男人’。vir‘男人’一词衍生出了英语中的：悍妇 virago，意思是【有男人一般的作风】；强壮的 virile，即【像男人一般】；在崇尚男性强壮之美的罗马人眼里，所谓的美德 virtue 乃是一种【男性特质】；连我们所说的世界 world 本来也只是用来表示【男人的阅历】而已；而传说的狼人 werewolf，就像这个词汇所告诉我们的一样，这是一只 wolfman。

而室女座形象之原形少女科瑞的名字 κόρη 意思即为‘少女、处女’，其对应的阳性名词 κοῦρος 即为‘男孩、少男’，因此也有了狄俄斯库里兄弟 Διόσκουροι【Zeus' boys】。无论少男还是少女，该词的核心意思都是‘小孩子、小人物’。当你观察别人的眼睛，就会发现瞳孔中映出了观察者微缩的倒影，因此希腊人将瞳孔称为 κόρη‘小人物’，罗马人将这个概念意译为 pupilla‘小孩子’。英语中的 pupil 即由此而来，这也是 pupil 一词之所以既表示“小学生”又表示“瞳孔”的原因。

室女座还经常被与圣母玛利亚联系起来。根据福音书记载，圣母

➢ 图 3-14　The virgin Maria

玛利亚以处子之身怀孕后生下了救世主耶稣，这似乎很符合室女座这一概念。当然，圣母玛利亚和室女座之间未被述说的关系还有很多，室女座的形象是一位手持麦穗的少女，这个少女被认为与丰收女神有关。因为该星座与丰收、粮食之间的密切关系，室女座也被人们称作 House of Bread，意思为“面包之屋”。处女玛利亚在伯利恒生下了救世主耶稣，而希伯来语的伯利恒 Bethlehem 意思即【面包之屋】。这与室女座以及“面包之屋”的称呼有着神奇的对应！而且，室女座的标志 ♍ 也与玛利亚名字 Maria 的首字母非常相似。

另外，从地面观察到的天文现象上来看，从白羊宫开始，太阳的光线渐渐变强，到了室女宫时太阳光线强度已经非常之高，以至于对于地面观察者而言，在八月中旬附近时室女座全然淹没在强烈的阳光中，就好像室女座消失了一般。在基督出现以前的时代里，罗马人很早就认识了这一点，并将其作为一个特殊的日子专门记载在历法上。而在基督教中，这个日子则变成了圣母升天节，在每年的公历八月十五被世界各地的基督徒庆祝着。所谓的圣母升天，即“处女玛利亚”在人间消失，又与室女座消失在日光强烈光线下这一自然现象何其相似呢。

3.7 天秤座　公平正义的度量

黄道十二宫中第七个星宫是天秤宫 Libra。太阳驻留在天秤宫的时间为 9 月 24 日至 10 月 23 日，出生在这个时段的人被称为 Libran【天秤宫的人】。天秤座的星座符号为“♎”，这个符号象征着左右平衡。希腊人将这个星座称为 Ζυγός，罗马人将之意译为拉丁语的 Libra，意思都是‘天平’，英语中一般也意译为 the Balance【天平】。

根据神话传说，最初的世界处于辉煌的黄金时代。那时候人们纯洁善良，世界四季常春，人类不用劳作也可以天天衣食无忧。当奥林波斯神族战胜了提坦神族后，世界进入了白银时代。一年中出现炎夏寒冬，以及冷暖无常的秋天，人类不得不建造房屋以避寒暑，不得不耕种织衣以维持生计。在这之后，出现了青铜时代。世界上开始有了各种灾害，有了战争，但人们还是虔诚地信仰天神，向诸神祷告。后来人类不断堕落，进入无情的黑铁时代。人们相互背信弃义，战争频发，各种各样的罪恶横行在大地上。早在青铜时代，众神就对堕落的

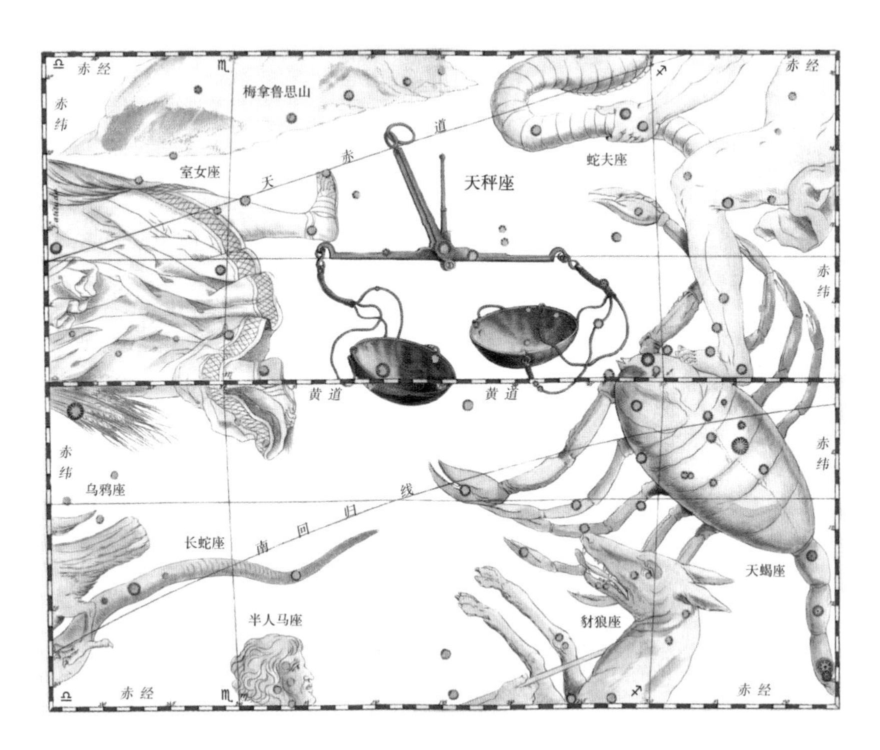

图 3-15　天秤座

人类失去信心，纷纷抛弃人类，进入高天。后来只剩下公正女神阿斯特赖亚，她相信人类善良的本性，便留在大地上为人民主持正义，审判公正。当黑铁时代到来时，人类已经堕落到无法挽救的地步，于是这位贞洁的女神也不得不回到天上。公正女神阿斯特赖亚是最后一个离开人类的神灵，她的形象被置于夜空中，就有了夜空中的室女座。而女神用来衡量判定公正的天平也被放置于夜空中，便有了天秤座。

从天文的角度来看，这个星座从秋分点开始，[1]而秋分点时世界各地昼夜等长。之所以将这个星座命名为“天平”，大概正是因为如此，因为它均匀地平衡了昼与夜的长度。另外，十二星宫从白羊宫开始，进入第七个星宫天秤宫时太阳正好经过了一半的黄道星宫，而天秤座的起点无疑也是十二星宫的平衡点，这或许也是天秤宫命名的来源之一。

①秋分点一般在9月23日。

天平的作用是称量重量，其支点处在衡木的正中心，左右等长的两臂各挂着一个码盘，与中国人惯用的“杆称”有所不同。天平的基本原理为左右两臂质量的平衡作用，基本功用是称重。拉丁语的 libra 与希腊语中的 λίτρα 同源，因为天平用来衡量重量，所以 λίτρα 在古希腊语中为重量的基本单位，[2]中文一般音译为‘里特拉’。希腊人根据重量单位 λίτρα 来制造自己的金币银币，就如同我们古人用的几

②这一点上可以对比英语中长度测量measure与其基本单位meter，这两个词有着共同的词源。

➢ 图 3-16 Goddess of Justice

“两”金银一样，希腊人也说多少个里特拉金币。里特拉是称出来的，相似的，拉丁语中也将称量的一个基本单位称为 libra，同时也用这个词称呼度量重量的天平。这个称呼一直到中世纪时还在使用，我们仍能从英语中看到这个词汇，英语中也将重量的基本单位称为 libra，并将一个单位重量的金币称为英镑 libra pondo【一个 libra 的重量】，简称为 lb。英国至今仍使用的货币单位英镑就是这样来的，英镑的符号“£”便来自 libra 的首字母（为了将其与字母 L 区分，在字母 L 中间加上了一条短横），而“镑”的称呼则音译自 libra pondo 中的 pondo，近代英语中变为 pound，为了强调“英国货币度量衡”一概念，一般将其译为“英镑”。

希腊语的重量单位 λίτρα 一词进入法语中，变成 litre，最初也用来表示重量的基本单位。为了方便谷物等粮食的称量，很多时候稻谷并不用天平来称量，而是用一个米斗一般的容器，因为这样一斗谷物其重量是固定的（当密度一定时，容器内物体的质量决定于它所占的容积）。于是，litre 从一个重量单位变成了容积单位，英语中表示容积的基本单位 litre 就是这样来的，中文对应翻译为“升”，符号简写 l 取自 litre 的首字母。“毫升”表示一升的千分之一，从其英语词汇 milliliter 就能看出来，这个词的字面意思为【升的一千分之一】，简写为 ml[1]。

[1] 对比英语中的
毫米millimeter
毫秒millisecond
毫克milligram
毫瓦milliwatt
毫伏millivolt

天秤座 Libra 一般也被英语意译为 the Balance。什么是 balance 呢？这个词由拉丁语中的 bilanx 演变而来，而 bilanx 则由 bi-‘两个’与 lanx‘盘子’构成，想想天平长什么样子你或许会对这个词汇有更形象地了解——这两个盘子指的就是天平上的两个托盘！所以 balance 一词字面意思为【两个托盘】，最普遍的天平形象都有着两个托盘。事实上，bilanx 一词来自拉丁语 libra bilanx【有着两个托盘的天平】的简称。这“两个托盘”在英语中变为 balance，用以表示天平。因为天平在平衡时才能测量，所以 balance 也用来表示“平衡”之意。

bilanx 是‘两只托盘’，其前缀 bi-‘两个’衍生出了拉丁语中的 bini‘每两个’，于是二进制就是 binary【每两个的】，首字母简写为 B。bi- 还衍生出了英语中的：自行车 bicycle【两只轮子】、重婚 bigamy【结婚两次】、双周刊 biweekly【两周的】、饼干 biscuit【烘烤两遍】、结合 combine【将二者合在一起】、新月形的 bicorn【两只角】、二头肌 biceps【两只头】等。

表达“天平”这一概念的，英语中还有一个常用词汇，即 scale，因此天秤座 Libra 也被英译为 the Scale。Scale 一词与英语中的 shell 同源，shell 的意思是“贝壳”，这很有意思，当你拿一个贝壳分开的时候，你得到两个等大的盘子，两个盘子是什么呢?

bi-lanx！

图 3-17　A balance

一个天平有两个相同大小的托盘。不管你称它为 the balance 还是 the scale，请记住天平是有两个托盘的。不要将其与我们中国人所用的杆称混淆。

天平 libra 用来称重，‘重量’对应的拉丁语名词为 pondus，所以一磅之重最初被称为 libra pondo【libra by weight】，古英语中省去 libra 而称一磅为 pund，并演变出英语中的 pound，也就是一英镑之重。与此同源的 peso 也被用来表示货币的重量单位，它是在南美洲和菲律宾所使用钱币的名称，汉语一般音译为“比索”。[1] pondus 一词与拉丁语动词 pendere‘悬挂’同源，因为用天平称量时，要称量的重物“悬挂”于天平的两边。

① 相似地，拉丁语中的 libra则衍生出了现代意大利语的lira，成为意大利、圣马力诺、梵蒂冈等国的货币单位，中文音译为“里拉”。

拉丁语的 pendere 衍生出了英语中不少词汇：想一下挂在墙钉下面的相框，你或许更容易明白 depend 一词所表达的意思，相框安稳地【挂在钉子下面】，这个相框就 depend on 该钉子了，因为如果墙钉出现问题，相框也劫数难逃。depend 一词中文一般翻译为“依赖、依靠”。depend 的形容词形式为 dependent，简单地说，指的就是相框离不开墙钉这类意思。当然，【不用依赖他物的】就是 independent 了。这两个词对应的名词形式分别为 dependence、independence；摆钟叫作 pendulum，因为它的原理是在一条长线下面悬挂着一只小球，从该词中很容易看出这一点，pendulum 的字面意思是【悬挂着的小东西】，由它产生的 pendulous 一词就有“下垂的”、“摇摆的”两种含义，这明显都是摆钟的特征。悬浮 suspend 一词的字面意思是【悬起来】，担心 suspense 也有着相似的表意，不过它强调的是【(心)一直悬着】，忐忑不安一词似乎很好地说明了这样的意思。pending 和 pendant 字面意思都指【悬挂着的】。append 字面意思为【悬挂】，由这个词衍生出 appendix 一词，表示“阑尾、附录”等意思，附录悬于书目文章之后，而阑尾悬于盲肠的末端，故得名。appendix 表示阑尾，故有：阑尾炎 appendicitis【阑尾部分发炎】、阑尾切除术 appendectomy【切下阑尾】。

拉丁语的 pendere 一词由‘悬挂’引申出‘称量’之意。所谓的赔偿 compensation，就是在天平的一端放上所造成的损失，在另一端放上对损失的弥补，使得二者平衡的弥补值就是你所要做出的赔偿。钱币的价值最早是用称出的重量来衡量的，所以英语中的支付 expend 其实就是指【称出所需重量的钱币】，它的名词形式为 expense 或 expenditure；而其形容词形式 expensive 则表示【需要称出很多的钱币用以支付】之意，也就是非常昂贵了；此外 expend 还通过另一种途径演变为英语中的花钱 spend，这个词至今仍和 expend 有着几乎全然相同的意思。当你将所有的东西一起衡量时，你所做的就可以称为“概括”compendium，这个词的字面意思为【一起衡量】。当你在心中“称量”一个事物时就是“思忖”，汉语中的“思量”很好地表达了相似的概念，由这样的概念产生了仔细考虑 perpend【透彻地思索】、预谋 prepend【提前思考】、沉思的 pensive【沉思的】、思考 ponder【思量】等词汇。法国人称三色堇为 pensée，这个词的本意为【思索】，据说因为该花褶皱的样子极像一张陷入沉思的脸，这个词进入英语中变为 pansy。

我们回到天平的概念上来。我们看到，在使用金属钱币的古代，钱币的价值一般都是称量出来的，于是钱币的价值就被冠以与重量体系一样的单位，中国的“两”、希腊的 λίτρα、罗马的 libra、英国的 pound、南美的 peso、意大利的 lira 都说明了这个道理。而测量所用的单位有可能源于测量概念本身，于是英语中的 meter 被用来表示长度的基本单位，但在 geometry 等词汇中仍表示“测量长度”的概念；英语中的重量单位 pound 源于称重 pondo；拉丁语中的重量单位 libra 源自测量重量的天平 libra 等。

天平有两个托盘，这和汉民族所习以为常的杆秤不一样。当天平平衡时，左右两边是均匀的、公平的，所以天平在西方人眼中成为公平、公正的象征，因此在古希腊神话中，司掌公正的女神阿斯特赖亚手持一架天平，意在象征公平、公正的原则。也正是因为这个原因，司法部门的标志性雕塑或建筑上往往会有天平的形象出现。

鸦片战争之后，中国人掀起了学习欧美的热潮。表面上在各个方面都效仿西方，却对西方文明的精神与本质不屑一顾。我们只获其形式却弃其内涵，反倒在追风逐尘中失去了自己民族本来的精神。当掌握司法的判官们手中拿着天平，心中却只有一把杆秤的意向时，他们是无法看到公平和正义的，他们只会寻觅星花上那些标志着重量和价值的密密麻麻的数字。任何伟大的文明，其所展现的技术和所蕴含的精神都是高度一致的，二者都应该得到尊重、研究和学习。徒有形式的效仿，势必如邯郸学步的人一样，最后连自己的原有的步伐都不会了，只能匍匐而归矣。

3.8 天蝎座　七月流火

黄道第八个星宫是天蝎宫 Scorpio。太阳驻留在天蝎宫的时间为 10 月 23 日至 11 月 22 日，出生在这个时段的人被称为 Scorpionian【天蝎宫的人】。天蝎座的星座符号为“♏”，其形象为一只蝎子翘起了带刺的尾巴。希腊人将该星座称为 Σκορπιός‘蝎子’，罗马人将其转写为 Scorpius 或 Scorpio，[1]这个词还演变出了英语中表示蝎子的 scorpion。因为这只蝎子高悬于夜空之中，故中文也译作“天蝎座”。

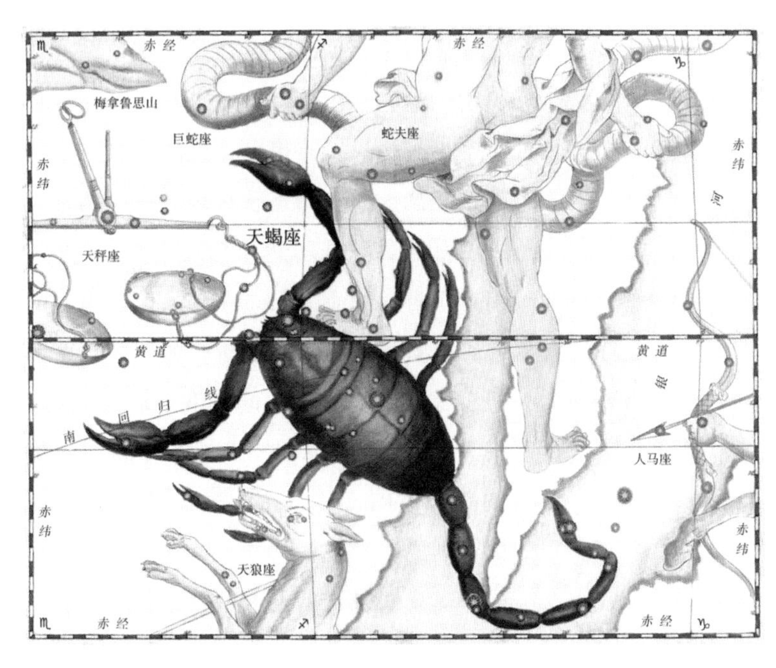

➢ 图 3-18　天蝎座

提起这只蝎子，就不得不提猎人俄里翁的故事。玻俄提亚地区有位非常虔诚敬神的老人，名叫许里欧斯。有一次天王宙斯、海王波塞冬、神使赫耳墨斯三位大神结伴在人间出游，途经玻俄提亚。许里欧斯热情地款待了他们，为他们烘烤了一整头公牛。三位天神非常满意，便答应实现老人任何一个愿望。老人没有后代，便祈求众神能赐给他一个孩子。于是三位大神拿过公牛的皮囊，将各自的精液收在皮囊中交给了老人，老人将皮囊埋进地里，十个月之后从大地中诞生了一个高大俊俏的孩子，老人于是给孩子取名为俄里翁 Orion，即【从地中生出的】。这个孩子长大后成为一个著名的猎手，远近闻名，他的俊美还引起黎明女神厄俄斯的爱慕，但是这份姻缘并没有持续多久。后来喀俄斯国王请俄里翁驱除国内肆虐的野兽，而这位猎户却迷恋上了国王的女儿墨洛珀，国王对此极为反感。被欲望缠绕的俄里翁

[1] 这两个词本无区别，现在一般在表示天蝎座时使用Scorpius，在表示占星中的天蝎宫时使用Scorpio一词。

私下里强奸了公主，作为报复，国王在宴席中将猎户灌醉并刺瞎其双目，将其扔在沙滩上。双目失明的猎户顺着独目巨人们打铁的锤声一路来到利姆诺斯岛，走进火神的锻造场。赫淮斯托斯可怜他，派一名小铁匠带他去太阳神的住处。俄里翁扛着小铁匠翻山越岭，到了太阳升起的地方。在那里，日神用自己的光辉使他重见光明。

后来的故事有很多种说法，有人说猎人俄里翁和狩猎女神阿耳忒弥斯相恋，他们相互欣赏彼此高超的狩猎技巧。太阳神阿波罗见一直守身如玉的妹妹居然和凡人相恋，[①]便从中陷害，使妹妹在不知情中射死了自己的心上人。也有人说俄里翁的狩猎技术非凡，他曾向狩猎女神吹嘘说能将大地上所产的任何野兽消灭。这话引发地母该亚的愤怒，她派出一只毒蝎追杀俄里翁，这蝎子蜇到猎人的脚，杀死了他。猎人俄里翁的形象被置于夜空中，变成了猎户座，他被蜇的那只脚也被命名为 Rigel【足】，[②]这颗星为猎户座第二亮星。而蜇死了猎户的蝎子则成为了夜空中的天蝎座。

这只蝎子给猎人俄里翁的心理影响无疑是巨大的，即使到了夜空中，猎户也一直远远地躲避着这只蝎子。每当天蝎座从东边地平线升起时，猎户座总落入西方地平线下藏匿起来，远远躲开这位宿敌。我们的古人也发现了这一点，所以就有杜甫所言“人生不相见，动如参与商”。其中，参在猎户，商在天蝎，二者在夜空中此起彼落，永不相见。

天蝎座之名 Scorpius 来自希腊语的 Σκορπίος，其可能来自希伯来语的‘akráv‘蝎子’，后者还演变出了阿拉伯语的 ʕáqrab‘蝎子’。天蝎座中的第二大亮星 Acrab，这个名字就从阿拉伯语的 ʕáqrab 借用而来。公元 711 年，摩尔人征服伊比利亚半岛，从而在西班牙开始了近 800 年的穆斯林统治，八个世纪中征服者所操的阿拉伯语对西班牙语产生了深刻影响，西班牙语中表示蝎子的 alacrán 就由阿拉伯语的 al-ʕáqrab 演变而来。[③]

天蝎座有很多非常耀眼的亮星，最亮的一颗因在夜空中非常耀眼，堪比火星（希腊人用战神阿瑞斯的名字 Ἄρης 命名了火星），所以希腊人称这颗星为 Ἀντάρης【火星之对手】，这个词由 ἀντί‘相反、相

①阿耳忒弥斯为三处女神之一，曾发誓永葆童贞。

②猎人俄里翁被蜇到脚而死去，这与希腊神话中著名的阿喀琉斯之踵、克里特岛青铜巨人塔罗斯之踝极为相似。这些近乎刀枪不入的著名人物都是因为脚部受伤而死去的。古希腊人受东方民族的信仰影响，相信灵魂会从脚部离开躯体。这无疑也是一个隐喻，脚是支撑人体的基本支点，若脚受伤人就倒下了，所谓的倒下正是死亡的一个象征。

③西班牙语中含有丰富的阿拉伯语借词。西语中以 al-开头的词汇大多借自阿拉伯语，比如alquimia、almacén、alquiler、alcanzar、almuerzo、alcohol、almirante、alcoba、alcázar等。英语中的algebra、alchemy、alcohol等，都是源自阿拉伯语的词汇。al-是阿拉伯语中的定冠词，相当于英语中的the。

对’和"Αρης‘火星、战神’构成，英语的Antares由此而来。有趣的是，战神阿瑞斯对应的这个行星在中国称为“火”星，而Antares一星在中国则被称为“大火”，意思是【仿佛比火星还亮】，这真是个有趣的巧合。

大火Ἀντάρης意为【火星之对手】，其中ἀντί表示‘相反、相对’之意，后者衍生出英语中的：南极Antarctic字面意思为【北方的对面】，也就是南方，南极洲也被称为antarctica【南方之陆】；敌对antagonism就是【fight against】；反义词antonym意思是【names against】，对比同义词synonym【names alike】；抗毒素antitoxin意思就是【the compound that against toxin】，抗体antibody一词则由anti-toxic body【抗毒性体】简化而来，抗原antigen就是【产生抗体之物】，而抗血清antiserum则是【含有抗原的血清】；植物的生长素称为auxin【增长素】，于是抗植物生长的激素就是antiauxin【against auxin】；还有抗酸剂antacid【against acid】、抗菌剂antibacterial【against bacteria】、抗生物antibiont【against the life】、抗癌anticancer【against cancer】、抗激素antihormone【against hormone】、抗霉素antimycin【against mycin】、防腐剂antiputrefactiva【against putrefaction】、反气旋anticyclone【against cyclone】等。

在中国古代天文中，大火是心宿的一颗亮星，名曰心宿二，亦称“商”星[1]。这颗星是夜空中排行第十五位的亮星，当然，若是只算入古代所知的星星这名次会更靠前。这颗星因星大且呈红色，故被命名为“大火”，古书也简单称为“火”。《诗经·七月》中所谓的“七月流火”就指从古代殷历建丑[2]的历法基础上，七月时大火位于被称为“流”的方向上，即天顶偏西30度方位[3]。《尧典》中所谓的“日永星火”，则指的是夏至之时大火星出现在中天，这个现象于是被人们用作确定夏至的标志。

①杜甫的“动如参与商”即指此星。

②商代使用殷历，立丑月即阴历的十二月作为新年的第一个月，也就是将当时的腊月初一作为元旦。

③在古代的天文术语中，天顶偏30度方位称为“流”、偏60度方位称为“伏”、偏90度即水平方位称为“内”。

3.9 人马座　技艺超群的弓箭手

黄道第九个星宫是人马宫 Sagittarius。太阳驻留在人马宫的时间为 11 月 23 日至 12 月 21 日，出生在这个时段的人被称为 Sagittarian【人马宫的人】。人马座也叫射手座，其星座符号为“♐”，代表一张弓和一支箭的形象，射手即手持这弓箭的人，希腊人将这个星座称为 Τοξότης【弓箭手】，对比希腊语中的 τόξον‘弓箭’，后者也是希腊语中天箭座的名字；罗马人将其意译为 Sagittarius【持弓箭者】，对比拉丁语中的 sagitta‘箭矢’，后者也是天箭座的名字。[1]根据神话传说，这位弓箭手乃是半人马族智者喀戎。

[1] 对比拉丁语中的‘水’aqua与【持水人】aquarius，后者也是宝瓶座Aquarius的名字。

说起喀戎，那绝对是神话中数一数二的智者，是希腊人心中最完美的导师。他精于医药、占星、格斗、射箭、预言等各项技艺，全希腊最著名的英雄大多都曾跟他学艺，这些学生中比较著名的有：杀死蛇发女妖墨杜萨的英雄珀耳修斯、完成十二项光辉业绩的大英雄赫剌克勒斯、阿耳戈英雄领袖伊阿宋、医神阿斯克勒庇俄斯、雅典明君

➢ 图 3-19　人马座

忒修斯、酒神狄俄倪索斯、特洛亚战争中最强大的英雄阿喀琉斯，还有珀琉斯、忒拉蒙兄弟，阿里斯泰俄斯与阿克泰翁父子，参加特洛亚战争的英雄埃涅阿斯、帕特罗克勒斯、埃阿斯等。在古希腊，这些学生个个都是家喻户晓的英雄，甚至他们不少丰功伟绩都被铭刻在夜空中：珀耳修斯形象成为了夜空中的英仙座，他从海怪口中救出的公主安德洛墨达成为了仙女座，那只威胁公主的海怪则成为了鲸鱼座，公主的父亲母亲分别成为了仙王座与仙后座；赫剌克勒斯成为了夜空中的武仙座，而他所除灭的野兽则分别成为狮子座、长蛇座、巨蟹座，他还拉弓射死了啄食普罗米修斯肝脏的那只鹰鹫，这只箭矢成为了天箭座，而鹰鹫则变为了天鹰座；伊阿宋为夺回王位带领众英雄去遥远的东方探险，誓言取回金羊毛，他们所乘的阿耳戈号成为了夜空中的南船座，那只长着金毛的牡羊则成为白羊座，他们在经过撞岩时放出的白鸽成为了天鸽座；猎人阿克泰翁不小心看到沐浴中的狩猎女神阿耳忒弥斯，女神将他变为一只麋鹿，猎狗们不知道这只鹿乃是自己的主人，将阿克泰翁撕个粉碎，阿克泰翁的猎狗后来成为了夜空中的小犬座；医神阿斯克勒庇俄斯经常用蛇毒做药拯救世人，他的蛇杖成为了西医的标志，他手持蛇的形象则成为夜空中的蛇夫座，这条蛇成为巨蛇座；狄俄倪索斯为妻子阿里阿德涅编织的花环成为夜空中的北冕座，而他为母亲塞墨勒编织的花环则成为了南冕座。

英雄阿喀琉斯年少时，喀戎教他射箭的情景一时被传为佳话，这大概正是喀戎作为人马座这一形象的来源。

喀戎是一只半人马。之所以称为半人马，是因为这个种族个个都半人半马，胸部以上为人形，以下则是马的模样。半人马也称为肯陶洛斯家族，据说这些半人半马的怪物乃是被伊克西翁强暴的云之仙女所生。这些后代们个个都如伊克西翁那样生性贪婪、嗜酒、好色。但喀戎毕竟不同，喀戎是提坦王克洛诺斯与大洋仙女菲吕拉所生，他具有古老神族的优良遗传基因，且具有不死之身。话说不死之身本来是一件好事，但喀戎却因此而备受折磨。事情的缘由是这样的：

➤图 3-20 Chiron, education of Achilles

喀戎的高徒赫剌克勒斯曾经杀死蛇妖许德拉，并用许德拉剧毒的血浸泡自己的箭矢，从此被他箭矢所射中的人哪怕只是擦伤也会立刻殒命。在活捉了为害一方的厄律曼托斯野猪之后，这位英雄来到半人马地盘的一位朋友家做客，主人拿出酒神当年赠送的佳酿招待这位英雄。结果美酒的香气吸引来大批嗜酒如命的半人马，这些怪物蜂拥而至，把房子团团围住，试图抢夺这醉人的陈酿。英雄大怒，同这些半人马打了起来，暴跳如雷的英雄发箭射死了几位抢匪，其他半人马见状慌忙夺门而逃。盛怒中的赫剌克勒斯放箭射逃跑的半人马时误将箭矢射入喀戎家中，毒箭正中喀戎膝盖。误伤恩师的赫剌克勒斯悔恨不已，但事情已经无法挽回。箭头上浸有许德拉剧毒的血液，这毒让精通医术的喀戎都无可奈何。可怜喀戎虽有不死之身，却不得不忍受剧毒对身体的折磨，痛不欲生。在那个时代，忍受这样无止无尽痛苦的人还有一个，他就是被宙斯捆绑在高加索山上的普罗米修斯。普罗米修斯因替人类盗火而得罪神王，宙斯派人用铁链将他捆绑在高加索山上，每天派一只鹰鹫啄食他的肝脏，使他痛苦不堪。普罗米修斯虽拥有不死之身，却一直遭受着这没有尽头的折磨，生不如死。每天他的肝脏都会再长出来，并又一次被鹰鹫一口口啄食。后来，喀戎用自己的生命换赎这位盗火神的自由——当赫剌克勒斯射下那只啄食盗火之神的鹰鹫后，喀戎表示愿意代替普罗米修斯在高加索上接受惩罚。这一无私的举动感动了天神，为了纪念这位伟大的智者，天神将他射箭时的形象置于夜空中，于是就有了人马座。而喀戎的半人马形象也被置于夜空中，就有了半人马座。

希腊人将这个星座称为 Τοξότης‘弓箭手’，其由 τόξον‘弓箭’衍生而来，后缀 -της 一缀于动词词干或名词词基表示‘……者’，对比希腊语词汇：

表3–2　-της后缀

希腊语	翻译	源自	演变为英语	英文翻译
πλανήτης	漂泊者	动词πλανάω‘使漂泊’	planet	行星
κομήτης	长发者	名词 κόμη‘头发’	comet	彗星
ἀθλητής	竞赛者	动词ἀθλέω‘竞争’	athlete	运动员
ποιητής	作诗者	动词ποιέω‘作诗’	poet	诗人
γαμέτης	结婚者	动词γαμέω‘结婚’	gamete	配子
ἐρημίτης	孤单者	形容词ἔρημος‘孤零零的’	hermit	隐者
ἰδιώτης	没知识者	形容词 ἴδιος‘无公职的’	idiot	傻瓜

在古代，弓箭一般用水松木制成，因此就不难理解希腊语的‘弓箭’τόξον 和拉丁语中的‘水松’taxus 同源，后者可以理解为【制弓箭之木】。水松木具有毒性，用水松制成的箭矢射中敌人后，敌人除受箭创外还会中毒；古希腊人将这种弓箭毒称为 τοξικόν【弓箭毒】，后泛指各种毒，英语中的 toxic 由此而来。τοξικόν 还衍生出了英语中的：毒理学 toxicology【关于毒素的学问】、无毒的 nontoxic【没有毒】、毒害 intoxicate【使中毒】、解毒 detoxicate【去除毒性】、毒血症 toxemia【血液有毒的症状】；还有毒素 toxin【毒素】[1]，以及各种各样的毒素，如生物体毒素 biotoxin、食物毒素 bromatotoxin、蟾蜍毒素 bufotoxin、蛇毒素 echidnotoxin、外毒素 ectotoxin、内毒素 endotoxin、肝脏毒素 hepatotoxin、脾毒素 lienotoxin、肉毒素 creotoxin、胰岛毒素 pancreatoxin、细胞毒素 cytotoxin、皮肤坏死毒素 dermotoxin、异性毒素 heterotoxin、同性毒素 homotoxin 等。

[1] 对比胰岛素insulin、肾上腺素adrenalin、红霉素erythromycin、阿司匹林aspirin、盘尼西林penicillin、海洛因heroin等药物制剂。

喀戎的名字 Chiron 源自希腊语的 χείρ‘手’，故百臂巨人叫作 Hecatonchires【一百只手】。而 Chiron 一名无疑暗示着各种各样的“手艺、技艺”，所以众多的英雄都拜他为师，跟他学各种技艺。中世纪时，人们将动手术称为 chirurgeon【用手操作】，这个词后来演变出了英语中的 surgeon，现表示“外科医生”。χείρ 还衍生出了英语中的：手册 enchiridion【拿在手中的小本】、脊椎按摩师 chiropractor【用手操作的人】、手相术 chiromancy【用手占卜】、笔迹 chirography【手写】、手性的 chiral【属于手的】、手痛 cheiralgia【手部位疼痛之病状】、翼手目 Chiroptera【翅膀和手（连在一起）】、恋手癖 chiromania【对手之疯狂迷恋】等。

3.10 摩羯座 潘神变形记

黄道第十个星宫是摩羯宫 Capricornus。太阳驻留在摩羯宫的时间为 12 月 22 日至 1 月 20 日，出生在这个时段的人被称为 Capricornian【摩羯宫的人】。摩羯座的星座符号为“♑”，这个符号前半部分为一对山羊角，后半部分为一条鱼尾，这告诉我们摩羯的形象乃是一只上身为羊下身为鱼的怪物。希腊人将这个星座称为 Αἰγόκερως，罗马人则将其意译为 Capricornus，意思都是【长犄角的山羊】。

这个形象源自山神潘。当年诸神在尼罗河畔设宴庆功，潘神陶醉地吹奏着牧笛为众神助兴。可怕的怪物堤丰突然来袭，众神纷纷遁逃，惊恐中的潘神本想变成一条鱼从尼罗河逃走，慌忙之中却未变化彻底，虽然下半身已经变成了游鱼，但上半身仍为自己原本的山羊形象，这个形象被称为 Capricornus。汉译名“摩羯”一词则源自佛经，其音译自梵语的 makara，本为印度神话中的怪物，其头部与前肢似羚羊，身体与尾部呈鱼形，因与神话中潘神所变形象吻合，故汉译为“摩羯”。

➢ 图 3-21 摩羯座

摩羯座 Capricornus 字面意思为【长着犄角的山羊】，也就是雄山羊。这只雄山羊指的就是山神潘，他的形象本就为雄山羊，或称羊男。潘神长着羊角与羊蹄，浑身披毛，喜欢牧笛与跳舞，生性淫荡，好女色。因此被认为是性欲或者淫荡的象征。他是众多羊怪萨堤洛斯的头目，有时也被同萨堤洛斯混为一谈。萨堤洛斯也同样有着公山羊的形象，有着羊角与羊蹄，浑身披毛，并且淫荡无比。据说萨堤洛斯们后来追随酒神狄俄倪索斯，变成酒神的忠实仆从，跟着酒神一起疯疯癫癫游走于各城邦和田间。后来酒神信仰被越来越多的城邦所接受，人们在酒神节发明了最初的戏剧，这种戏剧形式被称为萨堤洛斯剧 Satyr play[①]。从该种剧目中发展出后来的悲剧与喜剧。最初的悲剧在很大程度上保留了萨堤洛斯剧中的歌队等元素，因此人们将这个新生的剧种称为 τραγῳδία【山羊之歌】，英语中的悲剧 tragedy 即来于此。

① 萨堤洛斯剧在舞台上的语言常有嬉笑怒骂、冷嘲热讽，故有了英语中 satyric“嘲讽的”。

Capricornus 一词由拉丁语中的 caper‘山羊’和 cornu‘角’复合而成，caper 的阴性形式为 capra‘母山羊’，指小词形式 capella 即‘小母羊’。后者也是御夫座头号亮星之名 Capella，该星在中国称为“五车二”。这颗星据说来自母山羊阿玛尔提亚的形象，这只母山羊曾用自己的乳汁将宙斯喂养大，后来为表感恩，宙斯将她的形象放置于夜空，就有了 Capella 一星。‘山羊’caper 一词衍生出了英语中的：山羊特征的 caprine【山羊的】，对比牛的 bovine、狗的 canine、猪的 porcine；法语中将山羊一般蹦蹦跳跳称为 cabrioler【to jump like a goat】，后者演变出英语中的 capriole，意思是【山羊一般蹦跳】，这种跳跃显得比较轻快，人们还将较轻便的车称为 cabriolet，缩写为 cab，现多表示出租车；己酸之所以被称为 caproic acid【山羊酸】，因为这种酸能产生出山羊般的膻味；capra 演变为法语中的 chèvre，于是就有了英语中的山羊奶酪 chevre、山羊肉 chevon，以及 V 形图案 chevron，因为山羊角呈 V 字形。

拉丁语中的 cornu‘角、角状’则衍生出了英语中的：独角兽 unicorn 有【一支犄角】，而有着【两支犄角】的则是弯弯的月牙 bicorn，有一种帽子因为有【三支角】而被称为 tricorn；解剖学中的角 cornu 即沿用拉丁语的 cornu 一词，而昆虫的角状突起被称为 cornicle

【小角】；传说中的 cornucopia【丰饶之角】，据说就是由母山羊阿玛尔提亚的一支角变来；还有鸡眼 corn、角落 corner、角膜 cornea、角状 corniform、短号 cornet、角状的 corneous、有角的 cornute 等。

英语中的 horn 与拉丁语的 cornu 同源，二者意思都为“角”。根据格林定律，日耳曼语族的 /h/ 音与拉丁语的 /k/ 音是对应的，而英语属于日耳曼语族，拉丁语中 c 表示 /k/ 音，而拉丁语的 cornu 与英语的 horn 同源。相似的我们看到拉丁语 cor（属格 cord-is）与英语的 heart 同源，意思都为“心”；拉丁语中的 quid 与英语中的 what 同源，意思都为“什么”；拉丁语中的 centum 与英语中的 hundred 同源，意思都为“百”；拉丁语中的 carpo 与英语中的 harvest 同源，意思都为“收获、采摘”；拉丁语中的 capio 与英语中的 have 同源，意思都为“占有”；拉丁语中的 cursus 与英语中的 horse 同源，意思都为“跑动、马”。这些拉丁语单词还衍生出了众多的英语词汇，诸如 record、quidnunc、century、capable、current 等。

摩羯座的形象为一只有着鱼尾的山羊。山羊善攀爬，喜欢攀岩在山上吃草，这也是汉语中名为“山”羊的一个原因。摩羯座开始于冬至点附近，冬至点时太阳正好处于最低点，之后太阳位置开始一天一天变高，就好像山羊登山一样，这对饲养牲口或以狩猎为生的民族来说是一个非常贴切的比喻。鱼尾是冬季多雨水洪涝的象征，这正是希腊等地冬季的特点。

在神话中，潘神是神使赫耳墨斯与宁芙仙子德律俄珀之子，可以说是个怪胎，因为潘神全然没有神祇的形象，倒像一只怪物。他长着羊角，上半身像人，下半身像山羊。他是山神也是牧神，司管山林中的各种猎物。他的名字 Pan 来自希腊语的 πάειν‘放牧’[1]，后者衍生出了英语中：牧师 pastor 一词本意为【牧人】，因为在基督教中牧师负责驯牧无知的世人，就像牧羊人驯牧无罪的羔羊一样；而放牧的场地则被称为 pasture【放牧】。潘神生性好色，经常追求山林中的宁芙仙子，这似乎与西方人将山羊视为淫荡的象征有关。[2]被他追求过的宁芙仙子有山林仙女绪任克斯、回音仙女厄科、枞树仙女庇堤斯。其中，最著名的莫过于他对绪任克斯的追求。

① -ειν为希腊语中的现在时不定式词尾，相当于拉丁语中不定式词尾-re、法语中的-r、英语中的to do。

② 山羊之所以被视为淫荡的象征，可能因为人们观察到山羊群体等级森严，只有领头羊才有资格和母羊交配。领头羊独自占有了群体中所有的母羊，因此这种动物被视为淫荡、充满性欲的象征。也正是这个原因，英语中的goat也有了“色狼、淫荡者”之意。

绪任克斯本为阿卡迪亚地区的一位宁芙仙子，她的美貌曾使得不少神祇对她心生贪恋，但这位仙子始终守身如玉，巧妙地躲开了众多的追求者，并虔诚地向狩猎女神阿耳忒弥斯学习，发誓要永葆贞洁。潘神贪恋绪任克斯的美色，一心想得到她。一次潘神在山林中漫游时偶遇这位仙女，当然，是不是偶遇就说不清了，抑或他早就守在仙女要经过的路口假装碰巧，毕竟用这种方法追姑娘的人实在太多。潘神跑上前去急切地向这位仙女表白。仙女被这位丑陋的家伙吓了一跳，惊魂甫定的她哪有一点谈情说爱的感觉，扭头撒腿就跑。哪知潘神摆出一副铁定要吃这碗豆腐的姿态死追不放，追过广袤的荒原。仙女逃到一条河边，河面很宽，一时难以蹚过，而那位丑陋好色的求慕者又紧追而来，绪任克斯一时手足无措，心中恳求河里的宁芙仙子帮她躲过此劫。这时潘神已经追了上来，一把抱住在河岸祈祷的少女，仙女却在他的怀中变成一丛青色的芦苇。

➢ 图 3-22　Pan and Syrinx

潘神备受打击，自己心爱的姑娘宁愿变成植物也不愿意和自己在一起，他心中有一种说不出的痛。在莫名的伤心中，他听到风吹拂着这丛芦苇，这时苇杆发出一种低低的哀怨而优美的声响。他便切下七根芦苇，做成长短不同的小杆，用蜡将这些小管封在一起，一种新的乐器就这样被发明出来了，人们称之为【潘神之管】panpipe、【潘神之笛】pan flute，或者以仙女绪任克斯的名字 Syrinx 命名这种乐器。据说西方最初的管乐就来自于此，而潘神吹奏出的音乐凄美婉转，仿若一段让人心碎的爱恋心事。

据说山神潘常常发出各种可怕的叫声，或者从丛林中跑出来吓唬路人，被吓者往往觉得惊悚不堪，希腊人将这种惊恐称为 πανικόν δεῖμα【潘神的恐惧】，英语中的慌乱 panic 即来自于此。

3.11 宝瓶座 斟水的美少年

黄道十二宫中第十一个星宫是宝瓶宫 Aquarius。太阳驻留在宝瓶宫的时间为 1 月 21 日至 2 月 19 日，出生在这个时段的人被称为 Aquarian【宝瓶宫的人】。宝瓶座的星座符号为“♒”，该符号表示流动的水。在神话中，这水是由被宙斯拐至奥林波斯山上的特洛亚美少年伽倪墨得斯从宝瓶中倾倒出的。宙斯曾被这位少年的俊俏美貌所深深吸引，便化作一只巨鹰将少年攫走，从此少年变成了主神宙斯的侍童，负责在神宴上为诸神斟酒水。夜空中的宝瓶座就来自这位为诸神斟酒水的侍童，希腊人称这个星座为 Ὑδροχόος【斟水人】，罗马人将其意译为拉丁语的 Aquarius，意思也为【斟水者】。

美少年伽倪墨得斯本为特洛亚国王特洛斯之子，少年时代就以俊美的相貌出名，他的俊美甚至引起神主宙斯的爱慕。一天，少年在城外牧羊时，宙斯变成一只巨鹰从天空中俯冲而下，一把攫走了这位美少年。作为对少年父亲的补偿，宙斯送给国王两匹神马，据说宝瓶

➢ 图 3-23 宝瓶座

座头顶的飞马座与小马座就来自这两匹神马的形象。而夜空中的天鹰座，则是宙斯所变化成的巨鹰形象。

话说早先神界举办盛宴时，负责给诸神斟酒水的是青春女神赫柏。大英雄赫剌克勒斯完成种种艰巨的任务之后，因其英勇强大而被迎入神界成为不死之身，宙斯更是将心爱的宝贝女儿赫柏许配给了这位英雄。出嫁后的赫柏无法再出席众神宴会并为大家斟酒了，宙斯便将这个任务交给自己宠爱的侍童伽倪墨得斯。后者也不负重望，出色地胜任了这个工作，并得到了众神的一致赞许。宙斯将爱侍斟酒的形象置于夜空中，于是就有了宝瓶座。[1]

这个星座之所以被命名为宝瓶座，有一个比较令人信服的说法。太阳经过该星宫时正好是多雨的时节，人们便认为这众多的雨水来自该星宫，而其对应的形象则被想象为从天空中往下倒水的样子。事实上，在星座起源的古代两河流域，每年 11 月到次年 4 月属于雨季，而这个时段太阳所在位置的星座无疑都被想象成与水相关的各种形象，这些形象大都沿用至今，而与水有关的摩羯座、鲸鱼座、海豚座、波江座、水蛇座、双鱼座、南鱼座、南船座、巨爵座都处在这个位置内，这位置正好对应着雨季时太阳所走的路径。

在后来的传说中，宝瓶座倒下的水经常被当作众多河流的源头，厄里达努斯河据说就是从这瓶口中流出的河，也有说法曾认为尼罗河等大河的源头乃是这宝瓶座中倾倒出来的水流。类似的，闪米特人也曾认为苍穹之上有天河，正如《创世纪》中关于诺亚方舟的故事一样：

> 当诺亚六百岁，二月十七那一天，天渊的泉源都裂开了，天上的洪闸也敞开了。四十个昼夜降大雨在地上。
>
> ——《圣经·创世纪》7:11~7:12

拉丁语的 Aquarius 一词意为【斟水者】，来自 aqua‘水’，后者衍生出了英语中的：含水土层 aquifer【承载水】，对比助听器 sonifer【承载声音】、针叶树 conifer【结球果】；潜水员 aquanaut，对比宇航员 astronaut、太空航天员 cosmonaut；还有水族馆 aquarium【储水的容器】、沟渠 aqueduct【引导水】、水产养殖 aquaculture[2]、水生 aquatic

[1] 因为伽倪墨得斯是主神宙斯最钟爱的恋人之一，后人便将木星的一颗重要卫星命名为Ganymede，也就是木卫三。

[2] 对比英语中的：
花卉栽培floriculture
土地耕种agriculture
蜜蜂养殖apiculture
树木培育arboriculture
鸟类饲养aviculture
海产养殖mariculture
养牛boviculture
养鱼pisciculture
养狗caniculture

【水的】、水中表演 aquacade【水中的队列】、水中呼吸器 aqualung【水肺】、水下猎枪 aquagun【水枪】；化学中有一种酸剂学名为 aqua regis【王中之水】，因其能溶解贵金属的特性而得名，中文译为“王水”；水族馆 aquarium 乃是一种【盛水之器】，该词演变为古法语中的 ewer，继而有了英语的水罐 ewer ；拉丁语的 *exaquaria【排水】演变为古法语的 sewiere，继而有了英语的下水道 sewer【排水管】以及污水 sewage【所排之水】；aqua 一词则演变为法语中的 eau，该词一般也被用来表示香水，故有花露水 eau de toilette【沐浴香水】、古龙香水 eau de Cologne【产于科隆地方之香水】。

拉丁语的 Aquarius 翻译自希腊语的 Ὑδροχόος，后者由‘水’ὕδωρ 与 χύσις‘倾注’构成，字面意思是【倾注水的人】。ὕδωρ[1]一词衍生出了英语中的：狂犬病 hydrophobia【畏水症】、氢 hydrogen【生成水】、水解 hydrolysis【水中分解】、八仙花 hydrangea【水杯状】、消防栓 hydrant【出水之物】、水生生物 hydrobiont【水中的生命】、水生动物 hydrocoles【水居者】、水生植物 hygrophyte【水中的植物】；血液中水分过多的症状叫作 hydremia【水血症】；所谓的利尿剂 hydragogue 其实就是【疏通水】而已，还有【脑子进水】hydranencephaly，注意这个词汇意思是脑子真的进水了，不是骂人。χύσις 是动词 χέω‘倾注’的抽象名词形式，希腊语的 -σις 后缀用来表示动作的状态，相当于英语中的 -ing，所以 χύσις 字面意思就是 pouring。故《创世纪》*Genesis* 直译为英语就是【the beginning】，而光合作用 photosynthesis 就是【the composing of lights】了。χέω 还衍生出了希腊语的浆液 χυμός【倒出之液】，英语中的 chyme 便由此而来，后者多用来表示胃里的“浆

➢ 图 3-24 The abduction of Ganymede

[1] 希腊语中ὕδωρ一词与英语的water同源，后者衍生出了西瓜watermelon【多汁之瓜】、瀑布waterfall【水之降落】、水闸watergate【水门】、睡莲water-lily【水百合】、水鸟waterfowl【水禽】等。

液”；淤血 ecchymosis 其实就是血管内【浆液阻塞】；该词还衍生出了英语中的 chyle，一般用来表示植物的汁液或者胃里的浆液。

伽倪墨得斯的名字在希腊语中作 Γανυμήδης，关于这个名字有一种有趣的解读，即由希腊语的 γαίω‘欢乐’和 μῆδος‘性器’构成，这或许告诉我们伽倪墨得斯是神王宙斯的好基友，是为宙斯提供欢乐的。γαίω‘欢乐’与拉丁语的 gaudeo‘高兴’同源，后者衍生出了英语中的：喜悦 joy【快乐】、欢呼 rejoice【很开心】、享受快乐 enjoy【在快乐之中】、欣喜若狂 overjoyed【过于喜悦的】、愉快的 joyful【充满快乐】、充满快乐的 joyous【充满快乐的】、俗物 gaud【滑稽】等。

伽倪墨得斯在罗马神话中被称为 Catamitus，从后者演变出了 catamite 一词，用来指像伽倪墨得斯一样的侍童。说白了就是“鸡童”。这倒有点像源自《圣经》的 sodomite 一词，这个词汇的字面意思为【索多玛人】，现在被用来指“鸡奸者”。《创世纪》中如此说：[1]

> 他们还没有躺下来，索多玛城里各处的人，连老带少都来围住那房子，呼叫罗得说：“今晚到你这里来的人在哪里呢？把他们带出来，让我们认识认识[2]。”罗德出来，把门关上，到众人那里，说：“弟兄们，请你们不要做这恶事。我有两个女儿，还是处女，容我领出来任你们依心愿而行，只是这两人既然到我舍下，请不要向他们做什么。”[3]
>
> ——《圣经·创世纪》19:04~19:08

[1] 需要声明一点，此处仅是顺便讲解，catamite与sodomite二词形态相似，但是并没有任何实际的词源联系。

[2] 希伯来语原文中表示‘认识’的词，还有一个意思，即‘做爱’。因此，《创世纪》第四节开篇即说：这男人认识了他的妻子夏娃，夏娃就怀孕生了该隐。

[3] 因为《圣经》的影响，索多玛一词已经成为了“极度邪恶”的象征。

3.12 双鱼座 爱与美之女神

黄道十二宫中第十二个星宫是双鱼宫 Pisces。太阳驻留在双鱼宫的时间为 2 月 20 日至 3 月 20 日，出生在这个时段的人被称为 Piscean【双鱼宫的人】。双鱼座的星座符号为“♓”，该符号左右为两条游鱼，中间由一条绳索相连。双鱼座的拉丁语学名为 Pisces，该词译自希腊语的 Ἰχθύες，意思都是【双鱼】。这两条鱼儿由爱神阿佛洛狄忒与小爱神厄洛斯所变。话说诸神的飨宴上，浑王堤丰突然降临，众神大惊失色，纷纷变身遁逃。天后赫拉变成一头白色母牛、阿波罗变成一只渡鸦、阿耳忒弥斯变成一只猫、赫耳墨斯变成一只鹭鸶……本来一片觥筹交错纸醉金迷的神宴顷刻之间变成了乱哄哄的动物世界，这些动物如遇到凶恶的狩猎者般一哄而散。这动物世界中最奇葩的要数山神潘所变的形象，后者慌张之际未能成功变身而成为下身鱼形上身山羊的怪物，后来这个形象被置于夜空中成为摩羯座。与之形成鲜明对比的是爱神与小爱神的优雅与默契——母子俩心有灵犀地变成一对游鱼，跃进河里逃跑。[①] 因担心与儿子失散，女神还专门用绳索将两条鱼尾连在了一起，双鱼座的头号亮星据说就是系着这两条鱼的绳结。这颗星名为 Alrisha，来自阿拉伯语的 al-rishā，意思就是【绳索】。

双鱼座 Pisces 一词是拉丁语名词 piscis‘鱼’的复数形式，因为该星座形象中有两条鱼。拉丁语的 piscis 词基为 pisc-，根据格林定律[②]，该词显然与古英语的 fisc‘鱼’同源，后者演变为现代英语的 fish。而养鱼场 fishery 就是【养鱼

① 根据格林定律，拉丁语的p与日耳曼语言的f对应。故有如下拉丁语和英语的对应同源词汇：

脚 pes-foot

父亲 pater-father

港口 portus-ford

② 一说爱神母子逃到了叙利亚，在那里遭遇了可怕的堤丰。母子二人变成一对游鱼跳进幼发拉底河中逃脱。出于这个原因，河两岸的叙利亚人不以鱼类为食。

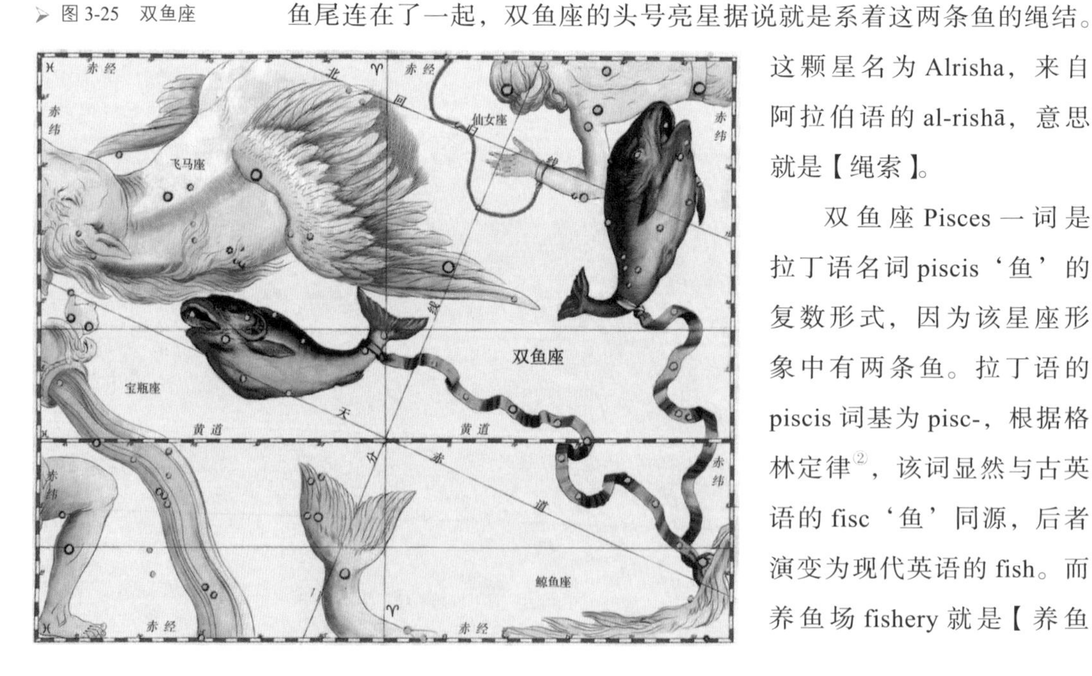

图 3-25 双鱼座

之地】，有一种鱼因为长着漂亮的翅膀而被称为 angelfish【天使鱼】，银白色的鱼被称为 silverfish，金色的鱼就是 goldfish 了，扁平的鱼为 flatfish，星状的鱼就是 starfish。fish 一词有时也动词化表示“捕鱼”之意，因此有了渔夫 fisher【捕鱼者】，最初姓费舍尔 Fisher 的人肯定就是渔夫了。英语中的姓氏很有意思，对比史密斯 Smith【铁匠】、卡彭特 Carpenter【修车匠】、撒切尔 Thatcher【修房顶工】、索耶 Sawyer【锯木匠】、泰勒 Tyler【瓦匠】、卡弗 Carver【雕刻工】、布彻 Butcher【屠户】、梅森 Mason【石匠】、巴伯 Barber【理发师】、贝克 Baker【面包师】、韦弗 Weaver【织布工】……这真是三百六十行，行行出姓氏啊！

图 3-26　Aphrodite

拉丁语的 piscis‘鱼’衍生出了英语中的：捕鱼区 piscary【捕鱼之地】、渔夫 piscator【捕鱼人】、养鱼业 pisciculture【鱼的养殖】、鱼塘 piscina【鱼塘】、食鱼动物 piscivore【吃鱼】[1]。

希腊人将这个星座称为 Ἰχθύες，其为名词 ἰχθύς‘鱼’的复数形式。早期基督教徒经常用鱼做暗号，在罗马政府的迫害下偷偷集会。之所以使用鱼做暗号，一个重要的原因是表示鱼的 ἰχθύς 一词正好是 Ἰησοῦς Χριστός Θεοῦ Υἱός Σωτήρ 的首字母缩写[2]，这句话翻译为汉语即‘耶稣·基督，神之子，救世主’。基督教的信仰核心都被包含在 ἰχθύς 一词中，故鱼的形象被人们用来表示基督教。在公元四世纪之前，基督教并不被罗马帝国所承认，教徒们经常受到迫害与惩处。鱼的符号便成了基督教徒之间秘密交流的符号。当然，基督教与“鱼”的关系不止这些，耶稣十二门徒中，有四个都是渔夫出身，其中彼得与安德鲁是一对兄弟，约翰与雅各是一对兄弟，而耶稣在自己的言行中也经常使用 fishers of men 这样的比喻。

希腊语的 ἰχθύς 衍生出了英语中的：鱼龙 ichthyosaur，对比恐龙 dinosaur；鱼类志 ichthyography，对比地球志 geography；鱼形 ichthyoid，对比人形 anthropoid；鱼化石 ichthyolite，对比三叶虫化石 trilobite；鱼鳞病 ichthyosis，对比霉菌病 mycosis。

① 对比英语中的：食草动物herbivore【吃草】、食肉动物carnivore【吃肉】、杂食动物omnivore【通吃】。

② 注意到耶稣被称为 Ἰησοῦς Χριστός，即耶稣·基督。而事实上，这里只有耶稣是他的名字，这个词来自希伯来语，意思是【神拯救】。而基督一名源自希腊语中对他的尊称Χριστός【被涂膏者】。从本质上说，基督只是对耶稣的一个描述性称号而已，并不是耶稣的真名。只是后来越来越被人们混用，以至于都把它当作真名来看待。

爱与美之女神阿佛洛狄忒的身世是这样的：提坦神族领袖克洛诺斯阉割了天王乌剌诺斯，并将割下来的生殖器抛进大海。在海水的泡沫中诞生了这位女神，因此她被称为阿佛洛狄忒 Aphrodite【从泡沫中生出的】。美丽动人的阿佛洛狄忒顺着海浪漂流，她在塞浦路斯岛上岸[1]，并在当地备受崇拜。众多的男性神祇、人间英雄都为她的美貌所倾倒，对美女有着强烈爱好的神王宙斯也不例外。在多次追求失败或许再加上天后赫拉的胁迫下，宙斯动用神主权力将美丽的阿佛洛狄忒许配给长相奇丑还瘸腿的火神赫淮斯托斯。这位武大郎式的夫君无法锁住女神浪荡不羁激情奔放的心，女神经常瞒着丈夫偷偷与刚武气十足、极具男子汉气魄的战神阿瑞斯偷荤，并与战神结合生下了小爱神，后者就是罗马神话中的丘比特。当然，爱神的情人不止一位，要不然就有愧于“爱神”这个称号了，据说她与众多的男性神祇有染，包括神使赫耳墨斯、海王波塞冬、酒神狄俄倪索斯等。而她在人间的情人也不少，比较著名的有美男子阿多尼斯[2]、英雄安喀塞斯[3]。

阿佛洛狄忒的出轨行为无疑给身为火神和锻造之神的赫淮斯托斯戴了一顶高高的绿帽子。火神得知妻子偷腥，便在家里设计了一个机关，在妻子和阿瑞斯偷情时将奸夫淫妇活捉在一张大网中，还喊众神来看，想让众神为自己伸冤。男神们纷纷前来，女神们则羞于这种场面，都留在家里。话说这位工匠之神的匠艺可不是盖的，他造出的这张网细得连眼睛都看不见它，且只要稍微一碰就能把人黏住无法脱身。因此被困在网中的爱神和战神还赤裸裸地如胶似漆地抱着呢。众神进门一看，立刻为这香艳的场面惊呆了，激动得不停地咽口水。阿波罗甚至跟赫耳墨斯说，哥们儿要是你的话你会不会后悔抱着如此美艳的尤物被抓？赫耳墨斯连连摇头说必须不后悔，要是我也能被抓多好啊，好希望能被这样多抓几次啊。结果众神哈哈大笑，火神不但没有捞到大家的同情，还成为了神界的一大笑料，心里很不是个滋味。而夫妻二人都自知很不光彩，从此便分道扬镳。后来火神又娶了美惠女神中的阿格莱亚，从此过上了幸福安定的生活。

话说赫淮斯托斯一直对被戴绿帽一事耿耿于怀，因此当阿佛洛狄忒和阿瑞斯这对奸夫淫妇所生的女儿哈耳摩尼亚嫁人的时候，这位锻

①塞浦路斯在古代乃是以爱神阿佛洛狄忒为崇拜对象的一个重要区域。该岛产铜，因此铜也被称为“爱神的金属”，铜的金属符号即♀就源自爱神的镜子或者玫瑰的形状，以爱神的罗马名命名的金星Venus的行星符号也是如此。塞浦路斯岛Cyprus上有着丰富的铜产，是古罗马帝国最重要的铜矿来源，因此古罗马人将“铜”称为Cyprium aes【塞浦路斯金属】，英语中的copper一词就由此发展而来。铜元素的化学名Cuprum亦由此而来，符号简写为Cu。

②阿多尼斯Adonis一词至今仍是美男子的代名词。

③安喀塞斯Anchises是阿佛洛狄忒的情人之一。女神为他生下了埃涅阿斯，埃涅阿斯在特洛亚陷落之后逃出特洛亚城，漂泊了七年，最后在意大利建立城邦。他的后代建立了罗马城。

造之神为新娘打造了一条精美无比的项链，作为礼物送给了哈耳摩尼亚。[1]然而火神在这项链上烙下了重重诅咒，从此这条被诅咒的项链使得佩戴它的人灾难不断。哈耳摩尼亚及其后代们个个被惨痛的命运包围。她的儿子波吕多洛斯死于非命；女儿阿高厄在疯癫中将自己的儿子撕成碎片；她的外孙阿克泰翁无意间看见月亮女神洗澡而被变为麋鹿，终被自己的猎狗咬死。后来哈耳摩尼亚的女儿塞墨勒继承了项链，塞墨勒和宙斯相爱，却自寻死路死于天王的闪电；她的姐姐伊诺被发疯的丈夫追杀，投海而死。数个世代以后，忒拜王后伊俄卡斯忒继承了这条项链，王后在毫不知情中嫁给了自己的儿子，并与自己的亲生骨肉结合，生下了四个不义之子。伊俄卡斯忒在绝望中自杀，并把项链传给了次子波吕尼刻斯，波吕尼刻斯为了争夺王权和自己的哥哥开战，为忒拜城带来了两次可怕的灾难，最后和哥哥同归于尽。

➢ 图 3-27 Venus healing Aeneas

①赫淮斯托斯还送给了新娘一件长袍。一般认为火神在项链中下了诅咒，使哈耳摩尼亚的后人屡遭不幸。也有个别说法认为长袍才是不幸的根源。

这也许就是赫淮斯托斯的报复吧。

爱之女神阿佛洛狄忒以其貌美与风流著称。她在塞浦路斯备受崇拜，故 cyprian 一词便被赋予了“淫荡者”的含义，而这个词汇的字面意思只是【塞浦路斯人】。这类似表示“女同性恋”的 lesbian 一词，该词的字面意思为【莱斯博斯岛人】。古希腊女诗人萨福就出生在莱斯博斯岛，因其诗中充溢着对女性美的赞扬而被近代学者诟为女同性恋的鼻祖，于是用这个【莱斯沃斯岛的】萨福来表示女同性恋之含义。可想而知，莱斯博斯岛上的居民肯定很不爽了，想想大学第一次聚会上同学们相互介绍，当澳大利亚的小伙子说 I'm Australian、加拿大的小姑娘说 I'm Canadian、意大利的帅哥说 I'm Italian 时，来自莱斯博斯的这位同学心情会是多么无奈啊。

3.13 英仙座　英雄珀耳修斯

阿耳戈斯国王阿克里西俄斯膝下无子，只有一个女儿达那厄。国王为此去德尔斐神庙祈求神谕，神谕说他不会有儿子，但他将会被自己的外孙杀死。为了逃避可怕的命运[1]，国王在宫内建造了一座铜塔，将公主达那厄关进塔内，并派了一位女仆严密监视，不许任何男人靠近她。但国王却不知道，女儿的美貌已经燃起天神宙斯的熊熊欲火，宙斯化作金雨从天窗缝隙中渗入铜塔，来到了美丽的少女面前。公主在铜塔中与天神交合，怀孕生下了珀耳修斯。

①很有意思的一点是，英语中表示“命运”的fate一词本意就为【神之谕言】。

纸包不住火。珀耳修斯年幼时，有一次哭闹时被国王发现。国王处死了知情不报的女仆，还将达那厄与孩子一起锁在一只木箱中扔进大海。达那厄紧紧抱着熟睡的孩子，漂浮在海浪中惊恐难眠。几天后木箱漂到塞里福斯岛被当地的渔民捞起，善良的渔民将可怜的母子带去小岛的国王波吕得克忒斯那里。波吕得克忒斯见达那厄美若天仙，便收留了她和孩子，此后波吕得克忒斯一直想娶美丽的达那厄为妻，但屡屡遭到拒绝。随着珀耳修斯一天天长大，慢慢地开始有能力保护母亲，国王的欲念就越来越难以得逞。为此，国王在一次宴会中公开羞辱珀耳修斯，说这么多年你们母子都在享用我的财产，却从未给我奉献过任何有价值的东西。心高气傲的珀耳修斯非常激愤，对国王说，你尽管点名要什么礼物，我一定拿来呈送给你，即使是可怕的女妖墨杜萨的头颅。在场宾客都惊讶得一脸苍白，因为墨杜萨乃是连众神都不敢面对的女妖。国王假意劝诫少年说连众神都不敢去做的事，你一个小毛孩不要在这边吹嘘了。而少年却立誓一定取回墨杜萨的头颅。国王心中窃喜，因为他终于可以借机除掉这个眼中钉了。

➢ 图 3-28　Danae and the golden shower

戈耳工女妖居住在遥远的世界极西，在大地和海洋的外沿。她们一共有

三位，其中只有妹妹墨杜萨是会死的肉体凡胎，两个姐姐却是不会死的。三位女妖个个样貌恐怖无比，脖颈上布满鳞甲，头发是一条条蠕动的毒蛇，口中有着尖利的獠牙，还长有一双铁手和金翅膀。更可怕的是，任何亲眼看到她们的人都会立刻失去灵魂，变成一尊冰冷的石头。因此连神灵都害怕去面对她们，人类更是对其闻风色变，传说想要除灭戈耳工女妖的英雄从来都是有去无回，而女妖居住的洞穴外更是堆满了各种表情惊惧的石尸。

墨杜萨本为一位美貌的少女，因与海王波塞冬在雅典娜女神的神庙前偷情而冒犯了这位女神，女神诅咒她，将她变为可怕的妖怪。墨杜萨亵渎了雅典娜作为贞洁女神的威严，女神一直耿耿于怀，一心想要除掉墨杜萨。因此当珀耳修斯踏上除灭女妖的道路时，她便一路给予这位少年英雄各种帮助。须知想要取得墨杜萨的头颅是非常困难的事情：首先，珀耳修斯须避免用眼睛直视这位可怕的女妖，因为看到女妖的瞬间自己就会变成冰冷的石头；其次，要尽量避免被女妖发现，必须在女妖尚未发现之前将其杀死，否则形势会异常被动；最后，即便杀死了墨杜萨，也无法带走她的头颅，因为她的蛇发上有着可怕的剧毒，一般的囊包是无法盛得住这头颅的。另外，即使成功杀死了墨杜萨，但若是惊动了她那两位同样可怕并有着不死之身的姐姐，刺杀者肯定还是会命丧当场。当然，即便非常危险可怕，也并不是没有可能。在智慧女神雅典娜的指点下，珀耳修斯得知，此举若想成功，自己需要一些必要的装备，这装备分别为：

1. 一面明亮如镜的盾牌。这面盾牌既可以用作防御，又能够用镜面来搜寻女妖，从而避免用眼直视女妖所带来的石化的危险。

2. 一具隐身头盔。戴着这头盔能够进入戈耳工居住的山洞而不被发现，从而顺利杀死墨杜萨。

3. 一只结实的皮囊。在杀死女妖之后需要用来盛放其头颅。

4. 一双迅疾的飞鞋。女妖的姐姐在发现妹妹尸体后，必然会鼓起翅膀一路追杀，所以需要该装备迅速逃命。

5. 一把锋利的剑。

当是之时，神使赫耳墨斯有一双举世无双的飞鞋，冥王哈得斯有一顶隐身头盔，雅典娜女神有一面明亮如镜的铜盾，天神宙斯有一把锋利无比的宝剑，看守极西园的三位黄昏仙女拥有一只坚固的皮囊。为帮助这位少年英雄，雅典娜游说诸神借来宝物，并指引珀耳修斯来到三位灰衣妇人那里，打听黄昏三仙女和戈耳工三姐妹的住处。

据说除了三位灰衣妇人，没有人知道戈耳工的具体所在，她们与戈耳工三姐妹同为众怪之父福耳库斯的女儿。这三位灰衣妇人共用一只眼睛，一颗牙齿，互相轮流使用。英雄趁她们交换眼睛时夺走了那唯一的一只眼睛，以之要挟三位妇人，从她们那里得知了戈耳工女妖们的住处，还在她们的指引下找到了看守极西园的黄昏三仙女。珀耳修斯从黄昏仙女们那里借来了皮囊。这时雅典娜也差遣赫耳墨斯送来了飞鞋、利剑、隐身头盔、盾牌四件神器。英雄穿上飞鞋、背起皮囊、戴上隐身头盔一路西行，最终在世界的尽头找到了三位女妖栖息的岛屿。待到子夜时分，戈耳工三姐妹都入睡了以后，珀耳修斯用铜盾的镜面认出了沉睡中的墨杜萨，举起利剑砍下女妖的头颅并迅速装进皮囊中转身遁逃。墨杜萨的两个姐姐被一阵响亮的声音惊醒，因为墨杜萨的躯体中跃出了一匹飞马，这声音打破了寂静的睡眠，而墨杜萨蛇发上被惊扰的毒蛇也开始嘶嘶吼叫。姐姐们发现妹妹惨遭杀害后怒不可遏，一路追杀着逃奔中的珀耳修斯，蛇发嘶嘶作响。幸亏脚上穿着神使那迅疾如风的飞鞋，英雄才终于躲过这一劫。从世界极西返回塞里福斯岛是一段非常漫长的行程。当珀耳修斯经过北非时，看见在那里背负苍穹的扛天巨神阿特拉斯，后因与这位巨神发生争执，珀耳修斯在愤怒中掏出了墨杜萨的头颅，将这位扛天巨神变为巨大的石山，据说非洲西北部的阿特拉斯山就是这样来的。珀耳修斯继续他的归程，在经过利比亚沙漠时，墨杜萨头颅上滴出的血液渗出皮囊掉在地上，变成了各种颜色的毒蛇与爬虫，从此利比亚沙漠中有了各种各样可怕的毒蛇。

后来在返程中还发生了很多故事，珀耳修斯在途经埃塞俄比亚[1]时救出了被海怪威胁的公主安德洛墨达，还爱上了这位美丽的公主。在得到国王刻甫斯和王后卡西俄珀亚的允许后，他们举行了隆重的婚礼。婚礼上国王的弟弟菲纽斯带来一大堆人马，想要抢走美丽的新

①须注意神话中的埃塞俄比亚与今非洲东北的同名国家有别。神话中的埃塞俄比亚泛指上尼罗河流域和撒哈拉沙漠南部地区。

图 3-29 英仙座

娘，却都在争斗中被英雄杀死。后来公主安德洛墨达的形象成为了夜空中的仙女座，而威胁她的海怪则成为了鲸鱼座，国王刻甫斯成为了仙王座，王后卡西俄珀亚则成为了仙后座。这全部都是沾了英雄珀耳修斯的光了，这位英雄的伟大形象则成为夜空中的英仙座 Perseus，他左手拎着的墨杜萨的头颅成为大陵五星 Algol【鬼头】[1]。从墨杜萨躯体中生出的飞马珀伽索斯还成为了夜空中的飞马座。

且说波吕得克忒斯见珀耳修斯久去未归，琢磨着少年应该已经死在女妖手下或历险途中。如今没有了顾忌，便想以武力强娶达那厄为妻，达那厄躲进岛上一座神殿寻求庇护。不久珀耳修斯终于赶回岛上，发现国王和士兵都围在神殿外面想对母亲下手，他举起女妖的头将国王与士兵们都变成了冷冰冰的石头。这之后英雄带着母亲回到故乡阿耳戈斯，阿克里西俄斯王听到女儿和外孙回国的消息，害怕神谕应验，便逃至拉里萨地区。不久珀耳修斯应邀来到拉里萨参加运动会，当时他的外公阿克里西俄斯正好坐在观众席中观看。神谕终于应验了：珀耳修斯投出的铁饼意外地飞到了观众席中，砸中了外公的脚踝，阿克里西俄斯因此身体逐渐虚弱，最终亡故。

[1] 大陵五的名字Algol来自阿拉伯人对该星的称呼ra's al-ghūl【妖怪之头】。该星亮度不断在变化，事实上由两颗相互环绕的食双星组成，当较亮恒星挡住较暗恒星时就会变亮，反之则变暗。这对食双星的轨道周期约为3天，其或许正是三位灰衣妇人每天交换一次眼睛故事的天文起源。ra's al-ghūl一词中ra's意为‘头’，比如阿联酋中的哈伊马角国之名Ras al-Khaimah，该名本意为【帐篷头之地】；al为阿拉伯语中的定冠词；ghūl意为‘魔鬼’，后者进入英语中变为ghoul“食尸鬼”。

3.14 仙女座　囚锁于海滩的少女

话说珀耳修斯带着墨杜萨的头颅飞回希腊，一路经过众多的国家。当他路过埃塞俄比亚的海岸线时，俯身看到海滩上有位少女在流泪。这少女相貌美丽动人，却被无情的铁链锁在粗硬的岩石上，海风吹乱了她美丽的头发，她却只能默默地为自己的命运哀伤。英雄为少女那非凡的美貌所动，便落到海边，询问少女的身世，问她何以如此。少女起初一言不发，想以手遮住羞涩的脸庞，然而双手被铁链紧锁。她眼眶中涌出悲伤的泪水，在珀耳修斯的追问下，她潸然泪下，向这位异乡人道出自己的不幸。

原来，这位美丽的少女本是埃塞俄比亚的公主，名叫安德洛墨达。她的母亲是王后卡西俄珀亚，母亲一直为女儿的美貌感到无比骄傲，却因为傲慢触犯了神灵。一天王后夸赞说自己的女儿比海神涅柔斯的五十个女儿都漂亮，这句话惹怒了海中仙女们，她们请求海神波塞冬发大水淹没这个国家。不但如此，海神还派出一只可怕的海怪吞

图 3-30　仙女座

噬着陆上的一切。因此埃塞俄比亚全境连年遭灾，粮食颗粒无收，黎民百姓个个惶恐不安。国王刻甫斯就此事询问先知，先知带回神谕说王后的傲慢言辞惹怒了海神，只有将公主安德洛墨达献祭给海怪才能平息海神的愤怒。可怜的安德洛墨达别无他法，只好牺牲自己以拯救国家和人民，到了献祭的日期，人们便将她用锁链绑在冰冷的岩石上，等待她被可怕的海怪吃掉。

安德洛墨达的境遇不禁激起珀耳修斯的侠义心肠，同时他也被公主身上那份不凡的美所深深吸引。珀耳修斯想为少女解开镣铐，但大海的深处已经传来了怪物可怕的吼声，海怪漂浮出水面，迅速向这边游来。珀耳修斯借飞鞋的力量腾跳入空中，然后俯冲下来同海怪展开激战。英雄用杀死了墨杜萨的那把利剑刺中海怪，受到重创的怪物一会儿冒出海面，一会儿在海里挣扎，珀耳修斯躲开怪物大张的血口，多次向怪物裸露的地方刺去。海怪终于多处被创，口中吐出水来，夹杂着浑浊的鲜血。不久，海浪卷走了它的尸体。英雄将美丽的公主手上的锁链解开，并把公主交给了她那忧心忡忡的父母亲。英雄此时已经爱上了公主，而公主也深深地爱上了这个愿意冒着生命危险解救自己的英雄。于是在国王和王后的赞许下，英雄和公主在宫中举行了婚礼。

美丽的公主嫁给了勇敢而俊俏的英雄，这场婚礼得到了全国人民的赞美。然而公主的叔父，也就是国王刻甫斯的弟弟菲纽斯 Phineus 却并不开心。菲纽斯也曾爱上美丽的安德洛墨达，并曾向她求婚，但当公主被可怕的海怪威胁时，这位求婚者却逃之夭夭，不愿为拯救公主冒生命危险。当他得知公主得到解救时，却又厚着脸皮要求公主履行对他的婚约。卑鄙的菲纽斯自知不是异乡人的对手，便带了一大堆武士将王宫重重包围，借着强大的武力要求国王将安德洛墨达嫁给他。于是婚礼变成了战场，珀耳修斯和国王的随从们对战一大群全副武装的武士，然而终究寡不敌众，珀耳修斯不得不取出墨杜萨的头颅，将菲纽斯及他的士兵们变成一尊尊冰凉的石像。

➢ 图 3-31 Perseus rescuing Andromeda

➢ 图 3-32 Perseus confronting Phineus with the head of Medusa

珀耳修斯带着美丽的公主一起回到塞里福斯岛，救出正在神庙中避难的母亲，杀死了暴虐的波吕得克忒斯，并拥立那位救过他们母子的善良渔夫为王。他又带着母亲和妻子回到了故乡阿耳戈斯，并在阿耳戈斯的附近建立了著名的迈锡尼城。

关于英雄建立迈锡尼城的传说是这样的：

据说珀耳修斯在路过希腊南部距阿耳戈斯不远的一块地方时，剑鞘顶部的盖子坠落在地，英雄认为这是一个建立城市的神示。也有人说他在路经此地时口渴难忍，正好看到一只雨后冒出的蘑菇，便饮蘑菇水汁解渴。因此他将这个城市称为 Mycenae，该名称来自希腊语中的 μύκης，意思是‘剑鞘盖’或者‘蘑菇’。英语中直接沿用这个词，中文从英语音译为“迈锡尼”。希腊语的 μύκης 表示‘剑鞘盖’、‘蘑菇’之意，因为这二者在形状上有共同点，从样貌上看，二者都像一个覆盖式的罩子。蘑菇属于菌类，微生物学中用该词命名多种菌类，比如：链霉菌属 Streptomyces、单主菌属 Autoicomyces、螺旋菌属 Cochliomyces、无孔菌属 Aporomyces、帚菌属 Corethromyces、具孔菌属 Porophoromyces、多雄菌属 Polyandromyces、单体菌属 Monoicomyces、新菌属 Kainomyces、隐雄菌属 Cryptandromyces 等。在医学中，由这些菌类制成的抗生素等制剂一般称为 -mycin【菌类制剂】，中文一般翻译为“……霉素”，诸如我们常听到的药物名称：链霉素 streptomycin、土霉素 terramycin、庆大霉素 gentamycin、红霉素 erythromycin、林可霉素 lincomycin、麦迪霉素 medemycin、妥布霉素 Tobramycin、阿奇霉素 Azithromycin。

安德洛墨达为珀耳修斯生下了七个儿子，分别是珀耳塞斯 Perses、阿尔卡伊俄斯 Alcaeus、斯忒涅罗斯 Sthenelus、厄勒克特律翁 Electryon、墨斯托耳 Mestor、库努洛斯 Cynurus 和赫琉斯 Heleus。其中，长子珀耳塞斯继承了埃塞俄比亚的王位，并成为波斯人的祖先。[1]阿尔卡伊俄斯的妻子生下了英雄安菲特律翁；厄勒克特律翁的

①故称波斯人为Persian，由珀耳塞斯的名字Perses衍生。埃斯库罗斯在其作品《波斯人》中描述波斯军队时说：

他那神圣的大军
从两个方向前进
取道陆路和海上
信赖将帅们
忠诚而严厉，国王如神明
金雨生育的后代
——埃斯库罗斯《波斯人》进场歌第一曲次节

珀耳修斯是主神宙斯化作金雨降临铜塔后与达那厄结合而生，所以在这里将其后人波斯人称为“金雨生育的后代”。

妻子生下了美丽的阿尔克墨涅，阿尔克墨涅嫁给了安菲特律翁，生下来一个儿子，取名为阿尔喀得斯 Alcides【阿尔卡伊俄斯之后裔】，这个孩子就是后来名扬天下的大英雄赫剌克勒斯。斯忒涅洛斯的妻子则生下了欧律斯透斯 Eurystheus，后者在赫拉的支持下继承了阿耳戈斯王位，并对他的侄儿赫剌克勒斯好生迫害。库努罗斯建立了库努里亚 Cynuria【库努罗斯之地】，而赫琉斯也建立了一个城市，并以他的名字取名为赫洛斯 Helos[1]。

[1] 即今天希腊南部的 Elos。

英雄珀耳修斯一生中建立了众多丰功伟绩，他的形象被置于夜空中变为英仙座，而他美丽贤惠的妻子安德洛墨达的形象被置于夜空中，成为仙女座 Andromeda。

安德洛墨达的名字 Andromeda，由希腊语的 ἀνήρ（属格 ἀνδρός，词基 ἀνδρ-）'男人'与 μέδω'统治'组成，字面可以理解为【统治男人】，也许因为她的美貌让男人无限倾倒，也许是对一个美丽公主的美好赞誉。希腊语的 ἀνήρ'男人'衍生出了人名：安德鲁 Andrew【男子汉】、安德鲁克里斯 Androcles【出名的男人】、安德烈 Andre【男人】、亚历山大 Alexander【守卫人】、利安德 Leander【狮子般的男人】、菲兰德 Philander【情郎】、卡桑德拉 Cassandra【诱惑男人】、安德罗斯 Andros【男人】、安徒生 Anderson【人之子】等。其还衍生出了英语中不少词汇，诸如：机器人 android【人形之物】、雄性激素 androgen【产生于男性】、雄蕊 androecium【雄性（花粉）之居所】（对比雌蕊 gynoecium【雌性（子房）之居所】）、雄蕊柄 androphore【支撑雄蕊之物】、雌雄同体 androgyne【男性和女性】、男科学 andrology【有关男性的学问】、限雄染色体 androsome【男性染色体】（对比染色体 chromosome）。

希腊语的 μέδω 意为'统治'，于是就有了神话中的：墨杜萨 Medusa【女王】、拉奥墨冬 Laomedon【统治人民者】、欧律墨冬 Eurymedon【统治广泛者】等。

3.15 仙王座 刻甫斯王的家族史

很久很久以前，天神宙斯爱上了河神伊那科斯的女儿伊俄，他化作乌云强行占有了这个少女。宙斯为了在妻子面前掩藏自己出轨的行径，将少女变成一头白色的小母牛。天后赫拉看穿了丈夫的拙劣把戏，便对这小母牛好生迫害。化身小母牛的少女伊俄不得不四处奔逃，一路颠沛流离。后来她逃到埃及，在那里恢复了人形。她在尼罗河畔生下了一个儿子，取名厄帕福斯 Epaphus。厄帕福斯后来成为埃及国王，他娶了尼罗河神的女儿孟菲斯 Memphis 为妻，并用妻子的名字命名了孟斐斯城 Memphis。孟菲斯为厄帕福斯王生下了一个女儿，取名叫利比亚 Libya。利比亚长大后美丽动人。海王波塞冬为利比亚的美貌所着迷，他强行占有了利比亚，非洲的利比亚地区 Libya 也因这位公主而得名。利比亚为海王生下了两个儿子，分别为后来的埃及王柏罗斯 Belos 和腓尼基王阿革诺耳 Agenor。

阿革诺耳年少时便离开埃及去了地中海东岸，在那里他成为推罗王。他的妻子为他生下了卡德摩斯 Cadmus、西利克斯 Cilix 和菲尼克斯 Phoenix 三个王子，以及公主欧罗巴。宙斯爱上了美丽的欧罗巴，变成一头白色的公牛引诱了她，这头牛载着公主泅过茫茫大海一路西行，到达了克里特岛。阿革诺耳王失去了心爱的女儿，痛苦万分，他派出几个王子分头去寻找失踪的妹妹，并命令王子们找不到欧罗巴就不要回来见他。大王子卡德摩斯一路西行，来到希腊境内，因为无法完成找回妹妹的使命，在那里他谨遵阿波罗神谕，建立了后世文明的重地忒拜城；二王子西利克斯则一路向东来到小亚细亚，因为未能找到妹妹，西利克斯不得不在当地定居下来，小亚细亚东南部的西利西亚地区便因他而得名，即 Cilicia【西利克斯之地】；小王子菲尼克斯沿着海岸走到了北非，在那里建立了一个城邦，这个城邦因为他的名字而被称为腓尼基 Phoenicia【菲尼克斯之地】。后来腓尼基被用来泛指阿革诺耳和他的子孙所代表的这个民族。腓尼基人在地中海沿岸、小亚细亚、北非、忒拜等地建立众多殖民地，无疑正是这个传说背后的历史认知。

➢ 图 3-33　Danaides

柏罗斯继承了外公厄帕福斯的王位，统治着埃及。他的妻子为他生下一对双胞胎，分别为达那俄斯 Danaus 和埃古普托斯 Aegyptus。埃古普托斯继承了埃及的王位，因此埃及也被称为 Aegyptus，英语的 Egypt 由此而来。他还征服和统治了阿拉伯以及周边地区。他的哥哥达那俄斯则统治着利比亚。达那俄斯王有 50 个女儿，被称为达那伊得斯姐妹 Danaides【达那俄斯的女儿们】。埃古普托斯王有 50 个儿子，他想让自己的 50 个儿子娶哥哥的 50 个女儿为妻。达那俄斯王却并不愿意，因为求来的神谕说这样会毁灭自己的家族。达那俄斯王不得不带着 50 个女儿渡海逃回希腊，在阿耳戈斯寻求庇护。然而 50 个侄儿紧追不舍，达那伊得斯姐妹被迫嫁与这五十位同宗室兄弟。为了逃避毁灭的命运，女儿们遵照父亲的命令，在新婚之夜杀死自己的丈夫。[①]只有一个名叫许珀耳涅斯特拉 Hypermnestra 的女儿屈服于爱情，她不忍心杀死无辜的林叩斯，帮助丈夫逃离了可怕的死亡，独自留下来面对父亲的审判。后来爱神阿佛洛狄忒介入，并拯救了这位善良的少女。许珀耳涅斯特拉为林叩斯生下了阿巴斯，阿巴斯成为阿耳戈斯国王，他的儿子阿克里西俄斯继承王位，阿克里西俄斯的妻子生下了美丽的达那厄，达那厄则孕育了著名英雄珀耳修斯。

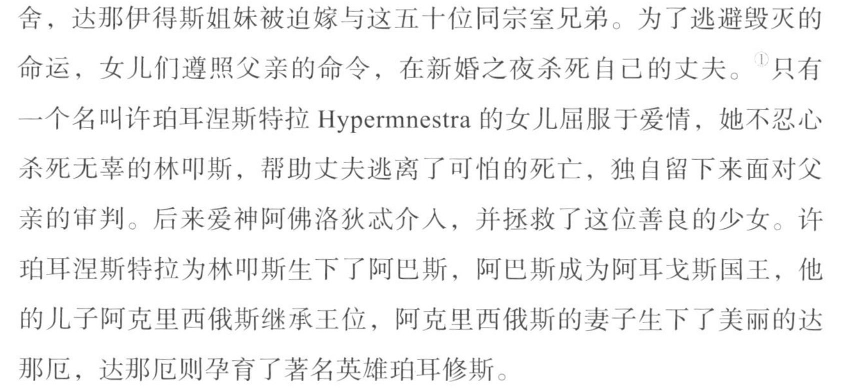

①在后来的罗马神话中，49位达那伊得斯姐妹因为杀死自己的丈夫，而被罚入地狱深渊之中，在那里她们永无休止地往一只无底的水桶中灌水。因此也有了英语中cask of Danaides“达那伊得斯之桶”，用来象征永无休止的徒劳。

我们从欧里庇得斯那里听说，柏罗斯王还有两个儿子，分别是刻甫斯 Cepheus 和菲纽斯 Phineus。刻甫斯统治了埃塞俄比亚地区，他娶卡西俄珀亚为妻，王后生下了一位美貌出众的女儿，名叫安德洛墨达，她的美倾国倾城，附近的王子和贵族们纷纷前来求亲，都想要迎娶这位美丽的公主为妻。王后更是因为女儿的美丽而骄横，居然公开吹嘘说公主比海神涅柔斯的 50 个女儿都漂亮。海神大怒，屡发洪水并放出海怪来惩罚这个国家。于是埃塞俄比亚全国遭灾，生灵涂炭。祭祀带来神谕说只有将公主献祭给海怪才能平息神怒。人民个个惧怕神灵，国王和王后怕犯众怒，只好命人将女儿绑在海边的岩柱上，痛苦地等待着女儿悲惨的命运。

后来一位英雄从天而降，解救了他们的女儿，这位英雄就是大名鼎鼎的珀耳修斯。国王和王后非常感动，将女儿许给了这位英雄。英雄珀耳修斯因其伟大功绩而成为夜空中的英仙座，他的妻子成为了仙女座，王后卡西俄珀亚成为了仙后座，而国王刻甫斯则成为夜空中的仙王座。①

图 3-34　仙王座

仙王座 Cepheus 一词来自国王刻甫斯的名字 Κηφεύς。这个名字或许来自希腊语的 κῆπος‘花园’，后缀 -εύς 表示‘……者’之意，因此 Κηφεύς 一名可以理解为【花园主人，庄主】。这名字也许暗示其身为国土之王，就好像园主之于园林一样。或许我们应该将他的名字与非洲的神话结合起来，这个词大概来自埃及神话中的猿神 Kapi。后者或许也演变出古英语的 apa‘猿猴’，从而有了现代英语中表示猿猴的 ape。

认为刻甫斯来自埃及神话中猿神的观点似乎让人觉得匪夷所思。有趣的是，如果我们综合考虑国王的女儿安德洛墨达，似乎有一个有趣的发现：安德洛墨达 Andromeda 一名也可以解释为【有智慧的人类】，即由 ἀνήρ‘人’和 μῆδος‘智慧’构成。如果认为 Andromeda 是“有智慧的人类”，而她的父亲 Cepheus 无疑是“尚未开化的猿类”，既然 Andromeda 是 Cepheus 的后代，这不是在隐喻“人类是猿猴的后代”吗？

但话说回来，这只是一个文字游戏而已。

①从星座来源上看，汉语中星座的译名或颇有不妥，英仙座其实并不是“仙”，仙女座也只是一位人间少女而已，仙王座、仙后座也和神仙没有关系。类似的，金牛座本身并不是金色的牛，白羊座的牡羊也并非白色。

3.16 仙后座　华美容颜和骄横之罚

埃塞俄比亚王刻甫斯有一位爱慕虚荣的妻子，这位王后名叫卡西俄珀亚。王后生了一位美丽动人的女儿，取名为安德洛墨达Andromeda，意思是【统治男人】，她倾国倾城的美确实也让男人们俯首称臣，个个都想要娶这美丽的公主为妻。王后更是因此而骄横，居然公开拿女儿和50位海中仙女相比。海中仙女是海中老人涅柔斯的50位女儿，这些仙女们个个美丽动人，或与神灵相恋。比如海中仙女安菲特里忒就嫁给了海王波塞冬，被尊为海后；而海中仙女忒提斯也曾是天王宙斯最心爱的一位仙女，在奥林波斯众神中也有着极好的人缘。卡西俄珀亚的骄横激怒了这些仙女们，她们愤愤地向海王诉苦。海王大怒，发洪水肆虐埃塞俄比亚的土地，还放出一只巨大的海怪不断蹂躏沿海的土地。眼见国民遭殃受害，国王派人去阿蒙神庙求取神谕，神谕却说只有将公主献祭给海怪才能抵消王后渎神的罪孽。于是公主被绑在海边的岩柱上，痛苦地等待着即将到来的悲惨命运。

王后卡西俄珀亚也被海王罚上夜空中，海神为了惩罚她，将她一只脚绑在北极的转轴上，王后一年中有一半的时间倒悬在夜空中，以

图 3-35　Cassiopeia, the upside down jellyfish

赎其过错。从天文的角度讲，仙后座距北极星很近，地球自转时，地面上的观察者会看到北极星是固定不动的，所有的星座都绕着北极星做圆周运动。因此距离北极星近的仙后座位于北极星下面时正立，而在北极星上面时则颠倒在夜空中。[1]出于这个原因，人们也将一种形态颠倒的水母称为Cassiopeia，这种水母嘴巴位于身体的底部，也是上下颠倒的。

王后卡西俄珀亚的名字Cassiopeia一词，可以认为由καίω‘燃烧’与ὤψ‘眼睛、脸’构成，字面意思可以理解为【夺目的容颜】，这似乎是一个很好的贵族妇人名字；或许该名与她的国家埃塞俄比亚Ethiopia有着一样的含义【被阳光晒黑的面容】，毕竟她是该国的王后。希腊语的ὤψ来自印欧语的＊ok^{w}-‘眼睛、样貌’，后者还衍生出了梵语的akṣi‘眼睛’、拉丁语的oculus‘眼睛’[2]、古英语的ēaġe‘眼睛’。古英语的ēaġe演变为现代英语中表示眼睛的eye，因此也有了眼珠eyeball【眼球】、睫毛eyelash【眼毛刷】、眼孔eyelet【小眼】、眼皮eyelid【眼之覆盖】、视力eyesight【眼之见】、眼药水eyedrop【滴眼液】、斗鸡眼的cockeyed【公鸡眼的】、大眼的ox-eyed【牛眼的】；雏菊之花朵白天开放，夜里闭合，因此在古英语中称为dæġes ēaġe【白日之眼】，后者演变为现代英语中的daisy；窗户用来通风，因此北欧人称其为vindauga，相当于古英语的wind ēaġe【通风之眼】，英语中的window即来自于此。拉丁语的oculus衍生出了英语的：眼科医师oculist【眼科专家】、假眼制造商ocularist【制眼人】、眼睛的ocular【眼的】、单目镜的monocular【单眼的】、双目并用的binocular【双眼的】、单片眼镜monocle【单眼】、注入inoculate【开孔注入】、眼点ocellus【小眼】、蒙骗inveigle【使看不见】、媚眼oeillade【一瞥】、牛眼窗oeil-de-boeuf【牛之眼】。鹿角antler因长在其眼睛前方而得名，据说来自cornu ante ocularis【在眼睛之前的角】。

希腊人将仙后座称为Κασσιέπεια, ἡ τοῦ θρόνου【卡西俄珀亚，宝座上的王后】。其中，θρόνου是名词θρόνος‘座位、宝座’的属格形式。希腊语的θρόνος‘座位’、拉丁语的firmus‘坚固’、梵语的dharma‘法’都来自印欧词根*dher-‘支撑、稳固’，毕竟座是需要稳

[1] 这个星座的亮星连线构成了夜空中一个类似W的符号，在颠倒的时候我们看到的形象则变为图形M。

[2] 拉丁语中表示眼的oculus实际上是个指小词形式，除去标志指小词的后缀-ulus之后，剩下的部分oc-正由印欧语的＊ok^{w}-演变而来。相似的可以对比拉丁语中‘野蛮的’ferox（属格ferocis，词基feroc-）【野兽样的】、‘残酷的’atrox【火样的】（属格atrocis，词基atroc-）、‘飞快的’velox【飞样的】（属格velocis，词基veloc-），注意到这些词词基中-oc-部分也都来自印欧语的＊ok^{w}-‘眼睛、样貌’。ferox衍生出了英语的野蛮ferocious和凶猛ferocity，atrox衍生出了恶毒atrocious和暴行atrocity，velox则衍生出了飞快velocious和速度velocity，表示速度的物理符号v亦来自于此。

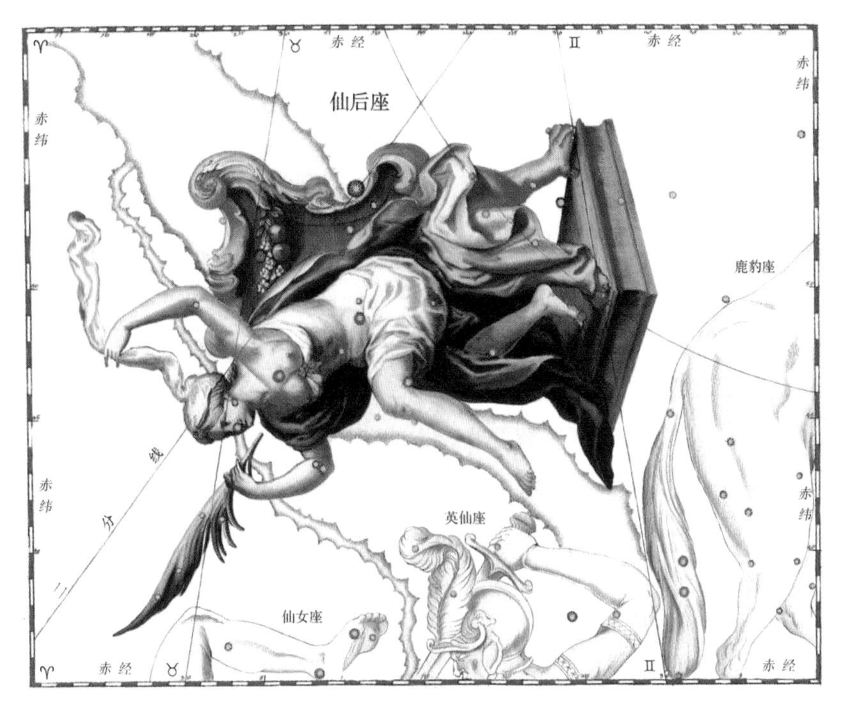

图 3-36　仙后座

固的，而大法更是经世不变的。θρόνος 演变出了英语中的王位 throne【宝座】，于是也有了使登基 enthrone【使登上王座】、废黜 dethrone【使落下王座】。firmus 衍生出英语中的稳固 firm【坚固】，以及肯定 affirm【to be firm】、证实 confirm【to make firm】、衰弱 infirm【not firm】；苍穹因为稳固而被称为 firmament【坚固挺立】，而陆地也因形体坚固（相比于大海而言）而被称为 terra firma【坚固的大地】；中世纪时期农田因需缴纳固定税款而被称为 farm【固定税费】，而经营这片土地的人则被称为 farmer【事农人】。梵语的'法'dharma 即【稳固之事】，这也是少林祖师达摩的名字，其全名为菩提达摩 Bodhidharma【佛法】。达摩被认为是中国佛教的初祖，他也是少林寺的创始人。

卡西俄珀亚和其丈夫刻甫斯王之所以能成为夜空中的星座，显然是托了女婿——英雄珀耳修斯的福。注意到珀耳修斯成为英仙座，他的妻子成为了仙女座，他的岳父岳母成为仙王座和仙后座，而被他杀死的墨杜萨断颈中飞出的珀伽索斯成为了飞马座，他所杀死的海怪成为了鲸鱼座。夜空中最古老的 48 个星座中，用来记载珀耳修斯英雄业绩的就占了6个星座，这说明珀耳修斯这个人物在传说中的重要性。这位英雄来自古老的城邦阿耳戈斯，又建立了后来享誉全世界的迈锡尼城，这两个城邦在英雄时代都是非常重要的城邦，即使到了英雄时代的末期，攻打特洛亚的联军主帅也仍是迈锡尼与阿耳戈斯之王，这位王就是阿伽门农。珀耳修斯通过联姻又同地中海对岸的北非联系起来，刻甫斯家族乃是埃及王室的后代，他们家族统治着整个非洲。另外，珀耳修斯的大儿子珀耳塞斯被认为是波斯人的祖先，从而在希腊人心中成为亚洲的祖先。在古希腊人甚至之后一千多年时间内的欧洲人心里，这三个洲（即亚洲、非洲、欧洲）构成了整个大地的全部。这种三叶草式的世界格局又与以基督教为载体的希伯来文化紧密结合起来，从而构成西方人古老的不可动摇的地理观——在《圣经》中，诺亚的三个儿子闪、含、雅弗分别定居在三大洲中生育后代，并分别是黄人、黑人与白人的祖先。一直到中世纪这仍是被西方信仰的世界格局。

3.17 鲸鱼座　海中怪物

珀耳修斯成为了夜空中的英仙座，他所解救的公主安德洛墨达则成为了仙女座，而传说中这只威胁着少女生命和埃塞俄比亚全境的海怪也被升入夜空中成为了鲸鱼座。希腊人将这只海怪称为 Κῆτος，并用同样的名字称呼其所对应的星座。罗马人将这个名字转写为 Cetus，后者成为鲸鱼座的学名。这本是一只传说中的巨大海怪，后来人们发现，海中最庞大的怪物莫过于鲸鱼了，亍是 κῆτος 一词便有了鲸鱼的含义，在后来的星图中，这只海怪也经常被描述为类似鲸鱼的形象，汉语中将这个星座翻译为“鲸鱼座”也正来源于此。

κῆτος 有了鲸鱼的含义，故生物学中鲸鱼属被称为 Cetacea【鲸鱼类的】，还有从鲸鱼头部的鲸蜡中分离出来的有机物鲸蜡烯 cetene、鲸蜡基 cetyl 等，其中 -ene 为化学中表示‘烯’的后缀，而 -yl 则为表示‘基’的后缀。

希腊语的 κῆτος 本指海怪，罗马人也将这个星座意译为 Monstrum Marinum【海怪】，后者由拉丁语中的 monstrum‘怪物’和 marinum‘海中的’构成。monstrum 一词来自动词 moneo‘提醒、告诫’，-trum 为表示工具、器物的后缀，因此 monstrum 字面意思是【警戒之物】，即‘令人生畏之物’。moneo 来自印欧语动词词根 *men-‘想、思量’，后者加抽象名词后缀 -ti- 构成 *mnti-‘想法、心智’。印欧语词根 *men-

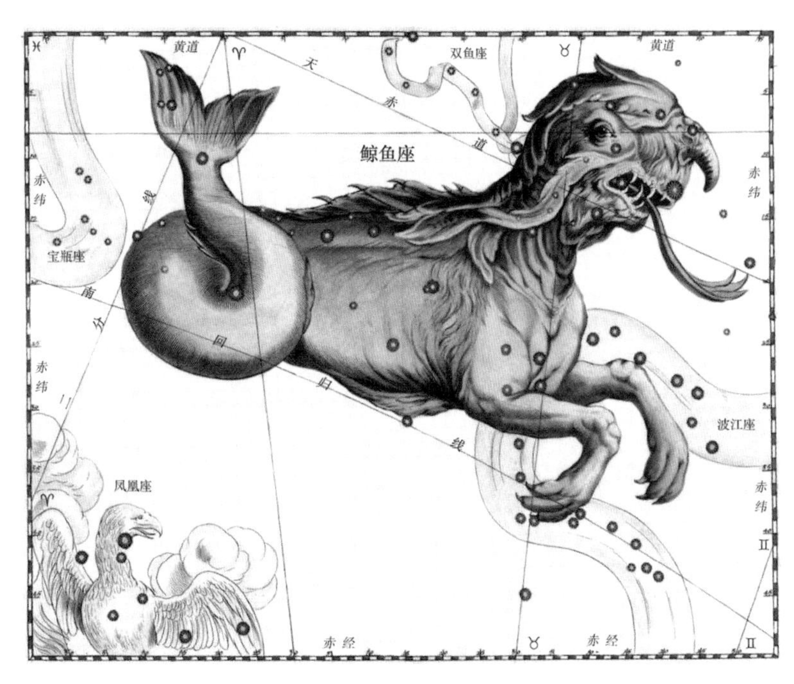

图 3-37　鲸鱼座

演变出梵语词根 man-‘思考’、希腊语词根 μέν-‘想起’和拉丁语词根 mon-‘提醒’。

梵语词根 man- 加工具后缀 -tra 构成 mantra【思考的工具】，一般用来指印度经典祷文和咒语。梵语的 -tra 与希腊语中用来表示工具的 -τρον(复数为 -τρα)、拉丁语中表示工具的 -trum(复数为 -tra)同源。这些后缀一般缀于动词词根之后，构成表示该动作相关的工具、器物的中性名词。希腊语中，词根 μέ-‘测量’衍生出‘测量物’μέτρον【测量器具】，于是有了英语中的：米 meter【测量单位】、直径 diameter【通透测量】、周长 perimeter【测量一周】、遥测计 telemeter【远处测量仪器】、对称 symmetry【两端测量一致】、电压表 voltmeter【电压量具】、电流表 ammeter【电流量具】、热量计 calorimeter【热量量具】、地震仪 seismometer【地震量具】、气压计 barometer【气压量表】、风力计 anemometer【风表】、里程表 odometer【路程量具】、高度计 altimeter【高度量具】；词根 θεά-‘看’衍生出‘剧场’θέατρον【观看之处】，因此有了英语中的：剧场 theater【观看之地】、露天剧场 amphitheater【两边都坐观众的剧场】。拉丁语中，动词 caedo‘切分’衍生出‘军营’castrum【分开之地】，于是有了英语中的：城堡 castle【营地】、城堡主 castellan【营主】，以及曼彻斯特 Manchester【曼山附近的营地】、温彻斯特 Winchester【市场旁的营地】；动词 claudo‘封闭’衍生出‘隐修院’claustrum【封闭之地】，后者演变为英语修道院 cloister；动词 specio‘看’衍生出‘图像’spectrum【看的事物】，英语中用该词表示“光的图谱”，即光谱；动词 moneo 衍生出‘怪物’monstrum【警戒之物】，后者演变为英语的怪物 monster，同时也有了拉丁语中的 monstrum marinum【海中怪兽】。

希腊语的 μέν- 衍生出了‘勇气、力量’μένος【思想、精神】、‘疯狂’μανία【精神症状】、‘预言者’μάντις【疯疯癫癫的人】。μένος 意为‘勇气、力量’，因此就不难理解神话中的人名 Menelaus【人民的力量】、Menoetius【毁灭的力量】、Clymene【著名力量】。‘疯狂’μανια 衍生出了英语中的：狂热 mania【狂热】、疯子 maniac【狂热者】、色情狂 erotomaniac【色情狂】、自大狂 egomaniac【自我狂热者】、纵火狂 pyromaniac【火狂热者】、饮酒狂 dipsomaniac【酒狂热者】、偏执狂 monomaniac【单独狂热者】、集书狂热 bibliomania【书狂热】、豪富狂热 plutomania【财富狂热】、轻度躁狂症 hypomania【低级狂热】、盗窃癖 kleptomania【偷窃狂】。酒神的女信徒被称为迈那得斯 Maenades【疯狂的追随者】，她们高歌狂舞、疯疯癫癫，故得此名。希腊人认为预言是从神那里获得的，并且就像德尔斐的祭祀一样，这些预言者经常一副疯疯癫癫的样子，这种预言者被称为 μάντις。人们发现，螳螂停留在枝叶上时经常将两个前臂并拢，如同一位预言家或者祷告者，因此螳螂被称为 mantis，也称 praying mantis【祈祷的预言者】。μάντις 对应的抽象名词为 μαντεία‘预测、占卜’，后者衍生出了英语中的死灵术 necromancy【死尸占卜】、占星术 astromancy【星占卜】、手相占 chiromancy【手占卜】、泥土占卜 geomancy【地占卜】、鬼魂占卜 sciomancy【影占卜】、解梦 oneiromancy【梦占卜】、纸牌占卜 cartomancy【牌占卜】。对应的占卜者称为 -mancer【占卜人】。

拉丁语的 mon-‘提醒、告诫’则衍生出了英语中的：监视器 monitor【监控者】、警告 monition【告诫】、预告 premonition【提前警告】、纪念碑 monument【用于纪念的建筑】、劝告 admonish【告诫】、召集 summon【私下告知】。

印欧词根 *men- 的零级形式[1] *mn- 加抽象名词后缀 *-ti- 构成 *mnti-‘思想、心智’，后者演变出梵语的 mati‘思想’、拉丁语的 mens‘思想’（属格 mentis）、英语的 mind“心智”。拉丁语的 mens 衍生出了英语中的：精神的 mental【思想的】、智力缺陷者 ament【没有头脑】、疯狂的 dement【癫狂的】、提及 mention【令想起】。英语中的 mind 则衍生出了：介意 mind【放在心上】、无心的 mindless【未放在心上的】、提醒 remind【使再想起】、提示信 reminder【提醒之物】。

[1] 印欧词根的基础元音在构词中可表现为三种形式，分别为零级形式、e级形式和o级形式。比如词根*men-即e级形式，对应的零级形式为*mn-，o级形式为*mon-。

➢ 图 3-38 Perseus and Andromeda

3.18 飞马座　天马行空

海王波塞冬掌管着浩瀚的海洋，他还是著名的马神，据说马这种动物就是他创造的。神话中很多关于马的故事都与海王有关。相传波塞冬爱上了有着美丽脸颊的少女墨杜萨，并与其在女神雅典娜神庙附近幽会野合。一向以贞洁著称的雅典娜发现自己的神庙遭到如此亵渎后怒不可遏，她诅咒这荡妇变成丑恶的怪物。这诅咒果然应验，美丽的墨杜萨变成了一位可怖的蛇发女妖，任何人只要看她一眼，都会立刻被恐惧攫走灵魂，变成一具没有了生命的石人。后来英雄珀耳修斯在智慧女神的帮助下，砍下了女妖墨杜萨的头颅。是时女妖尚怀有波塞冬的后代，这后代从母亲血淋淋的断颈中一跃而出，因此被称为珀伽索斯 Pegasus【跃出者】。珀伽索斯乃是一匹长着双翼的俊美白马，它曾飞到赫利孔山上成为缪斯女神们的爱宠，并从此成为艺术和才华的象征；它曾经协助英雄柏勒洛丰杀死可怕的喷火怪兽喀迈拉；它还为主神宙斯所相中，为主神驮运那威力无比的武器雷霆。珀伽索斯的形象后来被置于夜空之中，成为飞马座。

➢ 图 3-39　飞马座

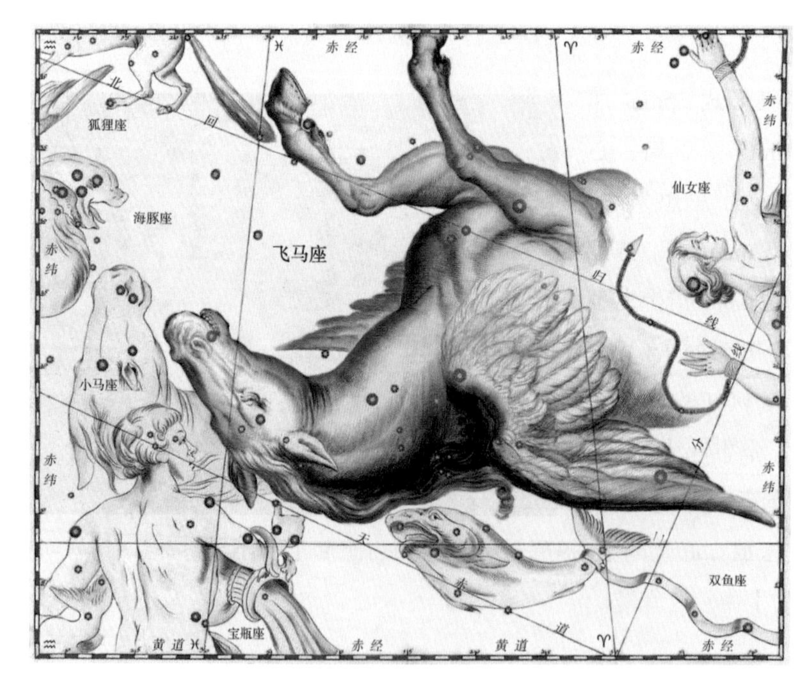

珀伽索斯的名字 Pegasus 被用来命名夜空中的飞马座，其母墨杜萨的断头则成为英仙座手中的【魔头星】Algol，这颗星在中国被称作“大陵五”。后来珀耳修斯将墨杜萨的头颅献给智慧女神雅典娜，雅典娜用这布满蛇发的头颅装饰了自己的盾牌，好不威风。

珀伽索斯出生之

后，飞到了文艺女神缪斯们寓居的赫利孔山。在那里这匹飞马成为女神们的爱宠。这是一匹极具灵性的马，它落脚的岩石间迸出一眼清泉，这泉水因此得名为马泉Hippocrene。传说艺术家喝了这马泉的水，就会有源源不断的灵感闪现，并能创作出伟大的艺术作品，如天马行空，抑或如不断迸发的泉水。[1]诗人济慈就在长诗《恩底弥翁》中写道：

赫利孔！

灵泉之山啊！

古老荷马的赫利孔山！

愿你在这可怜的诗笺上

喷出一股小泉！

——约翰·济慈《恩底弥翁》

①来自台湾的电脑品牌华硕的名字Asus就取自Pegasus的后半部分，或许在暗示该品牌灵感创新、追求卓越的精神。类似的，互联网设备品牌思科Cisco，其名称即取自它的发源城市San Francisco一名的后半部分。

海王波塞冬的后代珀伽索斯落脚的地方曾经迸出了一眼清泉，这或许正是珀伽索斯一名的来源。它的名字 Πήγασος 或许来自于希腊语的‘泉’πηγή，波塞冬司管海洋，海洋是众水之父母，从这个角度上来讲泉水乃是海洋的后裔，而珀伽索斯正为海王波塞冬的后裔。‘泉’πηγή 一词来自 πήγνυμι ‘跳跃、喷涌’，因为它【喷涌而出】[2]。在神话中，这匹飞马也是从墨杜萨的断颈中一跃而出，而它所踩过的岩石中也喷出了一眼清泉。

图 3-40 Poetic inspiration

科林斯城的创建者希绪弗斯有一个孙子，名叫柏勒洛丰Bellerophon，[3]这个名字的意思是【柏勒洛斯的杀害者】。至今我们仍不知道这位柏勒洛斯是谁，或许是柏勒洛丰的一个兄弟，这位英雄也正因为误杀自己的兄弟而被逐出城邦。柏勒洛丰不得不流亡到国外，被提任斯国王所收留，国王热情接待了这位英雄，还为他清洗了罪行。提任斯的王后却对这位英雄一见倾心，多次挑逗色诱英俊的柏勒洛丰。在引诱失败后，王后恼羞成怒，她向国王诬告说柏勒洛丰想要给国王戴绿帽子，曾多次勾引自己。善良的国王被这句话深深刺痛，本想立即杀死这位“恩将仇报”的年轻人，却又不忍心亲自动手。于是他派柏勒洛丰到自己的岳父即吕基亚王伊俄巴忒斯那里，并暗中写信请求岳父处死这位少年。吕基亚王很赏识这位英武俊秀且彬彬有礼

②英语中的“泉”之所以称为spring，也因为它喷涌而出，而spring一词亦有“跳、跃出”之意。

③希绪弗斯的妻子生下了格劳库斯，而格劳库斯的妻子则生下了柏勒洛丰。后来柏勒洛丰因为过失杀死了自己的兄弟而被父亲和人民放逐。

的少年，他热情地款待了这位少年，也不忍心亲手杀死这可爱的孩子，便派他去完成一件必死无疑的冒险。那时吕基亚境内有一只可怕的怪物，名叫喀迈拉，这怪物有三个脑袋，分别为狮子、山羊和蟒蛇。它呼吸出的都是火焰，还能轻而易举吞噬其他动物，也会残忍地吃掉人类。这怪物给吕基亚地区带来了深重的灾难，曾发誓杀死这怪物的英雄未曾有一位能活着回来的。

柏勒洛丰毅然接受了这个无比艰巨的任务。他自知此行九死一生，便去祈求智慧女神雅典娜。英雄在雅典娜神庙里做了一个梦，梦见女神将一副金色的御马辔头交给他，并告诉他想要杀死喀迈拉，就必须先驯服飞马珀伽索斯。他醒来时身边果然有一副金色的辔头，于是他按照智慧女神的指示，先向海王波塞冬献祭了一头牛，再拿着辔头来到故乡科林斯那著名的泉水边，伺机等候飞马珀伽索斯的降临。果然一天晚上，珀伽索斯来到这泉边饮水，柏勒洛丰突然出现，给飞马上了辔头，飞马从此被柏勒洛丰驯服，柏勒洛丰骑着它和怪物喀迈拉战斗，在一番激烈鏖战之后终于消灭了这头怪兽。

国王伊俄巴忒斯非常吃惊，没想到柏勒洛丰居然能活着回来，而且还杀死了可怕的喀迈拉。便又派他去攻打边境上的野蛮部族，征战阿玛宗人，还派人设埋伏杀害英雄，但每次柏勒洛丰都能活着回来，并出色地完成任务。国王非常吃惊，他明白了柏勒洛丰乃是被众神所护佑的人，便不再加害，还将自己的女儿嫁给这位英雄。

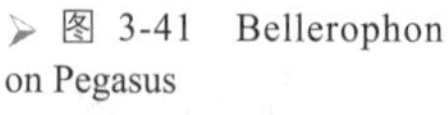
图 3-41 Bellerophon on Pegasus

柏勒洛丰在建立了很多伟大的功业之后，开始变得骄矜起来。他骑着飞马想登上众神居住的奥林波斯，参加神祇的聚会。众神被这凡人的自大触怒，宙斯派一只马虻去蜇珀伽索斯，飞马因疼痛而在空中狂躁起来，柏勒洛丰摔落坠地，遍体鳞伤。从此这位英雄到处漂泊，一直躲躲藏藏羞于见人，孤单地度过了余生。也有人说英雄坠落的地方是塔尔苏斯，他从马背上摔下来，一只脚先着

地，从此便瘸了这条腿。他在摔落的地方建立了一个城市，将其命名为 Ταρσός【脚掌、脚踝】，这个城市在现在的土耳其，至今仍保留着这个名字，中文音译为塔尔苏斯。

柏勒洛丰摔落之后，珀伽索斯没有了束缚，又变成一匹自由的飞马。后来神王宙斯看上了这匹马，命它帮自己驮运那威力无比的霹雳。这匹飞马因此也被称为 Sonipes，意思是【noisy-footed】。

珀伽索斯是一匹飞马，而在生物学中，有一种海鱼因为面似骏马、鳍若羽翼而被命名为海蛾鱼科 Pegasidae，其所在的目也被称为海蛾鱼目 Pegasiformes【海蛾鱼状】。

夜空中飞马座的形象来自于珀伽索斯。希腊人将这个星座以珀伽索斯的名字命名为 Πήγασος，拉丁语转写为 Pegasus。这个星座也被称为 ἵππος‘马’，毕竟飞马珀伽索斯本身就是一匹马。ἵππος 意为‘马’，于是就不难理解：珀伽索斯所踩出的那眼泉水 Hippocrene 即【马之泉】，该词由 ἵππος 和 κρήνη‘泉’组成；亚历山大的父亲腓力王 Philip 是个名副其实的【爱马者】，而医学之父希波克拉底 Hippocrates 则是【御马者】了；第一个发现并要求研究无理数的希帕索斯 Hippasus【骑士】，因为这个要求触犯了毕达哥拉斯学派教义，被暗杀后扔进了海里；苏格拉底家的那个母老虎赞西佩 Xanthippe【黄马】，据说每次都把他骂出家门然后再从楼上泼一盆冷水下来；还有珀罗普斯的老婆希波达弥亚 Hippodamia【驯马妹】、围攻忒拜城的七雄之一的希波墨冬 Hippomedon【御马人】、阿玛宗女王希波吕忒 Hippolyte【解马人】、著名哲学家留基伯 Leucippus【白马】等。

3.19 武仙座 赫剌克勒斯的光辉业绩

珀耳修斯建立了迈锡尼城，成为迈锡尼的第一任国王。在珀耳修斯的七个儿子中，阿尔卡伊俄斯和妻子生下了英雄安菲特律翁；厄勒克特律翁和妻子生下了美丽的阿尔克墨涅；斯忒涅洛斯和妻子生下了欧律斯透斯；墨斯托耳的后代去了塔福斯岛，因此被称为塔福斯人。[1]后来，厄勒克特律翁继承了王位。然而墨斯托耳的后人却回到故乡，要求分享迈锡尼的王位，但遭到了国王的拒绝。这些塔福斯人心怀不满，便牵走了国王的牛群。国王的几个儿子前来阻止，于是双方发生了战斗，厄勒克特律翁王的儿子们多数命丧于此。国王决意为死去的儿子们报仇，于是他将女儿阿尔克墨涅交给自己的侄儿兼准女婿安菲特律翁照顾，并命其暂时管理国家。然而当国王收回牛群时，却有一头牛冲了出来，安菲特律翁想要保护自己的叔父，用手中的大棒去打这头牛，大棒在牛角上反弹了回来，意外地打到了国王头上，不幸的厄勒克特律翁王当场毙命。国王的弟弟斯忒涅洛斯放逐了杀死国王的

①塔福斯Taphos为希腊西北部海域中的一个岛屿。

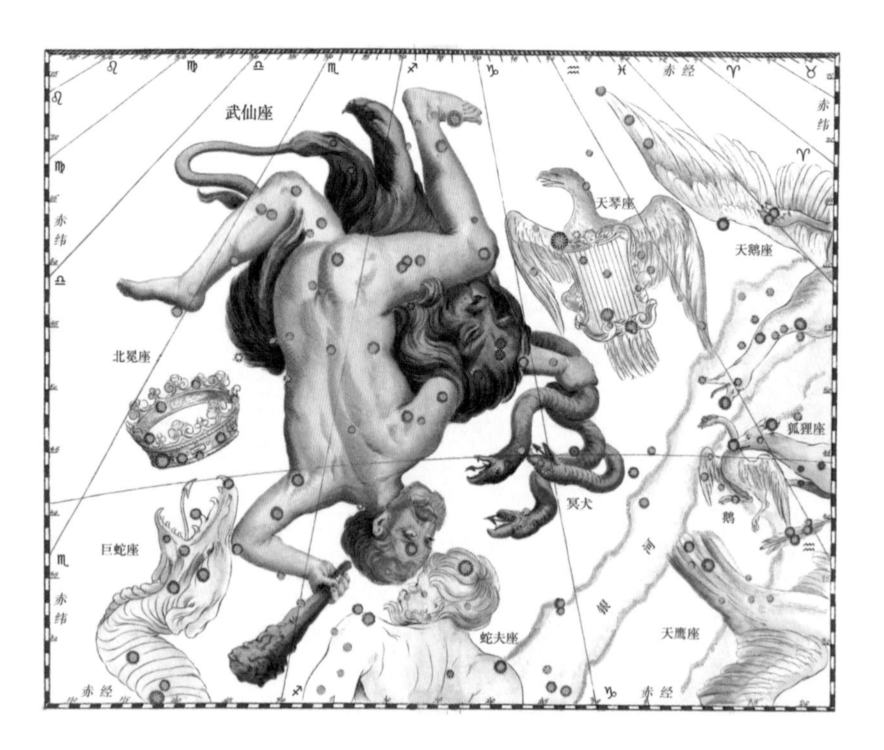

图 3-42 武仙座

安菲特律翁，并继承了迈锡尼王位。安菲特律翁不得不带着阿尔克墨涅逃出故乡，来到有着七座城门的忒拜，请求忒拜王为他们净罪。

善良美丽的阿尔克墨涅一直跟随着安菲特里翁，她知道安菲特里翁虽然杀死了自己的父亲，但那只是出于意外。因此她对自己丈夫的敬重丝毫未减。安菲特里翁曾经在妻子面前发誓，要为她死去的兄弟们报仇雪恨，在那之前绝不和她享受爱情的柔情蜜意。英雄安菲特里翁卧薪尝胆，还从忒拜王那里借来军队，前去讨伐塔福斯人。这场激烈的战斗持续了很久，英雄安菲特里翁最终战胜了彪悍的塔福斯人，并用熊熊烈火彻底烧毁了他们的村庄。

终于为妻子报了家仇，安菲特里翁迫不及待地赶回家，来到妻子的床榻，享受那渴望已久的柔情蜜意与床笫之欢。后来阿尔克墨涅生了一个儿子，取名为阿尔喀得斯 Alcides【阿尔卡伊俄斯之后裔】。然而那时安菲特里翁并不知道，这个孩子并非他自己的骨肉，而是天神宙斯的儿子。事情是这样子的：

天神宙斯早就迷恋上了美貌的阿尔克墨涅，为她那宁静的脸庞、深蓝的双眸、如爱神般通体金黄的胴体而神不守舍，却苦于没有机会下手。当安菲特里翁远征塔福斯时，宙斯扮成胜利归来的安菲特里翁与阿尔克墨涅结合，为了能充分享用这有着诱人胴体的美人，宙斯将那个夜晚延长了三倍。后来安菲特里翁也胜利归来，又一次和妻子同床。还有一种说法是，阿尔克墨涅怀孕后生下了两个孩子，其中阿尔喀得斯是宙斯的后代，这个孩子就是后来大名鼎鼎的英雄赫剌克勒斯；另一个孩子名叫伊菲克勒斯 Iphicles，这个孩子是安菲特里翁的后代，因此只成为一位普通的英雄。当赫剌克勒斯即将降生的时候，迈锡尼王斯忒涅洛斯的妻子也怀孕八个月，快要临盆。那时宙斯在奥林波斯山上立下誓言，说当日出生的孩子会统治所有从自己所出的家族。谁料嫉妒心强的赫拉从中捣鬼，偷偷下凡延迟了阿尔克墨涅的产期，并将斯忒涅洛斯王的儿子欧律斯透斯提前接生下来。按照宙斯的誓言，欧律斯透斯理所当然地成为了赫剌克勒斯的主人，在赫拉的指使下，他迫使赫剌克勒斯去履行十二项几乎不可能完成的任务，但英雄赫剌克勒斯居然都一一完成了，也因为完成了这些伟大功绩他成为了人人称赞的大英雄，这也正是后人将他称为 Heracles【赫拉的荣耀】的原因。这十二项伟大的业绩为：

1. 除灭涅墨亚食人狮（Nemean lion）
2. 除掉勒耳纳九头水蛇许德拉（Lernaen hydra）
3. 生擒克律涅亚山的金角牡鹿（Ceryneian hind）
4. 活捉埃里曼托斯山野猪（Erymanthian boar）
5. 清洁奥革阿斯积粪如山的牛圈（Augean stables）
6. 驱逐斯廷法罗湖怪鸟（Stymphalian birds）
7. 驯服克里特岛发疯的公牛（Cretan bull）
8. 将狄俄墨得斯王的食人牝马带回迈锡尼（mares of Diomedes）
9. 夺取阿玛宗女王的腰带（girdle of Hippolyte）
10. 活捉革律翁的群牛（cattle of Geryon）
11. 摘取极西园的金苹果（apples of the Hesperides）
12. 将地狱恶犬刻耳柏洛斯带到阳间（Cerberus）

传说涅墨亚森林的食人狮皮坚似铁、刀枪不入，英雄用尽各种武器，却未能伤其分毫，只得与之肉搏将其活活扼死。他将狮子皮做成战袍，自己披在身上好不威风。赫剌克勒斯进入勒耳那沼泽并杀死了可怕的蛇怪许德拉，这蛇怪有着九颗头颅，而且中间的头颅是永生的。在这场战斗中，英雄还杀死了前来偷袭他的一只螃蟹。他活捉了埃里曼托斯山那头暴虐的野猪，这野猪凶残可恶，在附近一带糟蹋人民的庄稼。英雄一路追赶这只野猪令其筋疲力尽后将其活捉。他生擒了克律涅亚山上的金角牡鹿，这只牡鹿箭步如飞，赫剌克勒斯满世界追捕这只牡鹿，整整花了一年才成功将其活捉。他又被命去清洁奥革阿斯积粪如山的牛圈，这位国王的牛棚中有三千多头牛，但从不清洁牛圈，因此牛棚内积粪如山。英雄挖渠将河水引了进来，从而将垃圾冲洗得干干净净。他在斯廷法罗湖附近驱走了那里的怪鸟，这些猛禽个个铁翼、铁嘴、铁爪，它们抖落的羽毛如飞箭，曾经伤害了附近无数的人畜。赫剌克勒斯张弓射死了一些怪鸟，并用铜钹吓走了它们其余的同伴，这些受惊的怪鸟再也没敢回到这里。他驯服了克里特岛上的公牛，这是一头被诅咒的发疯的公牛，曾在克里特四处破坏。这头公牛还曾与克里特王后有私情，王后为其生下了著名的牛怪弥诺陶洛斯。他将国王狄俄墨得斯的一群牝马赶到迈锡尼，这群牝马不吃粮草，反倒以异乡人为食，极其凶猛残暴。他战胜了好战的妇人之国阿玛宗，并取走了女王希波吕忒的腰带。阿玛宗是一个好战的女性民族，女战士们割去自己右侧乳房以便于拉弓射箭。他来到了世界最西边的小岛，牵走了岛上国王革律翁的牛群。这位国王长有三身，还养着一条可怕的双头猎犬，很可惜他们远不是赫剌克勒斯的对手，半晌的工夫就都死在英雄手下了。他还被派到极西园去取金苹果，金苹果被可怕的巨龙拉冬看守着，赫剌克勒斯不得不求助于扛天巨神阿特拉斯，后者杀死了巨龙，为英雄拿来了金苹果。后来他又深入冥府，制服了守卫冥界的三头犬刻耳柏洛斯，并把它带到阳间。三头犬一见到阳光就口吐毒涎，这毒涎滴在地上，地上立即长出了剧毒的乌头草。

这期间赫剌克勒斯还做了很多伟大的事情。他在完成任务的途中建立了很多城市，并发起各种节日。他曾经和英雄忒拉蒙一起，第一次攻破了坚固的特洛亚城。他在取金苹果的途中来到世界的最西边，并在陆地的尽头树立了著名的海格力斯之柱[1]。他参加了著名的阿耳戈号探险，并在途中解救出被囚禁在高加索山上的盗火神普罗米修斯。他只身进入冥府，解救出被困在忘忧椅中的雅典英雄忒修斯。[2]他还参加了众神和巨人们之间的战争，并在此战争中起到了至关重要的作用……

赫剌克勒斯是一位极其伟大的英雄。可以毫不夸张地说，希腊英雄中赫剌克勒斯如果自称第二，就没有人敢称第一。在某些方面他甚至不亚于众神，众神中的阿瑞斯、赫拉、塔纳托斯等都曾经被他所伤，而宙斯也在运动会中多次输给他，他还在巨灵之战中杀死了不少连众神们都无法制服的蛇足巨人。更进一步说，他的命运似乎与整个宇宙相关：他在婴儿时代吃赫拉奶用力过大而使得乳汁飞溅出来，于是便有了银河；而他完成的十二项任务也象征着夜空中的十二星座，至今我们所说黄道十二星座中的狮子座、巨蟹座、金牛座[3]都来自于被他制服的怪兽的形象，在某种意义上赫剌克勒斯完成十二项任务乃

①海格力斯之柱Pillars of Hercules是古代欧洲人对直布罗陀海峡的称呼。

②忒修斯在好友皮里托俄斯Pirithous的怂恿下，将正在月亮女神神庙跳舞的少女海伦劫持，并将她一直绑架到了阿提卡地区。这两位英雄居然胆大包天，还想再去绑架冥后珀耳塞福涅，不料却中了冥王的计谋，被骗坐在忘忧椅上忘记了一切，渐渐被这只魔椅石化。后来赫剌克勒斯进入冥界时看到了忒修斯，一把将他从椅子上救了下来，带出冥界。

③这是克里特岛的一头公牛。欧罗巴的儿子弥诺斯成为了克里特国王，他的妻子帕西法厄和这头公牛偷情，从而生下了牛怪弥诺陶洛斯。

➢ 图 3-43 The apotheosis of Heracles

是对太阳经过十二个黄道星宫的暗喻。

由于这位大英雄的卓越事迹，他的形象被升入夜空中，变成了武仙座 Hercules。而被他杀死的涅墨亚食人狮、勒耳那九头蛇、偷袭未遂的巨蟹、克里特公牛的形象分别成为了夜空中的狮子座、水蛇座、巨蟹座、金牛座。他参加了阿耳戈号探险，从而与白羊座、天鸽座、南船座、天琴座等星座联系起来。他射死了啄食普罗米修斯的那只雄鹰，这只雄鹰成为了天鹰座，那只箭矢则成为天箭座。他是半人马智者喀戎的徒弟，他在无意中用毒箭射伤了自己的导师，后来喀戎自愿献出不死之身以换取普罗米修斯的自由，这位导师的伟大形象变成了夜空中的人马座与半人马座。

赫剌克勒斯本名为阿尔喀得斯 Alcides，这个名字可以理解为【阿尔克墨涅之子】。而阿尔克墨涅的名字 Alcmene 则意为【月之力量】，对比伊阿宋的母亲阿尔克墨得 Alcimede【聪慧与力量】、赫剌克勒斯的祖父阿尔卡伊俄斯 Alcaeus【有力量者】。当然，Alcides 一名也可以理解为【阿尔卡伊俄斯之后裔】，在那个女人不受到重视的年代，或许这正是赫剌克勒斯本名的意图。

3.20 长蛇座　难缠的九头蛇妖

赫刺克勒斯很小就表现出惊人的力气和勇猛。当他还是个婴儿时，天后赫拉曾经派出两条大蛇去杀死丈夫的这个“野种”，这两条蛇本来想要将孩子整个吞掉，却被年幼的赫刺克勒斯用小手活活扼死。少年时，赫刺克勒斯被安排去学习音乐，他因顽皮而被老师责罚，却在反抗老师责罚时因出手过重杀死了自己的老师。后来父母送他去半人马贤者喀戎那里学艺，赫刺克勒斯因此学到了一身好武艺。后来在一场战斗中，他帮助忒拜王克瑞翁从盗贼那里夺回了一百头牛，国王非常高兴，便将长女墨伽拉嫁与这位年轻的英雄。婚后妻子为他生下一子一女。然而天后赫拉并未停止对他的迫害，天后使他陷入疯狂，赫刺克勒斯在疯狂中亲手杀死了自己的孩子。

为了净罪，赫刺克勒斯来到德尔斐祈求阿波罗的神谕，神谕让他回到父亲的故乡，替迈锡尼王欧律斯透斯服役，只有完成王所交付的12 项艰难任务，他的罪才能得到宽恕。于是赫刺克勒斯只身回到迈锡尼，那时斯忒涅洛斯王已经去世，他的儿子欧律斯透斯继承了王位。这位欧律斯透斯就是当年在天后的帮助下提前出生，从而获得了宙斯所许诺之伟大权力的孩子，而这许诺本是宙斯送给即将出世的赫刺克勒斯的礼物。欧律斯透斯王在赫拉的指使下，为赫刺克勒斯布置了 12 项异常艰难的任务，想要在这危难重重的任务中除掉这位英雄。

图 3-44　Heracles strangling serpents

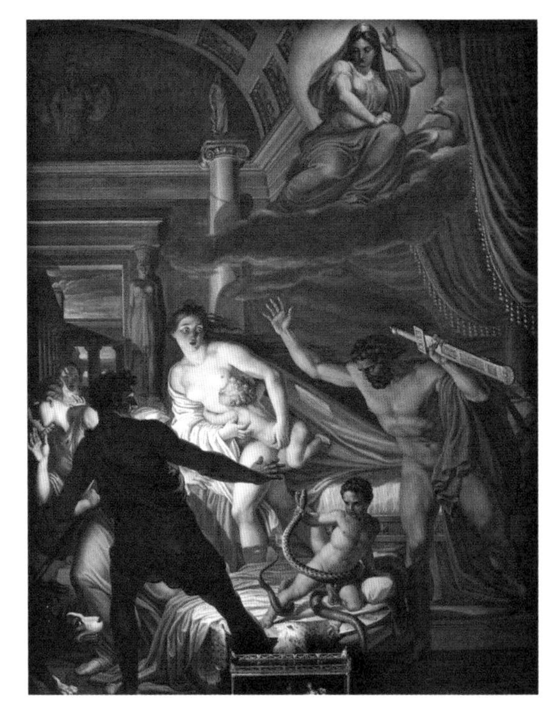

杀死涅墨亚食人狮之后，赫刺克勒斯回到迈锡尼向国王复命。国王本以为能通过这项艰巨任务除掉他，而今英雄不但没有死，还杀死了让人闻风丧胆的猛狮。国王对他又恨又怕，便不停歇地又给英雄吩咐了第二项任务。

赫刺克勒斯的第二项任务是杀死生活在

➢ 图 3-45 Hercules slaying the Hydra

勒耳那沼泽的九头蛇怪许德拉。这蛇怪是怪物堤丰和女蛇妖厄喀德娜的后代，它凶猛可怕，身有剧毒，凡被其咬伤者无论人神皆无药可救。更可怕的是，这蛇有着九颗头，即使被砍下来也能再长出新的，最中间的那颗头更是杀不死的。因此虽有不少英雄扬言要除掉这怪物，但却都有去无回，命丧这片沼泽中。赫剌克勒斯早就听闻这条蛇妖难对付，便带上英雄伊俄拉俄斯一同前往。他们先放火使蛇妖出洞，待到可怕的许德拉蛇妖“嘶嘶”地来到他们面前时，英雄挥起大棒使劲地砸蛇妖的头。但每打碎一颗马上又有新的头颅长出来，这使他们空费九牛二虎之力，却仍不能奈之何。为了不让这些蛇头再长出来，英雄伊俄拉俄斯用点燃的树枝当火把灼烧蛇妖断头后的伤口处，使伤口迅速干掉，不能立即长出新的脑袋。他们终于一颗一颗地砍下九颗蛇头，因为最中间的一颗头是不死的，赫剌克勒斯便迅速将其埋在路边，压在一块巨石的下面。

话说天后赫拉本想用九头蛇来杀死这位英雄，没想到英雄在战斗中占了上风。天后便派出一只巨蟹去支援蛇怪，这只巨蟹偷袭了战斗中的英雄，并紧紧钳住了英雄的脚。赫剌克勒斯被钳得生疼，盛怒之下一脚踩碎了这只巨蟹。后来，天后将这只巨蟹的形象置于夜空中，便有了巨蟹座。和巨蟹一起升入夜空中的还有这条蛇怪的形象，这个形象变成了夜空中的长蛇座 Hydra。

杀死许德拉之后，赫剌克勒斯将箭镞浸泡在蛇妖的毒血之中，从此为这毒箭所伤者都会立刻丧命。后来当英雄活捉埃里曼托斯山野猪后，[1]路过半人马族寓居的珀利翁山，在那里受到好客的福罗斯热情款待。这位朋友拿出了酒神赠给自己的佳酿款待英雄，不料这酒香飘散在附近的山林中，招来了一群嗜酒如命的半人马。这群伊克西翁的

①即赫剌克勒斯的第三项任务。

后代[1]竟无耻地冲进福洛斯家中抢夺美酒，赫剌克勒斯便同这群半人马打了起来。英雄拔出他的弓箭奋力追杀这群可恶的家伙，人马们仓皇逃窜，一些逃至喀戎的家里。喀戎听见了惊慌的求救声与奔跑声，便出去想看个究竟，却只见赫剌克勒斯的一支箭矢飞来，射在了自己的腿上。因为失手射中了自己的导师，赫剌克勒斯非常懊悔，但事情已经无法挽回，因为箭矢上涂着来自九头蛇血液的剧毒，这毒无药能解，喀戎虽有不死之身却不得不一直忍受剧毒发作的痛苦。后来，喀戎自愿牺牲自己的生命以换得普罗米修斯的自由。喀戎的伟大形象被置于夜空之中，于是就有了人马座和半人马座。

[1] 半人马族人都为伊克西翁的后代，除了著名的导师喀戎外。

➢ 图 3-46 Prometheus chained

九头水蛇许德拉的名字 Hydra 一词来自希腊语的 ὕδρα ‘水蛇’。这个词是阴性的，对应的阳性形式是 ὕδωρ，因此有了水蛇座 Hydrus。为了区分 Hydrus 与 Hydra，后者被译为“长蛇座”。需要说明的一点是，Hydrus 与 Hydra 从本质来讲都是‘水蛇’，只是雌雄概念不同而已，长蛇 Hydra 并没有“长”的特点。

希腊语的 ὕδωρ 衍生出了英语中的：水生生物 hydrobiont【水中生命】、水生生物学 hydrobiology【水生生物学】水生植物 hydrophyte【水中植物】、水文地理学 hydrography【河流之描述】、水文学 hydrology【河流之研究】、水文测验学 hydrometry【水测定】、水圈 hydrosphere【水圈】、亲水的 hydrophilous【喜欢水】；还有狂犬病 hydrophobia【惧水症】、氢 hydrogen【生成水】、水血症 hydremia【水血病】、水翼船 hydrofoil【水翅膀】。水解 hydrolysis，对比电解 electrolysis、热解 pyrolysis。脱水 anhydrate 或 dehydrate，两者字面意思都表示【除去水】，于是就有了脱水酶 anhydrase 或 dehydrase。[2]

[2] 这告诉我们后缀-ase常被用来表示“酶”的概念，比如：水解酶hydrolase、淀粉酶diastase、乳糖酶lactase、发酵酶zymase、聚合酶polymerase、异构酶isomerase、裂合酶lyase、连接酶ligase。

ὕδωρ 的属格为 ὕδᾰτος，词基为 ὕδᾰτ-，于是就有了英语中的：排水器 hydathode【水之出口】、水状液 hydatoid【水状物】，以及虫囊

hydatid【如水泡般】，后者又衍生出了包虫病 hydatidosis【虫囊之病】、棘球囊切开术 hydatidostomy【囊之切开】、棘球囊尿 hydatiduria【囊尿】。

水螅有很多触角，并能分裂衍生，这一点和水怪许德拉能生出新脑袋一样非常相似，因此水螅也被称为 hydra。相似的道理，在生物学动植物的种属术语命名中，有大量的名称都来自于希腊神话中的人物名称，这些动植物一般都有着与对应神话人物类似的特点。比如：墨杜萨 Medusa 为神话中的蛇发妖女，而水母的头部下有很多蛇状的触手，这一点与传说中的蛇发妖女非常相像，于是便将水母称为 Medusa；阿剌克涅 Arachne 是一位善于纺织的少女，因触犯女神雅典娜，被女神变为蜘蛛，因此蜘蛛被命名为 arachnid，蛛形纲学名为 Arachnida；半人马智者喀戎最早发现矢车菊的药用价值，并用其来治病，因此矢车菊被命名为 centaury，学名为 Centaurae；刻托斯 Cetus 为传说中体型巨大的海怪，后人认为其原型为鲸鱼，因此鲸类被命名为 Cetacea；埃阿斯 Aias 在争夺英雄阿喀琉斯的遗物时败给了奥德修斯，羞愧之下拔剑自刎，他流出的血染在了飞燕草上，人们便用 Aias 来命名这种植物……

同时我们应该看到，用神话人物来命名生物虽然极富有诗意，但各个学者自发地、盲目地使用神话人物对生物进行想象命名，会使得一些名称的来历让人摸不到头脑，除非其命名者给了我们解释。正如埃德蒙·耶格在他的著作《生物名称和生物学术语的词源》中所说：

神话名称不好，不但因为它在其他门纲中使用得太滥，以致有已被占用的可能，也因为它的用意不明确。提出的解释，往往显得很不恰当，但是找出这些不恰当的解释来也很不容易，这可以举例说明。有一属猴子名叫 Diana，似乎是因为其模式种的额上有一条白色的斑纹或线条，通过想象，很像 Diana 的银弓。还有，Idomeneus 是克里特国王的名字，如果你想不起下面的历史故事，你就会觉得不能用来做啮齿动物的一属的名称：原来在特洛亚战争中 Idomeneus 曾和 Meriones 共同对敌作战；Meriones 久已用来称呼啮齿动物之一属，因此就有人想到用他的战友 Idomeneus 的名字来称呼同一群的亚属……

3.21 天箭座　普罗米修斯的解放

很久以前，当天王宙斯与天后赫拉结婚时，地母该亚送给新娘一棵枝叶茂盛的苹果树，上面结满了金灿灿的苹果。赫拉将这树种在大地最西边界的极西园里，并派三位黄昏仙女照料。即便如此，天后仍担心会有人盗取这树上的果子，于是她派一只百首巨龙看守着这棵树，这龙从不睡觉，走动时总是发出震耳欲聋的响声，并且它的一百张嘴会发出一百种不同的声音。

赫剌克勒斯的十二项任务中，最劳苦奔波的应属取金苹果了。起初，世间并没人知道这传说中的苹果园在哪里，于是英雄只能在全世界漫无目的地寻找，希望能打听到任何关于金苹果的有用消息。后来他听说忒萨利亚地区的伊俄尔科斯国广发英雄帖，号召全希腊勇士们一起去参加那个时代最伟大的航海探险，这位英雄便毫不犹豫地报名参加，并与众英雄一路向东航行。出发时他还带上了自己喜爱的美少年许拉斯，这次航海探险就是后来名扬四海的阿耳戈号探险。众英雄都久闻赫剌克勒斯大名，纷纷推举他做首领，但被赫剌克勒斯婉言拒绝，因为自己使命在身，很可能会在中途离开船队。果不其然。一次，船停靠在一座孤岛边，许拉斯只身去岛屿深处汲水，湖中的水泽仙女被少年出众的样貌所吸引，便把他留在了岛上。赫剌克勒斯坚持要找回许拉斯，便不得不跟众英雄们分道扬镳。他在山林中大声呼喊许拉斯的名字，到处寻找却未能寻及，只好继续赶路。后来他得到神示，说海中老人涅柔斯知晓世间一切，便去拜访这位年迈的海神。老海神本不愿意向这位凡人泄露天机，怎奈这英雄如此健硕，抓住自己后就一直不曾放手，纵

图 3-47　Jupiter and Prometheus

➤ 图 3-48 Heracles breaking the chains of Prometheus

然自己变为水火变为猛兽变为可怕的怪物都无法脱身。老海神终于屈服了，他向这位英雄透露说，传说中金苹果园位于世界极西，在那里由黄昏三仙女和巨龙拉冬看守着。英雄继续前行，又来到了荒无人烟的斯库提亚，在那里他遇到了被囚锁在高加索山上的盗火神普罗米修斯。

普罗米修斯的故事是这样的：

普罗米修斯的父亲是十二位提坦神中的冲击之神伊阿珀托斯，这位提坦神有四个儿子，分别为阿特拉斯、墨诺提俄斯、普罗米修斯和厄毗米修斯。在第二代神系统治世界的时代，伊阿珀托斯是提坦神族中仅次于神王克洛诺斯的二号头目，他的儿子也都是提坦后辈中数一数二的人物。后来奥林波斯神族兴起，新一代的奥林波斯神族和老一辈的提坦神族之间爆发了旷日持久的战争，这战争以提坦神族的战败而收场。战争结束后，提坦神主们被打入地狱深渊之中，他们的后代也纷纷遭到奥林波斯神的迫害。伊阿珀托斯的四个儿子中，长子阿特拉斯被罚至世界极西背负沉重的苍穹，次子墨诺提俄斯被打入地狱深渊。老三普罗米修斯早就预见提坦神会败北，便带着老四厄毗米修斯投奔了奥林波斯阵营。聪明的普罗米修斯还为宙斯出谋划策，帮助他取得了最终的胜利。

然而新掌权的天王宙斯并不信任这位提坦后裔，反而对这位有功之臣非常刻薄，事事都要限制他，要除掉他以免后患。是时人类刚刚兴起，愚昧不堪，普罗米修斯是众神中最偏爱人类的一位，他教会人类各种神圣的知识，教导人们如何观察日月星辰，如何种植和饲养，如何造船和航行，以及挖矿、农耕、占卜、预言……然而人类的兴起却引起天神宙斯的不快。为限制人类势力继续发展壮大，宙斯剥夺了他们使用火的权力。人类在凄冷的黑夜中得不到温暖，黑暗中无法驱逐凶残的野兽，每当黑暗降临，死亡的阴影便笼罩了这个卑微而弱小的种族。普罗米修斯为了一直钟爱的人类，不惜违背宙斯的命令偷偷从太阳车上盗取火种，带给了下界的人类。有了火种，人类从此得到了光明、温暖，也结束了茹毛饮血的野蛮习俗。然而普罗米修斯却因盗火而被宙斯惩处。宙斯命强力之神与暴力女神将他囚锁在高加索山上，下临万丈深渊。这位盗火神被直挺挺地吊在峭壁上，无法入睡，无法弯曲一下疲惫的双膝。更残忍的是，宙斯每天会派一只鹰鹫啄食他的肝脏，而这肝脏第二天又会再长出来，普罗米修斯日复一日地承受着这残酷的折磨，痛苦不堪，这种痛苦他一直忍受了三万年。被啄食的伤口流出的血滴滴落在大地上，这血中长出了一种药草，美狄亚曾用这种药草制成魔膏为伊阿宋涂抹全身，使得他在制服铜牛时刀枪不入，面对两头喷火的铜牛毫发无伤。

赫剌克勒斯早就听说过这位盗火神的事迹，心中对普罗米修斯充满敬佩。如今看到这位神明受难的样子更是于心不忍，他弯弓搭箭，射杀了那只啄食普罗米修斯的鹰鹫。英雄打算将这受难的神明救赎出来，但宙斯曾经起誓要永远囚禁这位将火种偷给人类的提坦后裔，没有人敢违背天王的旨意。后来，受尽剧毒箭伤折磨的半人马智者喀戎自愿放弃不死之身，代替这位盗火神被锁在高加索的悬崖上，换取普罗米修斯的自由。即使如此，普罗米修斯仍不得不永远戴着一只囚环，这环上镶着一块高加索山上的石子，这样宙斯就可以向所有人宣布他的仇敌依旧被锁在高加索的悬崖上。[1]

据说这只被赫剌克勒斯射死的鹰鹫的形象变为了夜空中的天鹰座。而赫剌克勒斯用来射杀天鹰的箭矢则成为了天箭座 Sagitta。

且说盗火神为感谢英雄的解救之恩，作为报答他告诉英雄该如何找到种植着金苹果的极西园，并为他出谋划策，建议英雄去找在大地西极背负苍天的大神阿特拉斯，说服这位扛天神去帮英雄取金苹果。毕竟看守金苹果的三位黄昏仙女乃是阿特拉斯的女儿，这样也能避免英雄与巨龙[2]拉冬之间的恶战。英雄采纳了这个建议，他从世界的极东走到世界的极西，在那里找到了背负苍穹的扛天巨神阿特拉斯。英雄向这位大神表明了来意，阿特拉斯也答应帮英雄取金苹果，但赫剌克勒斯必须在这一段时间内替他扛着苍穹，于是英雄毫不怠慢地把沉

①为了获得自由，普罗米修斯不得不戴着一只用镣铁和山上岩石所做成的小环。人类为纪念恩人受难，从此开始佩戴指环。

②这个巨龙拉冬则成为了夜空中的天龙座。当然，也有说法认为天龙座源于守卫着金羊毛的科尔基龙。

重的苍穹扛在自己结实的肩膀上。不久阿特拉斯战胜巨龙并带回了金苹果，但是尝到自由滋味的大神却不愿再承担扛天的重负，借故想离开并永不回来。赫刺克勒斯想出了一条计谋，说让阿特拉斯先帮忙扛着，自己找一个垫肩后就很快回来。阿特拉斯果然中计，英雄则捡起地上的金苹果，一溜烟跑得无影无踪。

天箭座的名字 sagitta 意为‘箭矢’，其衍生出 sagittarius【射箭者】，后者也被用来表示“人马座”。sagitta 表示‘箭矢’，对应的形容词为 sagittalis‘箭矢的、箭状的’，英语中转写为 sagittal。中世纪时，阿拉伯天文学家继承了希腊罗马的天文成就，将这个星座意译为 al-sham【箭矢】，后者演变出 Sham 一词，现在被用来称呼天箭座中的头号亮星。

拉丁语的 sagittarius‘射箭者’一词由 sagitta‘弓箭’衍生而来。这让人想起英语中表示射手的 archer，这个词由拉丁语的 arcus‘弓’衍生而来，字面意思是【持弓的人】。arcus 还与英语中表示“箭矢”的 arrow 同源，后者可以理解为【从属于弓】。所谓弧形 arc 其实指的就是【弓形状】，拱形 arch、拱廊 arcade 哪个不是如弓一样弯曲着呢？

另外，sagitta 一词在几何中还被用来指圆弧的深度，一般使用其首字母 s 表示这个符号。这个深度多像弓（或者称为“弧”arc）上面的箭矢啊！

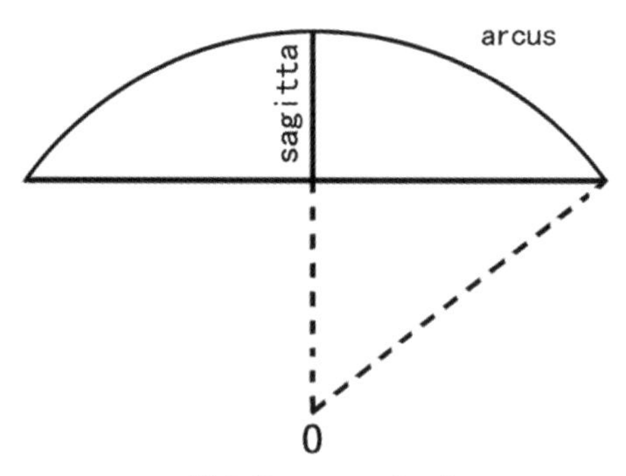

图 3-49　arcus and sagitta

3.22 天鹰座 神的信使

很久很久以前，普罗米修斯为了地上卑微的人类从天界盗取火种，天王宙斯迁怒于他，将他囚锁在大地尽头的斯库提亚。在这渺无人烟的荒漠之中，有一座名叫高加索的大山，盗火神被钉在这高峻陡峭的山崖绝壁之上，任寒风呼啸、烈日暴晒、雨雪拍打，忍受着万年不息的折磨。宙斯还派出一只鹰鹫，每天去啄食盗火神的肝脏，使他日日痛苦不堪，生不如死。这痛苦他承受了三万年之久，直到大英雄赫剌克勒斯来到这个蛮荒之地，搭箭射死了这只鹰鹫，普罗米修斯终获解救。这被射死的鹰乃是宙斯的圣宠之一。后来宙斯将这鹰的形象置于夜空之中，就有了天鹰座。古希腊人将这个星座称为 Διός Ἀετός‘宙斯之鹰’，或者简称为 Ἀετός‘鹰’，罗马人将其意译为拉丁语中对应的 Aquila‘鹰’，因为是天上的星座，中文也译为“天鹰座”。

也有人说天鹰座本是宙斯派去人间拐走特洛亚王子伽倪墨得斯的雄鹰。后来这王子成为宙斯的贴身侍童，并在青春女神赫柏出嫁之

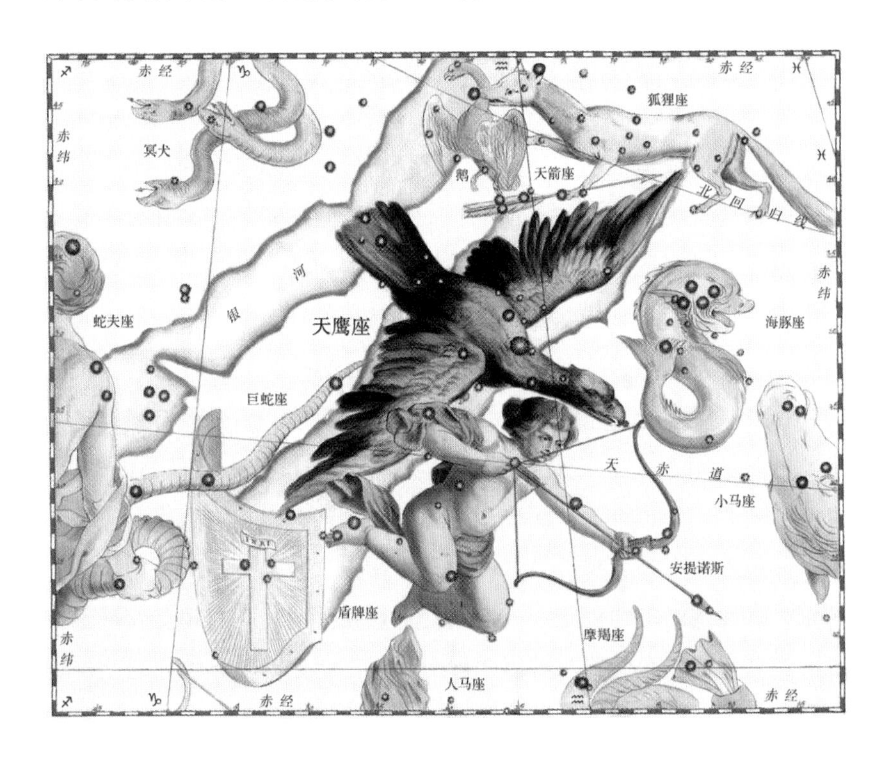

图 3-50 天鹰座

后接替她成为众神宴会上的斟水人，王子的形象成为了夜空中的宝瓶座。宙斯为弥补国王失去爱子之痛，送给国王两匹神马，据说宝瓶座头顶的飞马座和小马座就来自这神马的形象。

不管是两种说法中的哪一种，这只鹰都是天王宙斯的那只圣宠。在希腊神话中，主要神明大多有其圣物、圣鸟，佑护城市。比如：

表3–3　神明与其佑邦、圣物

神职	神名	佑护城邦	城邦译名	圣宠	标志植物
天神	宙斯	Dodona	多多纳	雄鹰、公牛	橡树
天后	赫拉	Argos	阿耳戈斯	孔雀	苹果
海神	波塞冬	Poseidonia	波塞多尼亚	马	松树
农神	得墨忒耳	Eleusis	厄琉西斯	猪	谷物
智慧女神	雅典娜	Athens	雅典	猫头鹰	橄榄
太阳神	阿波罗	Delphi	德尔斐	渡鸦	月桂
月亮女神	阿耳忒弥斯	Brauron	布饶戎	鹿	柏树
战神	阿瑞斯	Sparta	斯巴达	秃鹫	
爱神	阿佛洛狄忒	Cyprus	塞浦路斯	白鸽	玫瑰
火神	赫淮斯托斯	Lemnus	利姆诺斯	鹌鹑	茴香
神使	赫耳墨斯	Hermopolis	赫尔摩坡利斯	龟	芦苇
酒神	狄俄倪索斯	Naxos	那克索斯岛	山羊	葡萄枝

在神话学中，所谓的圣宠（也叫圣物）一般指某神祇的事物象征，包括象征该神祇的动物、鸟类、植物等。这些圣宠的故事一般也都在神话传说中有所表现。比如：天神宙斯的圣宠是雄鹰和公牛，宙斯曾经变为雄鹰抢走了特洛亚王子伽倪墨得斯和宁芙仙子埃癸娜，曾经变成公牛拐走了腓尼基公主欧罗巴。赫拉的圣宠为孔雀，孔雀乃是鸟中王后，正好与天后赫拉身份一致；天后赫拉曾经将卫士阿耳戈斯的一百只眼睛都摘下来，装在自己宠鸟的羽毛上，于是就有了孔雀羽毛上的眼状图案。海王波塞冬的圣宠为马，他被认为是马的创造者，海浪涌动亦如千军万马，而他也是飞马珀伽索斯、神驹阿里翁等著名马匹的祖先。丰收女神得墨忒耳司掌谷物丰收，是关系到人们饮食的神祇，因此她的圣物也是和人们饮食息息相关的猪类。智慧女神雅典娜的宠鸟为猫头鹰，猫头鹰因明眸而著称，就如同雅典娜那通晓一切的智慧一般[1]。阿波罗的宠鸟为渡鸦，在堤丰偷袭众神的宴会上，阿

[1] 猫头鹰在希腊语中称为γλαῦξ【明亮】，因为它有着明亮的眼睛，能够在黑夜中看清楚事物。而荷马在两部史诗上也称雅典娜女神为γλαυκῶπις Ἀθήνη【明眸的雅典娜】。猫头鹰是智慧女神雅典娜的宠物，因此这种动物变成了智慧的象征。

波罗就变身为渡鸦逃生；他还曾经派这渡鸦监视自己的恋人，在祭祀时命这只渡鸦去河边取水。阿耳忒弥斯也是狩猎女神，鹿是非常重要的一种猎物；据说阿克泰翁无意间看到沐浴中的狩猎女神后，就被女神诅咒变为了麋鹿。战神阿瑞斯的宠物为秃鹫，战神酷爱厮杀，而食尸的秃鹫无疑是战争死亡的最好象征了。爱神阿佛洛狄忒的宠鸟为白鸽[1]，当英雄埃涅阿斯寻找金枝时，爱神曾遣白鸽为他带路，终于让他找到了进入冥界的信物。神使赫耳墨斯的圣宠是乌龟，他在年幼的时候曾经捉住一只乌龟，挖去了壳里的肉，用龟壳发明制作了七弦琴。酒神狄俄倪索斯的追随者中有不少是有着山羊形象的萨堤洛斯，因此他的圣宠也是山羊，纪念酒神而产生的悲剧也因此被称为 tragedy【山羊之歌】。

[1] 爱与美之女神阿佛洛狄忒的标志是白鸽。白鸽在英语中称为dove，德芙Dove巧克力显然是借用了白鸽为爱神象征的这一蕴意，而女性品牌多芬Dove无疑也暗示着对美的追求。

在神灵的佑护城邦，人们往往将该神当做最主要的神灵祭祀，这些地方一般都为其保护神建造了非常雄伟的殿堂，比如多多纳的宙斯神殿、雅典卫城的帕特农神殿、德尔斐的阿波罗神庙、布饶戎的阿耳忒弥斯圣所、那克索斯的酒神神殿、塞浦路斯的阿佛洛狄忒神殿。

天后赫拉的诞生地在阿耳戈斯，因此她成为这里的保护神；得墨忒耳的女儿珀耳塞福涅在厄琉西斯被冥王带入冥界，从此人们在这里建立了神秘的厄琉西斯秘仪，而厄琉西斯也成为了得墨忒耳的佑护之地；斯巴达人好战，因此好战的阿瑞斯成了这里的守护神；火神赫淮斯托斯曾从天界坠落，跌落在利姆诺斯，他在这里建造工坊，也在这里受到广泛崇拜；波塞多尼亚城市的名字来自海王波塞冬，赫尔摩坡利斯的名字来自于神使赫耳墨斯。

在世界各地的神话中，老鹰经常作为主神的信使和象征，这在希腊神话中更是表现得淋漓尽致——宙斯的宠鸟和标志就是翱翔于天空中的老鹰。世界各地神话中大都有着类似的情形，这不禁让人好奇，主神与老鹰到底有着什么样的联系呢？古人多认为神族居于天上，而鸟儿也在天空中飞翔，于是人们将这些飞翔在天空的鸟类与神祇联系起来[2]，并把这些飞鸟当成诸神与人类之间的媒介。另一方面，老鹰因其强大与凶猛被人们认为是鸟中之王，凡鸟都不敢与其抗争，既然鸟类被用来象征天界的诸神，于是众鸟之王便成为众神之王的象征。天空中的鹰为天王宙斯的象征，在神话中经常被主神委派去执行使

[2] 古人很自然地将在天空中飞翔的鸟类与居住在天空中的神灵联系起来，所以那时人们使用鸟占以获知神意。人们认为鸟类最懂得神的旨意，神话故事中能听得懂鸟语的人总会知道即将发生的事情（即神意），很多先知能听得懂鸟类交谈也是类似的道理。英语中的占卜auspice就源自拉丁语的auspex，字面意思为【观鸟】。

➢ 图 3-51　Aegina and Zeus

命，有的版本中则表现为宙斯自己也变为鹰。这只鹰曾经攫走特洛亚的美少年伽倪墨得斯、河神阿索波斯的小女儿埃癸娜，宙斯还派这鹰去啄食普罗米修斯的肝脏，在提坦之战中这鹰也曾高翔在天空中下达战斗的命令……

拉丁语的 aquila 和希腊语的 ἀετός 同源，都源自印欧语中的 *awi-‘鸟、水鸟’，后者演变为拉丁语的 avis‘鸟’，进而有了英语中的：鸟类的 avian【鸟的】、鸟舍 aviary【养鸟之处】、养禽业 aviculture【养鸟】、航空 aviation【鸟之飞行】、飞行员 aviator【飞行者】、鸟卜者 auspex【观鸟】、有前途的 auspicious【预言的】。*awi- 的后缀形式 *awi-etos 演变为希腊语的 ἀετός，而另一种后缀形式 *awi-la 则演变为拉丁语的 aquila。aquila 一词进入法语中变为 egle，后者演变出英语中的老鹰 eagle。因此也有了小鹰 eaglet，对比小猪 piglet。意大利城市拉奎拉 L'Aquila 本意就是“老鹰”。在生物学中，鹰类的学名也是 aquila。

一般认为，印欧语的 *awi-‘鸟、水鸟’来自表示‘水’的 *akʷā，后者演变为拉丁语的 aqua 和古英语的 ēa。ēa‘水’则衍生出了古英语的 ēaland【水中之陆】，后者演变为现代英语的岛屿 island。aqua 衍生出了：水绿色 aqua【水色】、水族馆 aquarium【储水之器】、宝瓶座 Aquarius【斟水人】、蓝晶 aquamarine【海水蓝】。

3.23 半人马座 肯陶洛斯家族

在神话中，有一个非常怪异的种族，这个种族的成员们有着双臂和四蹄，他们上半身为人形，下半身却为马。他们居住在忒萨利亚珀利翁山的丛林中，天性野蛮暴躁，以生肉为食，且嗜酒如命。这个怪物种族被称为肯陶洛斯族，因其成员半人半马，也称为半人马。半人马族的起源是这样的：

忒萨利亚地区有个叫拉庇泰的古老民族，这里曾出过一位阴险狡猾、贪财好色还不守信用的国王，名叫伊克西翁。伊克西翁为娶邻国一位美丽公主，许诺给予国王厚重聘礼。事后他却百般抵赖，还将老岳父推入火坑中烧死。后来他的罪行败露，伊克西翁遭到国人的一致谴责和驱逐，从此这原本高高在上的国王成为沦落街头受人唾弃的乞儿，这使他陷入疯狂。宙斯怜悯他并治好了他的疯病，还将他带到诸神的宴会上一同享用琼浆玉液，岂料这卑鄙的伊克西翁居然对天后赫拉起了淫心。宙斯虽看在眼里，但他不相信一个凡人居然胆敢做出这样违逆天理的事情，便将云之仙女涅斐勒变成赫拉的形象带到伊克西翁面前。当他看到这家伙居然对“赫拉”下毒手时怒不可遏，用闪

➢ 图 3-52 The battle of the Centaurs and Lapithae

电将这不知廉耻的坏蛋给劈死了。[1]云之仙女涅斐勒怀孕后生下了半人半马的怪物，取名为肯陶洛斯。肯陶洛斯的后代繁衍壮大，成为半人马族，故半人马族也被称为肯陶洛斯家族。这些怪物们个个性情暴躁、野蛮好色、嗜酒如命，完全继承了伊克西翁的恶劣本性。

①伊克西翁死后被打入地狱幽冥中，并缚在一个永远燃烧和转动的轮子上，让这急速旋转的火轮永远折磨、撕扯着他的躯体。据说这个转动的轮子形象成为了夜空中的南冕座。另一种说法认为南冕座来自于酒神狄俄倪索斯为其母塞墨勒编织的头冠。

半人马中有一位与众不同的人物，虽然常被人们归为肯陶洛斯人，但事实上却并非伊克西翁后裔，这人就是智者喀戎。喀戎乃提坦神首领克洛诺斯与大洋仙女菲吕拉结合所生，因此有着古老神族的优秀血统与高贵基因。虽然形态相同，喀戎却与其他半人马有着极大的差别：他性情和善、富有智慧、学识渊博、与人友好，并精通音乐、医药、射箭、武艺、预言等各项技艺。他在珀利翁山的一个山洞中开堂授学，各地的国王贵族都纷纷送自己的孩子来跟他学艺。不少知名英雄都是他一手培养出来的，比较著名的有：

大英雄赫剌克勒斯，他因完成十二项伟大功绩而为人们所敬仰，他的形象成为了夜空中的武仙座；而被他征服的怪兽中食人狮、九头蛇、巨蟹、鹰鹫则分别成为夜空中的狮子座、长蛇座、巨蟹座和天鹰座。发起阿耳戈号航海探取金羊毛的英雄伊阿宋，这艘伟大的航船形象变为了夜空中的南船座，而拥有金羊毛的牡羊则成为夜空中的白羊座。医神阿斯克勒庇俄斯，他手持大蛇的形象成为了夜空中的蛇夫座，这条大蛇则成为了巨蛇座。青年猎手阿克泰翁，他曾无意中闯入狩猎女神阿耳忒弥斯的圣林中并看到沐浴中的女神，阿耳忒弥斯将他变成一只麋鹿，阿克泰翁后来被自己的猎犬当成猎物咬死；这只猎犬成为了夜空中的小犬座。雅典明君忒修斯，他在克里特公主阿里阿德涅的帮助下，杀死了牛怪弥诺陶洛斯，却背弃对公主的海誓山盟将她扔在那克索斯岛上；酒神狄俄倪索斯爱上了她，为她编织了一只花环戴在头上，这个花环成为了夜空中的北冕座；狄俄倪索斯还为母亲塞墨勒编织了一个花环，这花环成为了夜空中的南冕座。还有英雄珀琉斯、忒拉蒙两兄弟，珀琉斯的儿子阿喀琉斯后来参加了特洛亚战争，并成为那个时代最伟大的英雄。特洛亚战场上的英雄埃阿斯、帕特罗克勒斯等也都是这位老师的学生。

喀戎还是最早发明医术的人。他发现了矢车菊的药用价值，并用它治病，因此矢车菊被命名为 centaury【肯陶洛斯的】，学名为 Centaurae，以纪念这位肯陶洛斯家族的智者。他还最早发明了外科手术，因此外科手术被称为 chirurgeon【喀戎的操作】，手术 surgery 一词就由此演变而来；他培养出了阿斯克勒庇俄斯，这学生医术极其精湛，以至于被人们尊称为医神。

喀戎有一个女儿，名叫恩得伊斯，恩得伊斯和埃伊那岛上的埃阿科斯王相爱，并为国王生下了英雄珀琉斯。后来当珀琉斯来跟喀戎学艺时，无疑是深受这外公喜爱的。喀戎还为这外孙谋得了一个非常好的婚姻。话说宙斯因为一则可怕的预言，不得不抛弃最心爱的海中仙女忒提斯，因为这预言说仙女忒提斯所生的孩子要远远强大于孩子的父亲。喀戎在得知这消息后，鼓励爱徒珀琉斯去追求这位美丽动人的仙女，他还嘱咐珀琉斯要是抓住了仙女，无论仙女变成什么形象都不能松手。珀琉斯按照外公的指点来到海边，在仙女经常出没的岩洞附近隐藏着，他一连守候了好几天，一天晚上仙女终于出现了。珀琉斯看准时机，一把抓住了她。惊慌中的仙女想要逃走，她变成火灼烧英雄，之后又变成水、变成野兽、变成各种各样可怕的事物，珀琉斯却

图 3-53　半人马座

一直紧紧抓着她一点都不肯松手，无奈的仙女只好变回原形。她也开始为这位执着的小伙子心动了，后来竟甘心下嫁给这个凡间英雄。英雄珀琉斯和仙女忒提斯在珀利翁山上举行了婚礼，[①]神界的大腕名流也都来参加婚宴并送来贺礼，气氛好不热闹。不和女神厄里斯因未接到邀请心生妒念，在会场上扔下了一枚金苹果，并说要把这苹果送给最美的那位女仙。而这枚金苹果则为后来的特洛亚战争埋下了祸根。[②]忒提斯生下了阿喀琉斯，不久珀琉斯报名参加了阿耳戈号探险，他将孩子交托给恩师喀戎，在喀戎的培育下，阿喀琉斯终于成为后来名扬天下的大英雄。

后来赫剌克勒斯在无意间用毒箭射伤了喀戎，箭上的剧毒天天折磨着他，使他无比痛苦，为摆脱痛苦，他愿以不死之身换来普罗米修斯的自由。诸神被他的人格所感动，将喀戎升入夜空变为了半人马座Centaurus，而他射箭的形象也成为了夜空中的人马座。

肯陶洛斯人上身为人、下身为马，远远望去很容易让人想到一位骑手御马的形象。毕竟从远处看，骑手和胯下的马匹如同是一体的，这似乎是对半人马这一种族来历很好的解释。法比乌斯[③]在《神话学》一书中提到，拉庇泰国王伊克西翁是希腊最早武装御马者队伍的人。这似乎暗示了伊克西翁被当作半人马人祖先的来源。在那个神话中的年代，显然是不存在骑兵的，因此这些御马之士并不用于打仗。那武装这些御马者做什么呢？在神话中，我们常常读到一些富裕的国王拥有众多的牛羊，牲畜特别是牛往往被当做国王财富的象征，类似的道理，英语中表示钱财的 fee、pecuniary[④]等都源于表示‘牛’的词汇。国王养马兵，很可能是为了让他们为自己放牧更多的牛羊。而肯陶洛斯人的名字 Centaur 也似乎在暗示这一点，这个词在希腊语中作κένταυρος，后者由 κεντέω‘驱策、驱刺’与 ταῦρος‘牛’组合而成，字面意思是【驱策牧牛】。

ταῦρος 一词意为‘牛’，从而有了金牛座 Taurus，著名的怪物弥诺陶洛斯 Minotaur 乃是【弥诺斯之牛】。金牛座的人被称为 Taurian，还有金牛座流星雨 the Taurids，对比狮子座流星雨 the Leonids、双子座流星雨 the Geminids、宝瓶座流星雨 the Aquarids、室女座流星

①珀里翁山的名字Pelion就来自英雄珀琉斯Peleus，这座山名字面意思即【珀琉斯之山】。

②宴会上天后赫拉、爱神阿佛洛狄忒、智慧女神雅典娜互不相让，都想拥有这最美女神的称号，便开始争抢起来，她们让诸神评判谁最美丽。众神都不敢得罪其中任何一位，包括宙斯，宙斯推荐三位女神去特洛亚城找到年轻的帕里斯裁决。帕里斯将金苹果判给爱神阿佛洛狄忒，因为爱神答应让他得到世界上最美的女人。后来帕里斯爱上了美女海伦，并将其掠回特洛亚城，从而引发特洛亚战争。

③法比乌斯（Fabius Fulgentius），生活在五世纪到六世纪之间的晚期拉丁语作家，著名的神话学家。

④fee一词由古英语的feoh‘牛’演变而来，而pecuniary源自拉丁语中的‘钱财’pecunia，后者是由pecus‘牛’衍生出的词汇。

雨 the Virginids、摩羯座流星雨 the Capricornids、英仙座流星雨 the Perseids、猎户座流星雨 the Orionids、牧夫座流星雨 the Bootids、天鹅座流星雨 the Cygnids、御夫座流星雨 the Aurigids 等。

κεντέω 表示‘驱策’，其本意为‘刺、尖刺’，于是赶牛用的刺棒被称为 centrum【有着尖刺的器具】，英语中的刺穿术 paracentesis【刺透】就由此而来。κεντέω 衍生出希腊语名词‘尖点、锋利处’κέντρον【刺的工具】，后者演变出英语中的 center。还衍生出英语中的：偏心圆 eccentric【偏离中心】、离心 centrifugal【逃离中心】、专注 concentration【汇集于中心】、中立派 centrist【中间主义者】、地震震心 epicenter【中心点】、细胞中心粒 centriole【中心的颗粒】；细胞中的中心体为 centrosome，对比染色体 chromosome、核糖体 ribosome、溶酶体 lysosome。

牛仔形象似乎也很大程度上继承了这种牧牛方式，他们骑着马用刺棒驱策牛群，所以牛仔以前也被称作 cowpoke【刺牛者】。骑在马背上用一根长长的刺棒来驱策牛群，是早先最普遍的一种赶牛方式，在古时候非常流行。而半人马的形象也来自于一位牧牛骑手的形象，这也非常好地印证了肯陶洛斯一词 Centaur 起源于【用刺棒驱赶牛】的说法。

3.24 豺狼座　危险的野兽

在托勒密所列出的 48 个星座中，半人马座与豺狼座、天坛座是联系在一起的，半人马座被描绘为扛着猎物献祭神灵的样子，他所扛的猎物就是豺狼座，而献祭的祭坛正是天坛座。事实上，豺狼座形象最初并不是直接指狼，托勒密将这个星座称为 θηρίον‘小野兽’，后来的罗马人将其名改译 Lupus‘狼’，中文意译为豺狼座。半人马献祭豺狼的祭坛就是天坛座 Ara，该星座的全称为 Ara Centauri【半人马之祭坛】。

古希腊人将这个星座称为 θηρίον‘小野兽’，该词在形式上为 θήρ‘野兽’的指小词①。‘野兽’θήρ 一词衍生出了英语中的：豹 panther【all beast】②、糖蜜 treacle【来自野物】、大地懒 megathere【大兽】、兽医学 theriatrics【野兽治疗】、哺乳动物学 theriology【兽类之研究】、古兽齿类 Theriodont【兽齿】、雷兽 titanothere【巨型野兽】；在生物种属中，哺乳纲中的兽亚纲称为 Theria【兽类】，后者又被细分为古兽次亚纲 Pantotheria、后兽次亚纲 Metatheria、真兽次亚

①-ιον是古希腊语中的指小词后缀，一般缀于名词词基之后，构成指小词概念。对比ὄρνις‘鸟’-ὀρνίθιον‘小鸟’、βίβλος‘书’-βιβλίον‘小书’、οἶκος‘房屋’-οἰκίον‘小房屋’。

②panther一词源自古希腊语，词源上可以解释为 pan ther【all beast】，这只是一种民间说法而已，不是该词真正的词源，该词或许与梵语中表示‘老虎’的pundarikam有关。

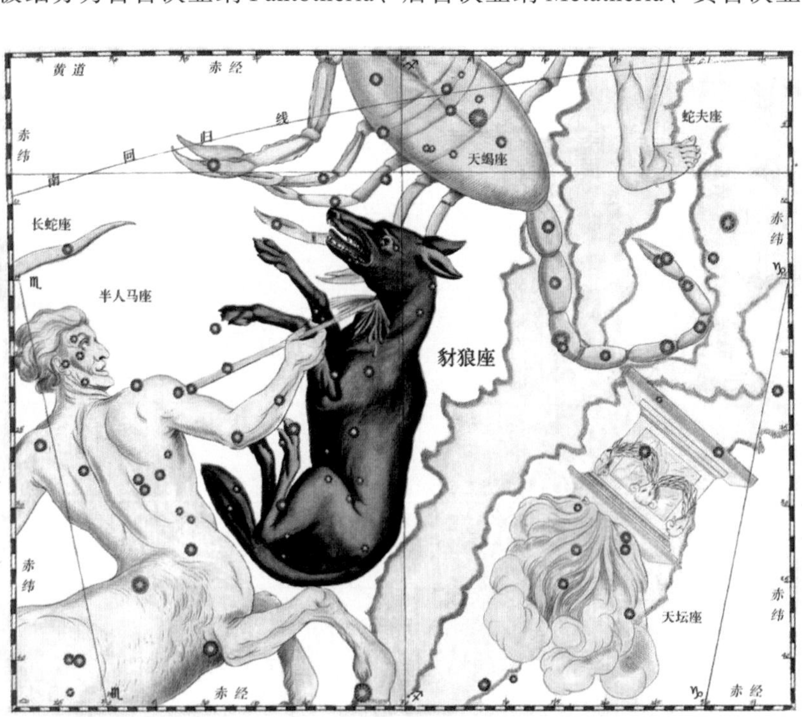

➢ 图 3-54　豺狼座

纲 Eutheria 三个次亚纲。

罗马人翻译托勒密著作时，将 θηρίον 变更为 Lupus，这个称呼一直沿用至今。lupus 为拉丁语中的‘狼’，中文将该星座意译为“豺狼座”。拉丁语中 lupus 为阳性名词，它对应的阴性名词为 lupa‘母狼’。其演变出法语的公狼 le loup、母狼 la louve，西班牙语的公狼 el lobo、母狼 la loba，意大利语的 lo lupo、la lupa。这些欧洲语言词汇被英语所借用，于是就有了：狼人 loup-garou、狼 lobo、狼属 Lupus、小狼属 Lupulus；卢浮宫之所以得名，据说该地曾经常有狼出没，它的名字 Louvre 一词源自拉丁语的 lupara【受狼侵扰之地】。罗马人称妓女为 lupa‘母狼’，可能因为觉得她们吟叫声若母狼，并将妓院称为 lupanar【妓女之场所】，这个词进入法语、西班牙语和英语中，都表示妓院之意。lupus 一词衍生出拉丁语的 lupinus‘如狼一般的、狼性的’，进入英语变为 lupine【如狼般的、凶残的】；lupinus 还被用来命名一种植物，因此这种植物也被称为 wolf bean【狼豆】，对应的汉语名为羽扇豆，该植物名英语转写为 lupin。

英语中的形容词后缀 -ine 多数转写自拉丁语的 -inus 类词汇，此类词汇为名词对应的一种形容词，表示与该事物有关的相似特征，于是就有了‘狼’lupus-lupinus‘如狼般的、狼性的’-lupine（lupine 为 lupinus 的英语转写）对应，类似的还可以比较‘犬’canis-caninus-canine、‘牛’bovis-bovinus-bovine、‘绵羊’ovis-ovinus-ovine、‘马’equus-equinus-equine、‘海’mare-marinus-marine。

➢ 图 3-55 Metamorphosis of Lycaon

-inus 对应的阴性形式为 -ina，在生物学中被用以表示动物亚科的概念（阴性常用以表示事物相关的抽象概念），其复数形式为 -inae，所以牛亚科就是 Bovinae【类牛动物集】，还有：犬亚科 Caninae、羊亚科 Caprinae、羚羊亚科

Antilopinae、豹亚科 Pantherinae、织布鸟亚科 Ploceinae、梅花雀亚科 Estrildinae。

-inus 在法语中转写为 -in，-in 在法语中常用以表示衍生事物之概念，后来的化学家、药剂师也效仿此类，用 -in 表示化学、医药中的生成物质，于是就有了英语中：表示药剂的 heroin、toxin、glycerin、melanin，表示生物体提取物的 insulin、adrenalin、chromatin、protein；-inus 后缀有时也转写为 -ine，诸如化学元素中的 chlorine、fluorine、bromine、iodine，以及药剂中的 atropine、morphine、vaccine、caffeine、nicotine。

关于狼的来历，有这样一则故事。传说阿卡迪亚地区有位名叫吕卡翁的国王，他生性凶残、野蛮并阴险无比。他曾经在宫中接待下凡探访的宙斯，为了验证神灵是否真的全知，这国王将一位外族人质杀害，用这人质的肢体做成丰盛的食物，献给宙斯吃。无所不知的宙斯被激怒了，天神挥舞霹雳使宫中燃起熊熊大火。吕卡翁惊恐万分，从宫殿内夺门而逃。在逃跑中，国王吕卡翁变成了一只狼，他浑身长出动物的皮毛，凄厉的叫声也变成了狼嚎。吕卡翁嗜杀成性，于是狼也继承了他的这种兽性特征，毛发灰白、脸面凶恶、眼睛闪亮，以屠杀流血为乐。[1]

①后人将这种人变成狼的形象称为lycanthrope【狼人】，英语中更多称为werewolf【人狼】。

国王吕卡翁的名字 Λυκάων 一词源于希腊语的 λύκος‘狼’，后者与拉丁语的 lupus‘狼’、古英语的 wulf‘狼’同源，都来自印欧语的‘狼’ *wlkʷos【危险的】，凶猛可怕的狼无疑是一种危险的野兽。希腊语的 λύκος 衍生出了：黑腹蜘蛛之所以被称为 lycosa，因为它凶猛的扑食习惯，这种蜘蛛有时也被意译为“狼蛛”；狼毒乌头 Aconitum lycoctonum 一名意为【杀死狼之乌头】，它的俗名为 wolfsbane【杀死狼】；还有狼饥 lycorexia【狼之胃口】、石松属 lycopodium【狼足】、变狼妄想 lycomania【变狼狂热】；阿波罗曾因杀狼而被称为 Ἀπόλλων Λύκειος【阿波罗·杀狼神】，雅典东郊有一处阿波罗神庙，亚里士多德曾在神庙附近一处体育场讲学，所以这个学园也被称为 Λύκειον【杀狼神之地】，它的拉丁转写为 lyceum，英语沿用了这个词，用以表示“演讲厅、讲学场所”。

古英语的 wulf 演变为现代英语的“狼”wolf，于是也有了：狼人

werewolf【人狼】、土狼 aardwolf【土地狼】、附子草 wolfsbane【杀狼】、猎狼犬 wolfhound【狼狗】、似狼的 wolfish【如狼的】、狼獾 wolverine【如狼的动物】。好战的日耳曼人似乎赋予了这种动物勇猛威武的意义，这一点从盎格鲁 - 撒克逊人的姓名中即看得出来。古英语时期的代表作是史诗《贝奥武夫》，其原名为 *Beowulf*【熊狼】；著名的古英语诗人基涅武甫 Cynewulf，这个名字意为【狼之亲属】；还有七国时代众多的国王名，诺森布里亚的国王 Eadwulf【快乐的狼】、麦西亚的国王 Wulfhere【狼军】、威塞克斯的国王 Æþelwulf【高贵的狼】、东盎格利亚的国王 Ealdwulf【老狼】；以及现代人名中的伍尔夫 Wulf【狼】、伍尔夫斯坦 Wulfstan【狼石】、埃塞伍尔夫 Ethelwulf【高贵的狼】等。wulf 在人名中有时也表现为 -ulph 等形式，于是就有了人名：鲁道夫 Rodolph【有名的狼】、阿道夫 Adolph【尊贵的狼】、比达尔夫

图 3-56　Romulus and Remus

Biddulph【杀狼者】、伦道夫 Randolph【狼之忠告】、巴多尔夫 Bardolf【耀眼的狼】、弗里多尔夫 Fridolph【平静的狼】、乌多尔夫 Udolph【狼之繁荣】。

关于狼还有一则非常著名的罗马故事。传说埃涅阿斯的后代中有一位名叫西尔维娅的美丽少女，战神玛尔斯爱上了这个少女，并与之结合。西尔维娅生下了一对双胞胎，分别为罗慕路斯 Romulus 和雷穆斯 Remus。因遭国王迫害，两个婴儿被放在篮中扔进了台伯河。孩子的哭声引来了一只正在河边喝水的母狼，它将两个孩子带回山洞，用自己的奶喂养他们。直到有一天一位牧羊人发现了这对孩子，把他们带回家抚养长大。后来这对兄弟杀死了国王，并在台伯河畔建立了一座城，这座城因其统治者罗慕路斯而称为罗马 Roma【罗慕路斯之城】。[①]

①《哈利·波特》中，教授黑魔法防御术的莱姆斯·卢平教授（Remus Lupin）之名无疑暗示了其与狼的关系：Remus 一名来自被母狼养育的罗马建城者雷穆斯；Lupin 一名意为【狼的】。他是一个狼人，会在月圆之夜变身为狼，而其外号 Moony “月亮的”无疑也暗示了他身为狼人易受月亮影响的身份。

3.25 天坛座　焚香祭神之处

在古代星图中，半人马座与豺狼座、天坛座构成一个相互关联的画面。半人马座被描述为扛着猎物献祭神灵的样子，他所扛的猎物就是豺狼座，而献祭的祭坛正是天坛座。[1]根据神话传说，最早的祭坛是当年奥林波斯神族战胜了提坦神族之后，独目巨人为众第三代神所造，众神曾在此盟誓，并第一次在此焚祭。后来人类每祭祀诸神，便建造祭坛为其焚祭牺牲和香料。希腊人称这个星座为‘祭坛’θυμιατήριον【焚烧香料之地】，该词由动词 θυμιάω‘焚烧香料’和表示地方的 -τήριον 后缀组成。[2]罗马人将之意译为拉丁语的‘祭坛’Ara【焚香处】，或使用全称 Ara Centauri【半人马之祭坛】。

①在诸古代各文明中，动物献祭都将动物杀死后焚烧，当焚祭所产生的烟升入天空，人们便认为神灵享用了献祭的牲口。

②希腊语中表示‘地方’的-τήριον后缀与拉丁语中表示‘地方’的-torium、-terium后缀同源。

祭坛即焚香祭神之地。古老的印欧人将这种燃火称为 *as-，将点火焚起的熏烟称作 *d^humós。*d^humós 一词演变出了梵语的

图 3-57　天坛座

dhūma‘烟雾’、希腊语的 θυμός‘灵魂’、拉丁语的 fumus‘烟’。

拉丁语的 fumus‘烟’衍生出了英语中的：烟 fume【烟】、冒烟的 fumy【烟的】、烟色的 fumid【如烟】、香水 perfume【熏香】、香料店 perfumery【香料之处】、烟熏鲱鱼 fumade【烟熏的】、火山喷气孔 fumarole【小烟孔】、熏制 fumigate【烟熏】、熏蒸剂 fumigant【熏蒸物】。希腊语的 θυμός 一般用来表示‘灵魂、精神’之意，该含义来自于更早的‘烟’的含义，因此有了动词 θυμιάω‘焚烧香料’，后者则衍生出 θυμιατήριον‘祭坛’，天坛座的希腊语名便来自于此。麝香草名为 thyme、百里香属名为 Thymus、瑞香科名为 Thymelaeaceae，也都因为这些植物焚烧时可以产生熏香之气。

印欧词根 *as- 表示‘燃烧’，或者燃烧之后的‘灰烬’。该词根衍生出了梵语的āsa-‘灰烬’、古希腊语的 ἄζω‘变干’、早期拉丁语的 asa‘祭坛’和英语的 ash‘灰烬’。

希腊语的 ἄζω‘变干’衍生出了形容词 ἀζαλέος‘干燥的’，杜鹃花因在干旱的环境中生长得很好而被称为 azalea【干旱植物】，满江红属则因为不耐旱常被干旱所杀死故被名为 Azolla【干旱杀死】。

早期拉丁语的 asa 在古典拉丁语中变为 ara，后者也是天坛座名称 Ara 的来历。约在公元四世纪时，拉丁语元音之间的 s 音变为了舌尖颤音 r。这个变化在拉丁语中影响很大：早期不定式的标志 -se 因此变为了 -re，故不定式如 amase‘to love’就变为了 amare；第 3 变格中 s 音词干的名词属格也由 -sis 变为了 -ris，比如 corpus‘身躯’的属格就由 *corposis 变为了 corporis，英语中的“器官”corpus【身体】和“人体的”corporal【身体的】便来自于此。‘祭坛’ara 一词与动词 areo‘使变干’同源，后者衍生出了‘干燥的’aridus【变干的】、‘着火’ardeo【使干燥】，因此有了英语中的：热情 ardor【火焰】、炽热的 ardent【燃烧的】、纵火 arson【放火】、干旱的 arid【干燥的】；被【晒干】的露天空地被称为 area，该词后来被用以泛指表示任何区域。

词根 *as-‘燃烧’加施动名词后缀 *-ter 构成 *aster，字面意思为【燃烧者】。星星在夜空中发光发亮，因此 *aster 便有了‘星星’的意思。该词演变出梵语的 tārā‘星星’、希腊语的 ἀστήρ‘星星’、拉丁语的 stella‘星星’和英语的 star。

希腊语的 ἀστήρ‘星星’衍生出了英语中的：星形的 astral【星的】、星盘 astrolabe【摄星】、占星家 astrologer【星体学问家】、天体崇拜 astrolatry【拜星】、陨星坑 astrobleme【陨星落处】、天体测量学 astrometry【星天测量】、航天学 astronautics【星际航行技术】、天体物理学 astrophysics【星天物理】、航空动力学 astrodynamics【星天动力学】、天文观测舱 astrodome【天体屋】；菊科紫菀属的植物因花朵呈星状放射而被称为 Aster【星】，海星纲 Asteroidea【星样】明显也因为样子像星星而得名。拉丁语的 stella‘星’衍生出了英语中的：星形的 stelliform【星形】、繁星的 stelliferous【带来星的】、小星形的 stellular【小星点的】、星座 constellation【星之聚集】；以及女名斯特拉 Stella、埃斯特拉 Estella 等。英语中的 star 则衍生出：海星 starfish【星状鱼】、星光 starlight【星光】、北极星 pole-star【转轴之星】、繁星的 starry【星星的】、没有星的 starless【无星的】、星尘 stardust【星尘】、原恒星 protostar【最初的星】、太空船 starship【星际船】、天文学家 star-gazer【看星星的人】、小星 starlet【小星】、明星 star【明星】、演员身份 stardom【明星身份】、超级明星 superstar【超级星】。

图 3-58 The sacrifice of Iphigenia

*-tḗr 后缀一般用在印欧语动词词根之后，用于构成动作相关的施动名词。希腊语的 -τήρ 即来自于此，对比：调酒缸 κρατήρ【调配之器】、救主 σωτήρ【拯救者】、赠予人 δοτήρ【给予者】、发光物 φωστήρ【发光者】、埃忒耳 Αἰθήρ【燃烧者】、说话人 ῥητήρ【言说

者】。*-tḗr 后缀的 ō 级形式 *-tōr 则演变出了希腊语的 -τωρ 和拉丁语的 -tor。对比希腊语的 ῥητήρ‘说话人’和 ῥήτωρ‘演说家’不难发现：*-tḗr 后缀倾向于表示一个临时动作的发出者（如‘拯救者’σωτήρ，拯救的动作不过是短期发生的，不是长久的或习惯性的动作），而 *-tōr 则倾向于表示长期、习惯性动作的发出者，或者自身从事某种活动的人。于是就有了拉丁语中的：教师 doctor【教学之人】、统治者 dominator【统治之人】、演员 actor【表演者】、翻译者 translator【翻译之人】、歌唱家 cantor【歌唱者】、雕刻工 sculptor【雕刻之人】、独裁者 dictator【发布敕令之人】、讲师 lector【阅读之人】、教员 educator【从事教育者】、保护者 protector【负责保卫之人】、演说家 orator【从事演说之人】，对应的阴性形式为 -trix。这些词都原封不动被英语借用，并已成为英语中常用词汇的一部分。

3.26 南船座　阿耳戈英雄纪

在古希腊神话传说中，有一场至今仍家喻户晓的航海探险故事，这就是阿耳戈英雄远航探取金羊毛的故事。至今在秋末至春初我们仍能从海平面上看到这艘巨大的船只——南船座。南船座是南天星座，居住在北半球中纬地区的人们只能看到这船一半的身影，船的另一半似乎一直浸没在海面以下，如同在大海中吃水的船一般。南船座的原型就是这艘传说中的阿耳戈号，船上的英雄们也被称为阿耳戈英雄Argonauts【阿耳戈船的水手们】。

我们从阿波罗尼俄斯那里听说，阿耳戈号航行到了世界最东部的尽头。当时人们认为科尔基国是世界的东极，据传科尔基国王埃厄忒斯是太阳神赫利俄斯与大洋仙女所生之子，太阳的光芒就储存在这个国家的某间黄金屋中，太阳每日都要从这个遥远的东方国度升起。阿

图 3-59 Map of the voyage of the Argonauts

耳戈英雄们乘船从遥远的希腊出发，穿过爱琴海、赫勒海，进入不好客的黑海[1]，最终到达黑海尽头的科尔基国。途中险象环生，有着各种各样的艰难困苦、海妖陆怪，参加探险的五十位英雄也有不少命丧中途。

①古希腊人曾将黑海海域称为Πόντος Ἄξεινος【不好客的海】，并认为该海域是可怕的、难以渡过的。

此次航海探险的发起人是英雄伊阿宋，他的父亲埃宋本为伊俄尔科斯的国王。伊阿宋还很小的时候，他的叔父珀利阿斯夺取了父亲的王位。年幼的伊阿宋被送到半人马智者喀戎那里，被这位导师收养带大。长大后伊阿宋回到故土向叔父索要本属于自己的王位，珀利阿斯却故意派遣年轻气盛的侄儿去探取金羊毛，想借机除掉伊阿宋。急于建立功业的英雄立即答应了这个任务，他广发英雄帖，号召全希腊最著名的英雄们参加这次冒险活动。这些英雄大都是神话中鼎鼎大名的人物，比如：

1. 大英雄赫剌克勒斯 Heracles
2. 美少年许拉斯 Hylas
3. 天才乐师俄耳甫斯 Orpheus
4. 斯巴达王子波吕丢刻斯 Polydeuces 和卡斯托耳 Castor
5. 海王双生子伊达斯 Idas 与林扣斯 Lynceus
6. 英雄珀琉斯 Peleus、忒拉蒙 Telamon 兄弟
7. 英雄墨勒阿革洛斯 Meleager
8. 英雄欧斐摩斯 Euphemus
9. 北风神的双生子仄特斯 Zetes 与卡莱斯 Calais
10. 先知摩普索斯 Mopsus
11. 先知伊得蒙 Idmon
12. 神使赫耳墨斯的双生子厄喀翁 Echion 和欧律托斯 Eurytus
13. 珀利阿斯王的女婿阿德墨托斯 Admetus
14. 珀利阿斯王之子阿卡斯托斯 Acastus
15. 英雄墨诺提俄斯 Menoetius
16. 酒神之子佛利阿斯 Phlias
17. 海王之子瑙普利俄斯 Nauplius
18. 太阳神之子奥革阿斯王 Augeas

……

参加阿耳戈号的著名英雄共50位，难以一一列举。在这些英雄中，英雄赫剌克勒斯因完成了十二项业绩而著名，夜空中的武仙座就源于他的形象；美少年许拉斯本为赫剌克勒斯的侍童，在航行中途上岛汲水时为水泽仙女所爱，被留在了岛上；乐师俄耳甫斯才华横溢，曾在途中用激昂的乐曲制住了海妖塞壬的诱惑，他弹奏的那把七弦琴后来变成了夜空中的天琴座；双子波吕丢刻斯和卡斯托耳是海伦的哥哥，他们死后成为了夜空中的双子座；双子伊达斯与林扣斯是海神波塞冬的儿子，他们个个勇武无比，后来他们和波吕丢刻斯与卡斯托耳兄弟发生矛盾，在战斗中都被杀死；珀琉斯和大洋仙女忒提斯生下了特洛亚战争中的著名英雄阿喀琉斯，忒拉蒙的儿子埃阿斯也是特洛亚战争中的一员名将；墨勒阿革洛斯在狩猎卡吕冬野猪的活动中表现出色，这位英雄为了主持正义而杀死了自己的舅舅，他的母亲在气恼中杀死了这个儿子；欧斐摩斯为海王的后代，他能够在海上行走而不湿脚，他扔在海中的泥土形成了锡拉岛；[1]仄特斯与卡莱斯兄弟有着紫色的双翼，为了拯救盲先知菲纽斯，他们将怪鸟哈耳皮埃一路赶到维苏威火山；先知摩普索斯从太阳神那里学到了预言的能力，他能通过鸟占来解读神意，在经过利比亚沙漠时，他被一条毒蛇咬伤而死；摩普索斯去世后，先知伊得蒙接替了他的位置，伊得蒙在出发前就预言自己将死于途中，但还是义无返顾地参加了这次伟大的冒险……

为了建造一条能够渡过茫茫大海，经得住大风大浪的航船，他们请来了聪明绝顶的造船师阿耳戈斯 Argos。这位造船师使用上等木材，并在智慧女神雅典娜的帮助下建成一艘华丽、坚固的大船，船上共配有五十支船桨，分配给50名参加这次远航探险的船员。这艘船因其创造者而得名为阿耳戈号船 Argo，同时也暗含着该船轻巧飞快之意。[2]而这条船上的众英雄们也被称为 Argonauts。

为了纪念这艘名扬天下的航船和这次伟大的航海探险，阿耳戈号的形象被置于夜空之中，成为南船座 Argo Navis【阿耳戈号船】。鉴于南船座远大于一般星座，十八世纪天文学家将其分为船尾座、船底座、船帆座、罗盘座四个星座，它们各代表阿耳戈号船上对应的四个部分。

①返航经过利比亚时，海神特里同曾赠给英雄们一块泥土。在克里特附近阿纳菲岛停泊时，欧斐摩斯做了一个奇异的梦。他梦见这块泥土中出现了一位美丽少女，欧斐摩斯遂被爱欲征服，与那少女交合。少女说：我注定会成为你后裔的保护人，把我扔在这附近的海里，然后我将会居住在阿纳菲，并帮助你和你的后代。欧斐摩斯就照着梦做了。他将这泥土扔进海中，于是那里升起了一座岛屿，后来的希腊人称这个岛屿为锡拉岛，也就是今天的圣托里尼岛。

②ἀργός一词在希腊语也有‘快速’之意。

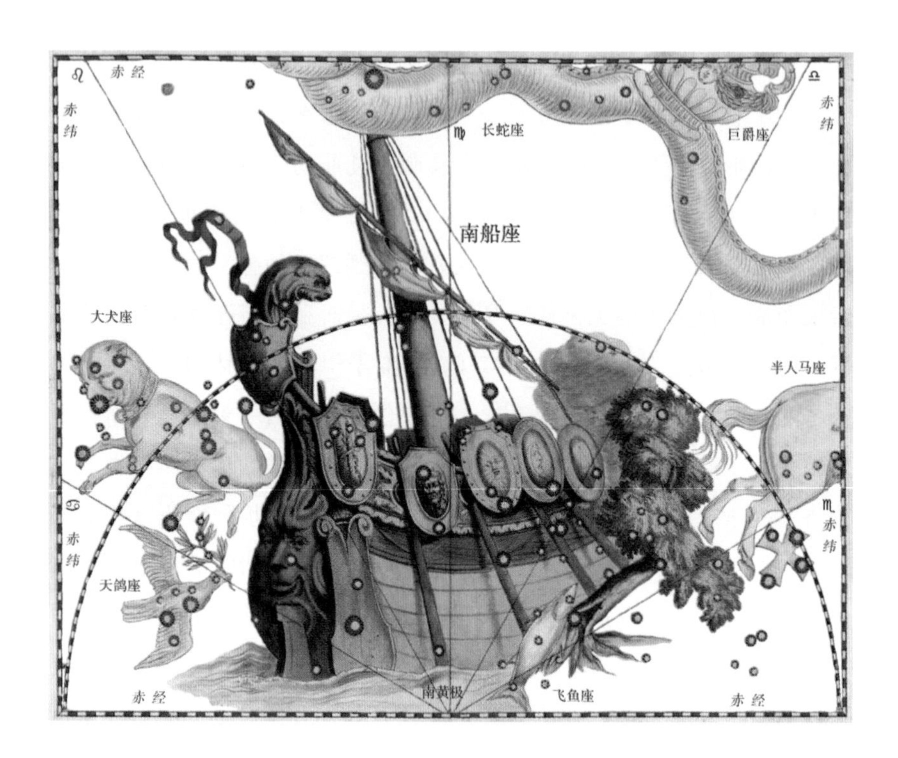

图 3-60　南船座

船底座 Carina

拉丁语的 carina‘船底、龙骨’一词与希腊语的 κάρυον‘核’、英语的 hard“坚硬”同源，都来自印欧语词根 *kar-‘坚硬’。龙骨是船身最坚硬的部分，支撑着整个船体，因此罗马人称其为 carina，其衍生出了英语中的“将船倾侧”careen【使露出龙骨】。果实的核无疑也是坚硬的，因此有了希腊语的 κάρυον，该词用在生物学的词构中表示细胞核的概念，因此也有了：原核生物 prokaryote【在细胞核之前（即细胞核不健全）】、真核生物 eukaryote【完好的细胞核】、有丝分裂 karyokinesis【细胞核分裂】、融核体 synkaryon【细胞核之融合】。

船帆座 Vela

vela 一词是拉丁语 velum‘帷布’的复数形式，船帆就是一张张迎风的帷布，这个词衍生出了：面纱 veil【布】，而揭露 unveil 就是【除去遮幕】，揭开 reveal 亦为【去掉遮幕】之意，后者名词形式为 revelation；软腭表面覆有一层粘膜，故称为 velum【覆膜】，其形容词为 velar【覆膜的】，比如软腭音 velar consonant【软腭辅音】以及膜 velamen【覆盖物】、薄纱 voile【帷布】等。

船尾座 Puppis

拉丁语的 puppis 一词意为‘船尾’，这个词演变为法语的 poupe，后者在英语中变为 poop，意思也是“船尾”。

注意到拉丁语 puppis 一词还有一个常用意‘小木偶’，衍生出英语中 puppet“木偶”一词。‘船尾’和‘小木偶’有什么关系呢？这不禁让人想到阿耳戈号船尾的女神塑像，这塑像使得船只拥有了生命，女神也通过此塑像一路上指引船员们应对灾难。希腊罗马航海者常会在船尾置放一个小木偶——准确说是一个神偶，以祈愿神灵照看船只，免遭变幻莫测的大海所带来的灾难。阿耳戈号上的赫拉塑像也很好地说明了这一点。或许正因如此，表示‘小人偶’的 puppis 才会有了‘船尾’之意。

‘小人偶’puppis 与拉丁语的小男孩 pupus、小女孩 pupa 同源，词源意思都表示‘小’。因此有了英语的：小学生 pupil，这个单词也用来表示“瞳孔”，因为当你看着一样东西时，你黑色的瞳孔中就会映出你所注视之物的【小影像】；瞳孔的学名 pupilla 也有着同样的意思，事实上，pupilla 是拉丁语对瞳孔的称呼，英语中同时借用了 pupilla 一词与其变体 pupil；在生物学中，虫子的蛹被称作 pupa，因其如尚未成年的小孩一样，蛹是虫子尚未变成蛾子的阶段，因此也就有了化蛹 pupation；以及小狗 puppy、小马 pony、家禽 poultry、小母鸡 pullet 等。

罗盘座 Pyxis

拉丁语的 pyxis‘罗盘’转写自希腊语的 πυξίς。πυξίς 基本意思是‘盒子’，因为罗盘一般放置在一只盒子中，盒子中的圆盘上标着方位刻度值。故这个词也用来表示罗盘。πυξίς 与英语中表示盒子概念的 box 同源。box 表示盒子，于是就有了各种各样的盒子，如：鞋盒 shoebox、邮筒 mailbox、肥皂盒 soapbox、工具箱 toolbox、盐匣 saltbox，等等。

3.27 天龙座　守护金羊毛之卫士

很久很久以前，玻俄提亚地区一位年少的王子弗里克索斯被继母迫害，他幸得神灵的帮助，乘着一只金毛牡羊飞越希腊本土，穿过浩瀚的大海来到遥远的东方国度科尔基。国王埃厄忒斯热情接待了他，还将自己的一个女儿嫁给了这位逃难的王子。王子非常感激，便将公羊献祭给天神宙斯，把羊毛作为礼物献给了埃厄忒斯王。这羊毛闪耀着金色的光芒，是稀世罕见的宝物，人们称之为“金羊毛”。埃厄忒斯王得到一则神谕，说他的命数与金羊毛紧密相连。拥有金羊毛则国王会一直长寿，他统治的国家也会繁荣昌盛；若失去金羊毛，埃厄忒斯王的命数也就走到尽头了。国王于是把宝贝供养在战神阿瑞斯的圣林里一棵橡树上，还派一条可怕的毒龙日夜看守。这龙从不睡觉，并用牙齿紧紧咬着金羊毛，这龙被称为 Draco Colchi【科尔基龙】。

弗里克索斯最终老死于这个东方之国，但他的灵魂却依然思念着故土希腊。很多年后，当伊阿宋出现在伊俄尔科斯的王宫面前，向叔父珀利阿斯索要应该属于自己的王位时，珀利阿斯王想到远在异邦的堂哥弗里克索斯，他答应伊阿宋说，倘使伊阿宋能远航探取金羊毛，

➢ 图 3-61　The golden fleece

并安抚死在异邦的弗里克索斯的灵魂，届时他会将王位拱手相让。

伊阿宋毫不迟疑地接受了这个挑战。他请来聪明绝顶的造船师阿耳戈斯，命他造一艘轻巧又坚固的大船。他们砍下珀利翁山上高大的云杉做成船的龙骨，又迎请来多多纳神圣橡树的枝干做成女神的塑像置于船尾。造船师怀着兴奋的心情夜以继日地赶造这艘有史以来最伟大的船只，船上的每一个细节他都用心到了极点，以确保船只的坚固、轻巧和实用。这船因其建造者被称为阿耳戈号。阿耳戈号建成之后，各地的英雄纷纷前来参加这场探险，都想在这次伟大探险中名垂青史。英雄们确实也都做到了，个个都成为神话中响当当的人物。

阿耳戈号一路乘风破浪，载着众英雄们飞速前进。他们经历了重重危险：在利姆诺斯岛被那里的女人迷惑，险些忘记了自己的使命；在佛律癸亚海岸与那里的国家发生误解，双方大打出手；在密西亚停泊时丢失了美少年许拉斯，大英雄赫剌克勒斯也因此离开他们；还被迫与比堤尼亚国王进行拳击比赛，将这位残暴的国王杀死；在色雷斯解救了受难的盲先知菲纽斯，将侵扰先知的怪鸟追赶到遥远的天极；在海峡遇到可怕的撞岩，险些被这速张速合的岩石挤压得粉身碎骨……

当英雄们历尽艰难险阻抵达科尔基国，他们觐见国王，并向国王索要弗里克索斯赠给他的金羊毛。国王深知金羊毛对自己至为重要，便假意答应他们，但提出了苛刻的条件：众英雄的首领伊阿宋必须徒手制服喷火神牛，给神牛上轭并耕种一些从未开过荒的土地，在地里种下毒龙的牙齿。国王深信这些都是必死无疑的冒险。然而国王的小女儿美狄亚爱上了英俊勇武的伊阿宋，这位少女为了帮助心爱的人，不惜背叛了自己的父亲和国家。美狄亚给伊阿宋透露了通过考验的方法，还为英雄涂上一种神奇的药膏。这药膏令伊阿宋刀枪不入，并在神牛喷出的烈焰中毫发无伤。他制服了暴躁的神牛，赶着它们耕完土地后种下了龙牙，这些毒牙迅速在大地的孕育下长成众多披甲执锐的凶蛮武士。美狄亚担心心上人遭遇不测，便念魔咒使这些武士产生内讧，终于相残而死。伊阿宋光荣地完成了这些任务，在人群的簇拥下显得光辉异常。美狄亚想要拥抱自己的心上人，祝贺他不辱使命，却

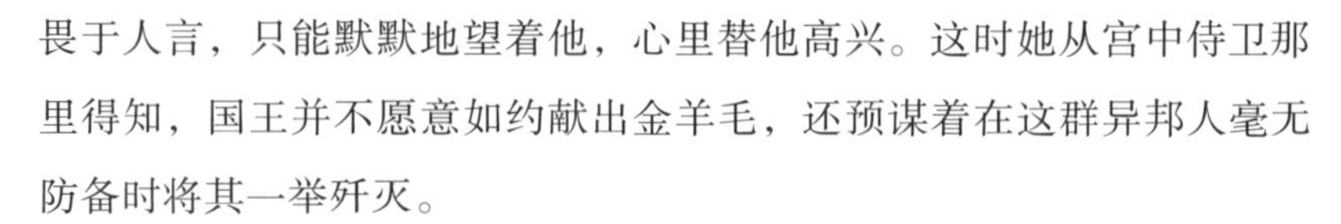

畏于人言，只能默默地望着他，心里替他高兴。这时她从宫中侍卫那里得知，国王并不愿意如约献出金羊毛，还预谋着在这群异邦人毫无防备时将其一举歼灭。

为了心上人，美狄亚再一次背叛祖国。她急急忙忙通知了众英雄，让他们做好出逃的准备，还趁夜带着伊阿宋去偷取金羊毛。他们摇船到达了战神的圣林中，金羊毛就挂在圣林中一棵高大的橡树上闪闪发光，旁边的恶龙毫无倦意地守着。美狄亚先是念起魔咒，又往毒龙眼中滴入魔汁使其昏昏欲睡。如此一来，才最终偷走了金羊毛。英雄们连忙带着金羊毛回到船上，趁夜逃出了科尔基。

这条守护金羊毛的科尔基龙后来被置于夜空中，成为了天龙座Draco。

希腊人将这个星座称为 Δράκων[1]，罗马人将之转写为 Draco，英语中也将这个星座称为 the Dragon。这是一种身如蛇形但又具足的怪物，汉语中沿用日文译名将其称为“龙”，故将 Draco 星座译为“天龙座”。英语的 dragon 亦源于此。需要注意的是，西方的 dragon 与中国的“龙”有着诸多不同，dragon 有翼、会喷火、有毒、象征邪恶，而“龙”无翼、能降雨、无毒、象征祥瑞。所以中国古代称天子为真龙，炎黄子孙自称为龙的传人，乃因其象征高贵、吉祥。相反，西方人谈 dragon 则极生厌恶与恐惧，无论是希腊神话中这些可怕的 δράκων，还是北欧神话中那条会毁灭世界的 Nidhogg[2]，抑或《圣经》中那条诱惑夏娃吃禁果的狡猾的蛇[3]，都无不象征着邪恶。西方传说中那个最有名的吸血鬼 Dracula，这个名字本意就是【little dragon】；或许你还记得《哈利·波特》中，那位将灵魂出卖给邪恶的伏地魔并经常与哈利·波特作对的德拉科·马尔福 Draco Malfoy，这个名字背后隐藏着这样的信息：dragon，the ill-faithed[4]。

➢ 图 3-62 Iason poisoning the dragon

①Δράκων一词是希腊语动词δρακεῖν‘看’的现在分词形式，字面意思是【注视者】。据说这种毒龙非常可怕，其可怕的目光会让人不寒而栗、畏惧无比。

②在北欧神话中，尼德霍格Nidhogg是潜伏在世界之树根系旁的一条黑龙，与其他无数蟒类一起盘踞、啃食着树根。当这树根被啃尽时，世界就会毁灭。

③从《圣经》的描述中我们可以看到，那条欺骗夏娃的狡猾的蛇最初其实是一条dragon，因为它有着翅膀和脚。上帝为了惩罚它的恶行，废了它的脚和羽翅，从此它才成为真正意义上的“蛇”。

④这里的malfoy来自法语的mal foi【bad faith】。在《哈利·波特》中，Draco Malfoy信奉并投靠邪恶的伏地魔，这或许就是其名字的所指。

3.28 天琴座　俄耳甫斯之悲歌

阿耳戈号航行至遥远陌生的深海中后，水手们因终日的海上漂泊近乎筋疲力尽。一个拂晓，他们航行至“百花之岛”Anthemoessa【花岛】附近的海域。这个岛岛如其名，生长着众多绚丽芬芳的鲜花，那隐隐约约的诱人花香也在四际的海面漂浮，若隐若现。在这拂晓的朦胧雾气之中，三位貌若天仙的少女坐在小岛的岩石上哼唱着醉人的歌曲。那吟唱太过迷人，恍若世界上只剩下这忽远忽近的清唱，被船底与深幽海面低低漾起的水声附和着，每一段歌调仿佛都在水手们的心中回荡，似乎那歌声径直唤醒了水手们昏睡弥久的灵魂，他们急切渴望能被这迷人的歌声浸溢，渴望使他们不顾一切地划着船，如疯了一般扑向曙光中的小岛。然而这诱人的美好背后却隐藏着非常可怕的事情，小岛的四周到处是累累白骨——无数驶过这里的船夫都曾经被这岛上动听的歌声所迷醉，驾船毫不回头地驶向小岛，并最终因触礁而亡，或被卷入漩涡。这三位美丽的少女就是传说中的海妖赛壬，她们以甜美歌声引诱海员把船驶进暗礁遍布的海岸，让过往的水手在歌声中迷失方向、丧失心智，驾船触礁并溺水而亡。从来没有人能活着逃出这迷人又可怕的陷阱。

然而众英雄中至少还有一个人清醒着，他就是乐师俄耳甫斯。俄耳甫斯抱起怀中的七弦琴，手抚琴弦弹奏出气势如虹的乐曲，这乐曲磅礴大气，又不失优雅动听，不久海妖们的靡靡之音就被乐师振奋人心的曲子压了下去。船员们这才回过神来，发现自己险些命丧乱礁，大家伸开铁臂奋力划水，在乐师令人振奋的曲子中逃离了这片可怕的海域。

图 3-63　天琴座

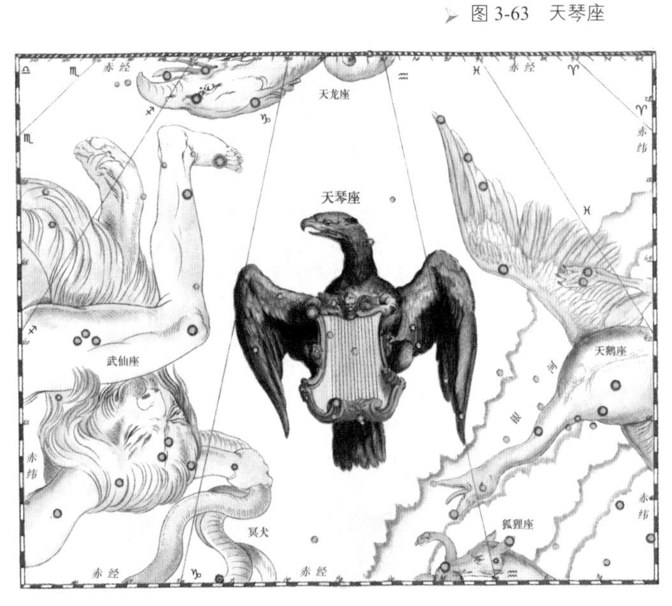

说起这把七弦琴，有着传奇的来历。宙斯和仙女迈亚在山洞中结合，仙女怀孕后生下了神使赫耳墨斯。赫耳墨斯从小就表现出非常惊人的技艺与才能，刚出生不久他就走出摇篮来到海边，当他看到一只乌龟正在海滩上行走时，就把这只乌龟抱回家，将龟肉从壳中掏出来，并把干芦苇按照长度和相应的距离绷在龟壳上，装上柄和琴马，然后用羊肠[1]做成七根弦绷在上面，使这些弦能发出悦耳的声音。这样，赫耳墨斯用龟壳创造出了能发出美妙乐音的七弦琴。之后，调皮的赫耳墨斯居然打起了太阳神阿波罗的主意，趁月黑风高的时候偷走了太阳神最好的五十头牛，[2]阿波罗发现牛群被盗后大为光火，经过重重追查之后终于找到了这位盗牛的婴儿。赫耳墨斯死也不承认偷牛的行径，并用各种言辞巧妙地为自己辩护，[3]这大大地惹怒了牛的主人。正当阿波罗怒气冲冲地想要好好教训这个油腔滑调的小孩时，只见赫耳墨斯拿起那把七弦琴，用木槌有节奏地敲击琴弦，奏出极为动听的音乐。七弦琴奏出的美妙乐曲深深涤荡着阿波罗的心绪，一种甜蜜的渴慕以及飘忽般的美感传遍他的全身，使他不可自制地爱上这神奇的乐器，并愿意用自己的牧牛来换取这迷人的七弦琴。[4]从此阿波罗成为了音乐之神，经常在诸神宴会中用七弦琴弹奏动人的旋律，但凡闻其仙乐者无不陶醉万分。

后来阿波罗将这把七弦琴送给了自己与缪斯仙女卡利俄珀所生的儿子俄耳甫斯。音乐的魅力在俄耳甫斯身上表现得淋漓尽致，即使性情残暴的人，当他们听到俄耳甫斯的音乐和歌声也会立刻平静下来。每当他奏起乐曲的时候，鸟儿盘旋头上，鱼儿聚集脚边，连石头和橡树也被感动，整个山林都迷醉不已。

图 3-64 Orpheus-serenades the nymphs

话说智者喀戎曾经告诫过伊阿宋，在他去航海探取金羊

①西方的弦乐最初使用的是羊肠，这一点与中国有所不同，中国古代多使用马尾做弦。而希腊语中的琴弦χορδή本意乃是‘肠子’。χορδή一词衍生出了英语中表示“弦”的chord，以及四弦琴tetrachord【四弦乐器】、五弦琴pentachord【五弦乐器】、七弦琴heptachord【七弦乐器】、八弦琴octachord【八弦乐器】、绳索cord【弦】等，脊索动物门之所以被命名为Chordata，也是因为它们都有一个绳索状的脊索，脊索动物门又可以细分为尾索动物亚门Urochorda、头索动物亚门Cephalochordata和脊椎动物亚门Vertebrata三大亚门。

②因此赫耳墨斯也被认为是盗窃之神，小偷的保护神。

③因此赫耳墨斯也被尊为谎言辞令之神。

④这标志着阿波罗成为了音乐之神，而赫耳墨斯则成为了畜牧之神，这一职能更多地体现在赫耳墨斯的后代牧神潘身上。

毛时，必须带上一位伟大的乐手，伊阿宋谨记导师的教诲并邀请乐师俄耳甫斯一同参加航海，从而得以躲过这次海妖的诱惑。航海探险结束后，俄耳甫斯回到故乡色雷斯，在那里他爱上了美丽的少女欧律狄刻 Eurydice 并娶其为妻，过上幸福甜美的生活。一天，欧律狄刻在草隙漫步时不小心踩到一条毒蛇，受惊的毒蛇咬了她的脚踝，少女顷刻毙命。俄耳甫斯痛不欲生，失去爱妻自己也不愿独活，于是他背着七弦琴一路弹唱着悲伤的歌谣走向冥府，唱自己美好的爱情与如今无法抑制的悲伤。琴声悲颤，连顽石都为之流泪。为了再见到妻子，他不顾自己的性命闯入阴森可怖的冥界，用悲怆的琴声打动了冥河上的艄公卡戎，驯服了守卫冥界入口的三头犬刻耳柏洛斯，就连铁石心肠的复仇女神们都被感动得流泪。最后他来到冥王与冥后的面前，请求冥王把妻子还给他，自己愿为此承受一切苦难。冥王冥后见其爱妻深切，怜悯之情油然而生，破例答应了他的请求，让他领着妻子的魂魄回到阳间。冥王对他多番嘱咐：在走出地府之前决不能回头看她，否则他的妻子将永远不能再回到人间。

图 3-65 Orpheus and Eurydice

俄耳甫斯领着妻子的魂魄在阴森的冥府中走了很久，一路上悄无声息，很多次他都忍不住想回头看那张令自己日思夜想的脸庞，又畏于冥王的嘱咐不敢回头。即将抵达出口时他还是忍不住回头看了一眼，可就在他看到欧律狄刻的那一瞬间，一切如梦幻般消失，死亡的长臂又一次将妻子拉回幽冥之国，只留下他双臂空空的拥抱以及眼中悔恨的泪水。

俄耳甫斯所有的艰辛和努力都功亏一篑，冥界的大门已经对他彻底关闭。他独自坐在斯特吕蒙河 Strymon 河畔哭泣了七个月，从此心灰意冷，像一个没有了灵魂的人在世上四处漂泊。他回避世间所有女人，因此得罪了很多妇女，也惹怒了酒神众多的女信徒们，她们疯狂

➢ 图 3-66 Death of Orpheus

地用铁锹、锄头和耙将这位乐师杀死，并狂怒地撕扯他，将尸体扔得四处都是。

后来人们说，俄耳甫斯的身体被酒神的女信徒们撕成碎片，他的头颅连同那把七弦琴一起被抛进河中，这头颅枕着七弦琴在河中漂流沉浮，琴弦则在微风的拨弄下拂起悲伤的乐曲。这头颅枕着七弦琴随着河水流进了大海，海浪将它们冲到莱斯博斯岛上。岛上的居民打捞起乐师的头颅，将它埋葬在阿波罗神庙旁，人们把这把曾经弹奏出让众神都无比感动的乐曲的七弦琴悬挂在神庙的墙上。后来莱斯博斯岛上出了许多著名歌手与才华横溢的诗人，人们相信就是与此有关。

为了纪念这个伟大的乐手，天神将他的七弦琴放置在夜空中，成为了天琴座 Lyra。

俄耳甫斯死后，他所唱诵的颂诗内容尤其是他在冥界的所见所闻被人们尊崇信奉，从而产生了俄耳甫斯教 Orphicism，成为古希腊一支神秘且影响深远的宗教。

天琴座的名字 Lyra 一词来自希腊语的 λύρα，意思是‘七弦琴’，有时也音译为“里拉琴”。λύρα 一词衍变出了英语中的 lyre，而歌词 lyric 一词的本意为【属于七弦琴的、属于乐曲的】；澳洲有一种鸟，因其尾似琴弦而被称为 lyrebird，中文意译为琴鸟。

那么，乐手俄耳甫斯的名字 Orpheus 一词到底有着什么样的寓意呢？这个词似乎与希腊语的 ὀρφανός‘孤儿’、拉丁语的 orbus‘孤幼的’有着一定联系。事实上，这两个词汇都源于表示‘被剥夺、被割裂’概念的 $*orb^ho$-，被剥夺了双亲的孩子就是‘孤儿’，英语中的孤儿 orphan 就来自 ὀρφανός 一词。这样说来，Orpheus 就是【被剥夺者、被割裂者】，这似乎在暗示他被夺去生命的爱妻，或者自己被酒神信徒撕碎躯体的命运。

3.29 巨爵座 美狄亚的悲剧

在偷得金羊毛之后，众英雄们连夜起航，返航的途中又经历了重重苦难。为了逃过科尔基追兵，美狄亚残忍地将身为追兵统帅的弟弟杀死；他们经过百花之岛，在那里险些被女妖塞壬的歌声迷惑，乐师俄耳甫斯用琴声压制住了女妖的靡靡之音，从而保全了众英雄的性命；英雄们经过怪物斯库拉和卡律布狄斯扼守的海域，并在海中仙女们的帮助下逃过了死亡；他们的船只被狂风吹到利比亚，船只被搁浅在沙漠之中，众人扛着船一路行走，终于找到了船只下水的地方；当航行至克里特岛时，英雄们被守护岛屿的青铜巨人塔罗斯驱赶，美狄亚施魔咒使巨人入睡，并使巨人最脆弱的脚踝被尖锐的石头划伤，塔罗斯血流如注，一头栽进大海中。

在经历了各种艰难险阻之后，英雄们终于回到故土希腊。年迈的父母们纷纷拿着礼物，来到海岸欢迎英雄们安全回家。然而伊阿宋的父亲埃宋却没能来加入欢迎的行列，因为他已是风烛残年，眼看就要离开人世了。伊阿宋见到垂危的父亲，不禁大哭起来。他乞求妻子施展魔法挽救父亲的性命，哪怕让自己少活几年。美狄亚被爱人的孝心感动，便冒险施展众神禁忌的魔法。她骑着飞龙车九天九夜走遍了各国，访遍名山大川采集了各种珍稀的药草。美狄亚在露天的院子里堆起两座祭坛，右面祭幽灵女神赫卡忒，左面祭青春女神赫柏。她披散着头发，命人把老人抬放在祭坛旁边，念咒语召唤地下的冥王不要早早地终结老人的生命。然后支起一口大锅，里面放入采集来的碎龟壳片、鹿肝、乌鸦头、鸟喙等各种珍贵的长寿药材。她用这些药材熬制一种药汤，熬汤时口中还不时念起神秘的咒语，并用一支干枯的橄榄枝搅拌着。不久，那搅过药汤的枯枝居然长出了新绿，很快还长出了叶子以及一串串嫩橄榄。见一切就绪，她切开埃宋喉管，

➢ 图 3-67 Performing magic

将老人的血液放干，把熬好的药汁灌进他的血管中。随着药汁缓缓流入身体，老人雪白的头发竟变得乌黑，感觉像年轻人一样精力充沛。

伊阿宋信守承诺将金羊毛交给了叔父珀利阿斯，要求叔父也信守承诺将王位还给自己。国王珀利阿斯惊讶不已，他做梦也没想到伊阿宋居然能活着回来，谋划除掉伊阿宋的计策就这样失败了。对王权的贪欲使他不愿兑现承诺，便无耻地拒绝了伊阿宋的合理要求。伊阿宋愤怒异常，却又无可奈何，只好带着美狄亚先留在珀利阿斯王统治下的伊俄尔科斯，终日郁郁寡欢。他想杀死不信守诺言的叔父，又怕从此背上弑君的罪名。聪明的美狄亚看出了丈夫的心思，于是她为丈夫谋划出一个邪恶的计谋。

一次，美狄亚假装和丈夫吵架，逃到了王宫中求援。那时珀利阿斯王已经年迈，他的女儿们非常热情地款待了美狄亚。在王宫里，她们围着美狄亚好奇地询问东方的风土人情和各种有趣的奇闻异事。美狄亚便讲了很多神奇的事情给她们听，还故意把使岳父返老还童的故事讲了半天。女孩们个个都听得入迷，却因不曾亲眼看到，纷纷表示不敢相信。美狄亚便在宫中表演了一场返老还童之术。她抓来一只黑绵羊，将羊杀死后扔进滚沸的药汤中，不久从锅里神奇地蹦出了一只娇嫩的小羊羔。珀利阿斯的女儿们目睹了这个奇迹后，商量着让自己的父亲也返老还童，便簇拥到美狄亚面前好生相求。美狄亚起初假装不肯答应，在她们苦苦恳求之下才将这些神奇的药草给了她们，并告诉她们操作的方法。这些少女们却并不知道，美狄亚给她们的只是一些毫无药力的药草。

第四天夜里，女儿们在宫里支起了大锅，开始熬制药汤。在美狄亚的唆使下，她们拿着刀子来到父亲床榻前。女儿们争先恐后地想要表达对父亲的关爱，但又不忍亲眼看到自己弑父的行为，便纷纷转过脸去，抬手盲目而狠心地砍了下去。年迈的珀利阿斯王血流满身，他努力用两肘支起身体，想从床上起来。尽管周围都是刀剑，他仍努力伸出苍白的臂膀喊着：“女儿啊，你们这是做什么呢？什么东西使你们武装起来，杀害父亲呢？”但他没能继续说下去，就躺在了自己的血泊中绝了气息。女儿们照着美狄亚说的方法把父亲的尸体投进锅中，却再也没能见到活过来的父亲。

据说这鼎熬制药汤的铜锅形象被置于夜空中，成为了巨爵座。

希腊人称这个星座为 Κρατήρ，罗马人沿用了这个称呼，称为 Crater。κρατήρ 意思是‘调酒缸、调汤锅’，该词由动词词根 κρα-‘混合、调和’加施动名词后缀 -τήρ[1] 构成，字面意思是【用来调酒、调汤之物】。词根 κρα- 表示‘混合、调和’，于是就有了体质正常 eucrasia、体质异常 dyscrasia 等词汇。希腊古代医学认为，人体由四种重要的体液构成，它们在人体内自然形成，对健康和性格有着很大的影响。四体液之间的平衡是相对的，并且在不同人身上形成不同的平衡模式，这导致了人们不同的性格。体液说认为，当人体四种体液维持平衡时，人的健康状况就稳定良好，或称体液平衡 eucrasia【体液调配得好】；当人体的某一种或者数种体液过多，体液系统失衡时，人的健康状况就不正常了，也叫体液不调 dyscrasia【体液调配比例失衡】。另外，火山口、陨石坑等也被称为 crater，因为它们外观上很像一口锅。

①古希腊语中，在动词词根或词干后缀以-τήρ构成表示施动者概念的名词。这一点可以对比英语中的 teach-teacher, work-worker, read-reader之关系。比如源于希腊语动词σῴζω‘拯救’（词根σω-）的名词σωτήρ‘拯救者’，源于动词δίδωμι‘给予’（词根δω-）的δοτήρ‘赠与者’。

害死国王并未使伊阿宋的处境好过一些，珀利阿斯王死后，伊阿宋仍然无法获得王位。珀利阿斯的儿子继承了父亲的王位。而伊阿宋夫妇谋杀国王的卑鄙行径却引起国内贵族的反感以及珀利阿斯的女儿们的愤恨，他们以谋杀罪控诉伊阿宋夫妇并将他们驱逐出境。伊阿宋不得不带着妻子流亡异乡，他们逃到了科林斯，受到那里国王的接待。

这对夫妇在科林斯住了十年，美狄亚为伊阿宋生下了两个儿子。然而人都有老的一天。当美狄亚年龄渐长，不再如当初那样年轻貌美时，伊阿宋又迷上了科林斯的公主克瑞乌萨。他私下向国王提亲，回家却假惺惺地告诉妻子说这是寄人篱下不得已之举，希望美狄亚能接受他和公主的婚事，否则自己只能选择休妻以保全家室。美狄亚陷入绝望，她曾经为了伊阿宋背叛自己的祖国，背叛了父亲还残忍地杀死了同胞弟弟，这个负心郎今天却要无耻地背叛自己。科林斯王为了女儿来到伊阿宋的寓所，打算驱逐可怜的美狄亚。美狄亚心如死灰，决定报复这个负心郎。她假装不再固执，送给公主一件涂毒的婚袍和一顶施有诅咒的额冠，还在国王的酒里下了剧毒。于是这场婚礼上，人们眼睁睁看着身穿美丽长袍的新娘突然浑身痉挛，衣袍里的毒汁烤得

➢ 图 3-68 Medea

她皮肉滋滋作响，而头上美丽的额冠则喷出火焰，灼烧着少女的身体。国王也因酒里的剧毒瘫倒在地上。伊阿宋的企图全部落空，他怒气冲冲地回到家，心里念叨着一定要惩罚这心狠手辣的妇人，然而屋里却传来了儿子们的惨叫声。他跑进房间，却只看到两个儿子倒在血泊中的尸体。

万念俱灰的伊阿宋想就此结束自己的生命，但他的脚步却把他带到了阿耳戈号停靠的沙滩上。这艘船也已经腐朽不堪了，船上的木板摇摇欲坠。他坐在船尾的阴影里，回想起和众英雄一起航海探险的美好时光，恍惚间众英雄还围绕在自己身边，那时大家都年轻气盛，心中满怀憧憬，渴望着建功立业。或许开始就是归宿。当英雄坐在船尾的阴影里反思着自己的一生时，船尾突然坍塌，掉下来砸中了他，将他埋在了阿耳戈号的废墟中。

或许，这样死去能给心灰意冷的伊阿宋一点安慰，毕竟他一生中的光荣都与这阿耳戈号息息相关。

关于巨爵座的来历，还有一个传说。据说阿波罗建造了一个祭坛，欲为天神宙斯献祭。但举行祭礼时发现忘了带水，于是他交给自己的宠鸟——乌鸦一只罐子，让它去汲水。乌鸦带着罐子去寻找泉水，中途看到了一片无花果树林，树上刚刚结出的小果子虽未成熟，望去却已非常诱人。馋嘴的乌鸦停在树林中，等了好几十天，直到果子都熟了，美美地饱餐了一顿后，这才想起了取水的差事，连忙打了泉水回去复命。此时祭礼早已经结束，为逃避罪责，乌鸦撒谎说泉水被一条可怕的水蛇守着，自己用尽一切办法都难以接近，所以延误了这么长时间。太阳神早就看穿了乌鸦的谎言，作为惩罚，阿波罗诅咒乌鸦变成一只焦黑丑陋的鸟儿，并失去曾经迷人的嗓音。从此乌鸦只剩下满嗓子令人厌烦的聒噪。阿波罗还使乌鸦被自己的谎言永远折磨，他把乌鸦扔至夜空，变成乌鸦座，乌鸦座不远处就是装满水的水罐（巨爵座），但即使乌鸦干渴万分，也不敢靠近这个水罐半步，因为一条可怕的水蛇（长蛇座）不分昼夜地守护着这水罐。

3.30 乌鸦座　自甘堕落的宠鸟

很久很久以前，乌鸦本是一种非常漂亮的鸟儿，它有着雪白的羽毛与动人的歌喉。太阳神阿波罗非常喜欢这种鸟儿，将其设为自己的圣宠。甚至当众神在尼罗河畔欢宴，突然遭到怪物堤丰的偷袭时，阿波罗就曾变成一只乌鸦逃跑。

或许被太阳神过度宠爱，这只乌鸦竟然开始变得骄傲自大，堕落了起来。

阿波罗爱上了拉庇泰公主科洛尼斯，公主怀上了他的孩子。后来，风流不羁的阿波罗离开了公主。或许公主以为再也得不到太阳神的宠幸，便背着阿波罗和凡人伊斯库斯相爱，并与他同床共枕。乌鸦看到了这一切，并向阿波罗报信。居然被凡人给扣上绿帽子的太阳神怒火中烧，他责怪公主对自己不忠，便张开角弓，一箭准确无误地射向公主的胸膛。公主惨叫了一声，吃力地拔出箭镞，雪白的身体上流遍了鲜红的血。等到阿波罗后悔时，公主已经命丧黄泉。他痛恨报信的乌鸦，是那鸟强迫他听到这不体面的事情，从而导致了他的痛苦。他诅咒这乌鸦，诅咒它不再有美丽样貌。从此这原本美丽的鸟儿变得丑陋，浑身披满黑色的羽毛。

➢ 图 3-69 Apollo slaying Coronis

在火化科洛尼斯时，太阳神发现她肚子里的孩子还活着，便切开她腹部将孩子救了出来。因为孩子是剖腹而来的，故取名为阿斯克勒庇俄斯 Asclepius【剖腹得来之子】，这孩子长大后因其精湛的医术而被后世尊为医神。

还有一次，阿波罗建造了一个祭坛，想要为主神宙斯献祭。但举行祭礼时发现忘了带水，便交给乌鸦一只罐子，让它去取水。乌鸦带着罐子去寻找泉水，中途看到了一片无花果树林，树上结出的小果子虽未成熟，望去却非常诱人。馋嘴的乌鸦停在树林中，等了好几十天，直到果子都熟了，美美地饱餐了一顿，饱足的乌鸦这才想起了取水的差事，便连忙打了泉水回去复命。[1]此时祭礼早已经结束，为逃避罪责，乌鸦撒谎说泉水被一条可怕的水蛇守着，自己用尽一切办法都难以接近，所以延误了这么长时间。太阳神早就看穿了乌鸦的谎言，作为惩罚，阿波罗诅咒乌鸦永远不再有迷人的叫声，反而要异常刺耳、令人厌烦。阿波罗还令乌鸦永远被自己的谎言折磨，他把乌鸦扔至夜空，变成乌鸦座 Corvus，乌鸦座不远处就是装满水的水罐（即巨爵座），但即使乌鸦干渴万分，也不敢靠近这个水罐半步，因为一条可怕的水蛇（即长蛇座）不分昼夜地守护着这水罐。

① 乌鸦失信于主人的故事，还见于另一则著名的神话故事——诺亚方舟。根据《旧约》记载，当淹没世界的大洪水结束之后，诺亚想知道陆地是否已经露出，便放出一只乌鸦，结果乌鸦竟一去不返。

如果你仔细倾听乌鸦的叫声，就会发现其叫声大约为 /kra/ 或 /kora/，罗马人认为乌鸦是一种懒惰的鸟儿，因为它们天天都喊着 cras-cras，而 cras 在拉丁语中意即‘明天’。古印欧人明显是模仿乌鸦的叫声为之命名的，我们至今仍能从希腊语、拉丁语、英语等印欧语子语中看到这一点。比如英语中表示乌鸦的 crow，其读音 /kro/ 就非常类似乌鸦的叫声。另外，英语中表示乌鸦叫声的 crake，也来自对其鸣声

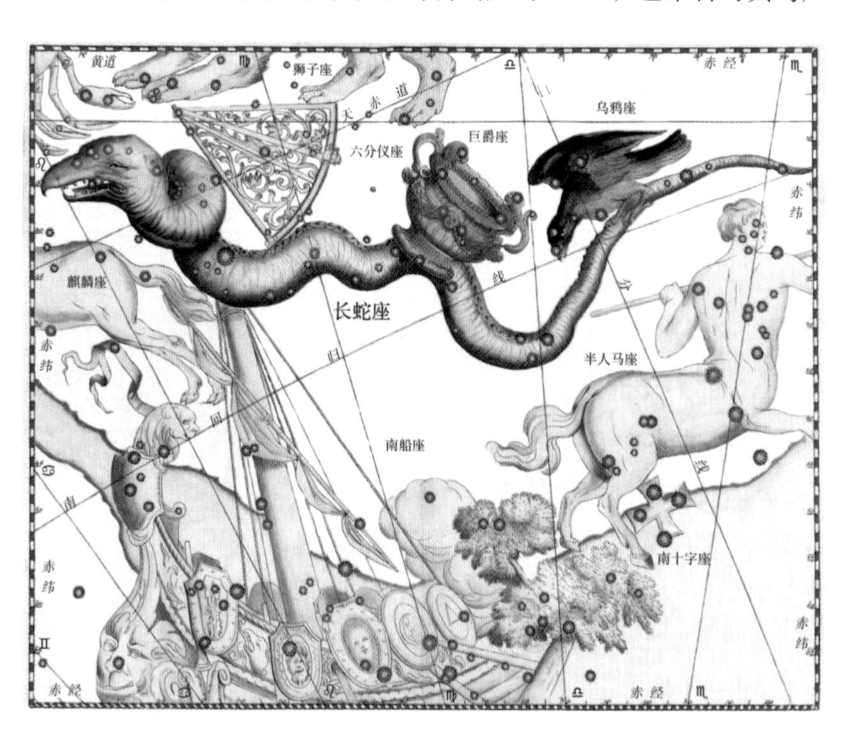

➢ 图 3-70　乌鸦座

的模仿。

古希腊人称乌鸦为 κόραξ，有时也作 κορώνη，这两个词的核心部分仍能看到模仿乌鸦叫声的 κορ- 成分。κορώνη 一词意为‘乌鸦’，这或许解释了公主科洛尼斯故事中暗含的意思，科洛尼斯的名字 Coronis 即源自希腊语的 κορώνη‘乌鸦’，而公主不忠于太阳神的故事也正是乌鸦不忠于主人的故事。

拉丁语中将乌鸦称为 corvus，词基部分为 corv-，其与希腊语的 κόραξ 同源。于是我们就不难理解乌鸦的属名 Corvus【乌鸦】和科名 Corvidae【乌鸦科】的来历。英语中的 crow、法语中的 corbeau 都由此演变而来，并都表示“乌鸦”之意。corbea 一词衍生出了英语中的 corbel，字面意思是【如乌鸦钩形喙般的】。

根据格林定律，拉丁语中的 /k/ 音对应日耳曼语中的 /h/，于是我们就不难理解 corvus 与古英语词汇中表示乌鸦的 hræfn 之间的同源关系，注意到此处的 f 其实发 /v/ 音[1]，以至于后来当该词的首音 h 脱落后，便有了现代英语中的 raven 一词。

注意到古英语到现代英语的演变中，首辅音脱落是一个非常常见的现象，我们不妨对比一下常见古英语词汇和对应的现代英语词汇，比如：hlāf-loaf、hrōf-roof、hnutu-nut、hring-ring、hlēapan-leap、hlǣder-ladder、hleahtor-laughter、hlūd-loud、hlystan-listen、hrēaw-raw；注意到现代英语 know 中的首音 /k/、write 中的首音 /w/ 都不发音，本质上也已经脱落，只是文字上还沿用古代文字形式而已（古英语中这类首字母都是发音的），我们还应该算上 wrītan-write、cnāwan-know、cniht-knight、cnēo-knee、cnīf-knife、hwīl-while、hwȳ-why、hwelc-which、hwæt-what、hwǣr-where 等。这从另一个角度告诉我们，英语中一些复合音节中不发音的部分，是古语中留存下来的书写方式，只是这些词汇在发音上早已变迁。更广泛一点说，文字中读音与书写的不一致性大都是这样来的，因为语音已经变迁，而相应文字的变更滞后于该语音。对比法语中‘国王’roi 一词的语言发音和文字书写的演变过程：

[1] 关于古英语中辅音字母的发音问题，请参见Bruce Mitchell，Fred C. Robinson所著*A Guide To Old English*一书，P33,§9，Blackwell Publishing。

表3-3 roi一词的变迁

时间	语言发音	文字书写
十一世纪	rei	rei
十三世纪	roi	roi
	roe	roi
	roa	roi
十九世纪	rwa	roi

很明显，虽然在法语中该词汇的发音一直在变化，但是文字却一直停留在十三世纪的书写形式上。也就是说：在特定时期书写系统具有固定性，但整体语言却一直在演进变化。这提醒我们，在研究既定的语言文字时，一定要区分语言与文字两个不同事物的概念。文字是语言的影像，但是并不是语言本身，就如同相片只是真人的影像而已。这一点对于汉语语言文化研究者来说尤其重要，之所以这样说是因为很多研究汉字的人全然分裂了汉字和汉语本身，并试图仅仅从文字上解析汉字体系。他们最典型的做法是将汉字拆解为零件，然后组装拟构出所谓“汉字本意”（事实上，这点仅对于极少数的象形字和会意字有用），他们会认为所谓“富裕”的本意乃是“有房、有口福享、有田耕、有衣服穿、有谷物吃”，理由是“富裕”两字可以拆解为“房子、一、口、田、衣、谷”六个部分。这样的理论完全无视汉语语言的存在，如果“富”、“裕”两字如此解释，那么副、幅、辐、蝠、欲、浴这些字又该怎么解析呢？[1]

乌鸦座基本对应于中国星象中的轸宿。轸宿属于南方朱雀七宿。在古代星象分野理论中，代表四个方位的四象分别对应华夏大地东西南北四个区域。于是南方的朱雀七宿“井、鬼、柳、星、张、翼、轸”就是南方世界的分星。楚地在南，其分星为轸。《西步天歌》有曰：“轸宿四珠不等方，长沙一黑中间藏。”也就是说，轸宿中间的一颗星被称为长沙。另一方面，我们知道，湖南为楚国之地，而其省会也正在楚国中间。这也正是湖南省会城市之名称——长沙的由来。而长沙被称为“星城”，也正是由于这个原因。

[1] 这不禁让人想起《三国演义》中，杨修的“一人一口酥”了。甚至近代一些学者开始倡导所谓的汉字全息学，认为每个汉字都是一个世界，每个汉字中都渗透着浓浓的文化积淀和造字者的世界观。这真是大可不必。汉字作为一个具有想象空间的图形载体，固然有些许价值，但其本身合理性范围莫过于部分象形、会意字，这些字占汉字总比例并不大。而对汉字中数量最多的形声字进行的所谓“全息学”解析，无疑是在刻意肢解和误解汉字本身。一些汉字研究的学者，居然无视汉语语言这个实体的存在，而执迷于从其影像（文字）中挖掘信息，其天马行空的荒唐结论实在让人啼笑皆非。所谓的“汉字全息学”本身就是一个让人迷惑的错误观念。任何文字就本质而言都不是用来描述世界的。文字的是用来描述语言的工具，汉字也不例外。

3.31 蛇夫座 持蛇行医者

喀戎的弟子大多成为大名鼎鼎的英雄，但有一位却非常与众不同。当其他弟子在山林中逐猎野兽，或在草坪上习武竞技、比赛角力的时候，他却独自躲在山洞中配制药方，或者在悬崖峭壁、乱石荒野中寻找奇异的药草。这个弟子就是后来被尊为医神的阿斯克勒庇俄斯。与喀戎的其他弟子不同，这位弟子不喜好狩猎、不好战争武艺、不好残杀之术，他对人间疾苦充满了同情心，并且立志要悬壶济世，让世人摆脱疾病和痛苦的折磨。喀戎很喜欢这个弟子，将自己所知的医术技巧全部传给了他。

关于阿斯克勒庇俄斯的身世，说起来有些伤感。当年太阳神阿波罗与拉庇泰公主科洛尼斯相爱，公主为他怀了一个孩子。后来乌鸦给太阳神带来消息说，公主科洛尼斯背着他和凡人伊斯库斯相恋，太阳神听后勃然大怒，一箭射死了自己的恋人。为科洛尼斯举行火化时，阿波罗发现她肚子里的孩子还活着，便切腹将她肚里的孩子救了出来，这个孩子被称为阿斯克勒庇俄斯 Asclepius，即【剖腹得来之子】。太阳神将孩子交给了贤明的喀戎抚养教育，喀戎把这个年幼的弟子抚养成人，还将自己所有的医术都教给了他。阿斯克勒庇俄斯很快就在医术上超过了自己的老师，这或许也得益于阿波罗的遗传，毕竟阿波罗也是司掌医药之神。后来，阿斯克勒庇俄斯的医术已经精湛到能够起死回生的地步，他四处行医，救活了很多生命垂危的人，却因此惹怒了冥界的主宰哈得斯。阿斯克勒庇俄斯精湛的医术使死去的人得以复生，这对于亡灵之归宿的冥界是一个极大的威胁，冥王哈得斯见亡魂越来越少，便向天王宙斯表达不满。宙斯迫于兄长的压力，借口阿斯克勒庇俄斯救活了雅典的希波吕托斯[1]从而破坏了生老病死的自然规律，投下闪电将其劈死。[2]

阿斯克勒庇俄斯的标志为一支缠绕着蛇的权杖，这蛇杖称为 rod of Asclepius【阿斯克勒庇俄斯之杖】，因此这位医师也被称作 Ὀφιοῦχος【持蛇人】，蛇夫座的名字 Ophiuchus 即由此而来。拉丁语

[1] 希波吕托斯为雅典王忒修斯之子。关于宙斯杀死阿斯克勒庇俄斯的原因，还有一种说法认为这位神医在为希波吕托斯治病时收取了钱财而惹怒了宙斯。

[2] 阿斯克勒庇俄斯是阿波罗的爱子，如今被宙斯所杀。太阳神非常恼怒，却又不敢同宙斯发生正面冲突。作为报复，阿波罗发箭射死了三位独目巨人，因为宙斯用来劈死阿斯克勒庇俄斯的武器是他们制造的。他的这一举动惹怒了宙斯，为了惩罚阿波罗谋杀独目巨人之罪，宙斯罚他在人间做了多年的苦役。

中也将其意译为 Serpentarius【持蛇人】，后者也用来表示蛇夫座。关于蛇杖的来历，据说一天阿斯克勒庇俄斯正在专注思索一项病案时，突然发现一条毒蛇爬到他的手杖上，他大吃一惊，立即将这条毒蛇杀死。谁知不久，又出现了另一条毒蛇，口里衔着药草，伏到死蛇身边为死蛇敷上草药，结果那蛇复活了。医师阿斯克勒庇俄斯想到，蛇是有毒的，可致人于死地，但蛇又有神秘的疗伤能力，可以拯救患病之人。此后他在各地行医时总是带上手杖，并在手杖上寄养一条蛇。这只缠绕着蛇的手杖便成为了阿斯克勒庇俄斯的标志。后代医师都以 Asclepiadae【阿斯克勒庇俄斯之裔】自居，于是这个手杖便成了医学、医术的象征。直到今天，蛇杖还是各医学学会、医学组织、医院、医学院的标志。[1]

[1] 需要注意的是，阿斯克勒庇俄斯的蛇杖形象是一条蛇缠绕在长长的棍子上，这与信使之神赫耳墨斯的双蛇缠绕的带翼短杖不同。后者有时被误用在医学的场合。

后世将医术高明的阿斯克勒庇俄斯尊为医神，并将其形象放置于夜空之中，便有了蛇夫座。而他所持的蛇则成为了巨蛇座。

Ὀφιοῦχος 一词由希腊语的 ὄφις‘蛇’与 ἔχω‘握住、拿’构成，字面意思为【持蛇人】。拉丁语中将蛇夫座称为 Serpentarius【持蛇人】，由 serpens‘蛇’和表示行为人概念的 -arius 后缀组成；对比拉

图 3-71　蛇夫座

丁语的宝瓶座 Aquarius【持水人】，后者由 aqua‘水’和 -arius 后缀组成。

注意到蛇夫座 Serpentarius 由表示蛇的 serpens（属格 serpentis，词基 serpent-）和后缀 -arius 组成，意思是【持蛇人】。后缀 -arius 一般缀于名词词基后，构成相关的形容词阳性形式，对应的中性形式为 -arium，阴性为 -aria。形容词阳性一般多用来修饰工匠、医生、士兵等各行业人物，有时也名词化为人物概念。比如 sagitta 词基为 sagitt-，加 -arius 构成 sagittarius‘使用箭矢的’，作为名词暗含 vir sagittarius【持箭人】之意。相似的道理，-arius 多用来表示相关人物的概念，对比：

表3-4　-arius后缀

形容词	字面义	来自名词	名词含义	演变为英语	英文含义
Aquarius	持水人	aqua	水	Aquarius	宝瓶座
Sagittarius	持箭人	sagitta	箭	Sagittarius	射手座
mercennarius	有酬士兵	merces	报酬	mercenary	雇佣兵
ferrarius	铁匠	ferrum	铁	farrier	蹄铁匠
carpentarius	修车匠	carpentum	马车	carpenter	木匠
molinarius	磨坊主	molina	磨坊	miller	磨坊主
plumbarius	铅工	plumbum	铅	plumber	管子工
missionarius	有使命者	missio	使命	missionary	传教士

注意到拉丁语的 molinarius 演变为了英语的 miller“磨坊主”，对比英语中的磨坊 mill；拉丁语中的 plumbarius 演变为了英语的 plumber，对比英语中的铅 plumbum。单纯从英语的角度看，似乎是 mill 加 -er 构成 miller，而 plumb 加 -er 构成了 plumber。这样的词构解析促使英语中出现了 -er 后缀的物主名词词构，对比：银行 bank-银行家 banker、海洋的 marine- 海员 mariner、陌生 strange- 陌生人 stranger、外国的 foreign- 外国人 foreigner、农田 farm- 农民 farmer、天文 astronomy- 天文学家 astronomer、引擎 engine- 工程师 engineer。拉丁语的 -arius 还演变出了法语中的 -aire，这些法语词汇进入英语中，因此也有了：百万富翁 millionaire、亿万富翁 billionaire、调查表 questionnaire、照明设备 luminaire、军团士兵 legionnaire、受让人

concessionaire、门警 commissionaire、海盗 corsair 等。[①]

形容词 -arius 的中性形式为 -arium，这个中性形式一般修饰事物、物品等概念，故有时也名词化为地名概念。比如 argentum salarium【盐钱】演变为英语中的“薪水”salary。更多时候用来表示地方，对比拉丁语和英语衍生词汇：

①注意到由-arius衍生的英语中的-er类名词都是在名词基础上加-er构成的。而英语中由动词加-er构成施动名词的构词方法（比如teach-teacher、play-player）另有来源。同样的道理，法语中-aire类名词也是在名词的基础上加-aire构成。

表3–5 –arium后缀

–ium类名词	字面含义	对应名词	名词解释	英语演变	英文含义
aquarium	储水之处	aqua	水	aquarium	水族馆
librarium	书库	liber	书	library	图书馆
dictionarium	收录言辞之处	dictio	言辞	dictionary	字典
diarium	记日记处	dies	日	diary	日记
mortuarium	停尸之处	mortuus	死人	mortuary	太平间
ovarium	储卵之处	ovum	卵	ovary	卵巢
vinarium	葡萄园	vinum	葡萄	vinery	葡萄园
piscarium	鱼场	piscis	鱼	piscary	捕鱼场
aviarium	养鸟之处	avis	鸟	aviary	鸟笼
apiarium	养蜂之处	apis	蜜蜂	apiary	蜂房

注意到表示地点的 -arium 大多数演变为英语中的 -ary，英语中很多表示地方的 -ary 便来自于此，比如：神学院 seminary【储备种子之地】、圣所 sanctuary【神圣之处】、谷仓 granary【储谷之处】、蚁窝 formicary【蚁居之处】、鸽棚 columbary【养鸽之处】、尸骨堂 ossuary【放尸骨之处】等。

我们已经知道，-arius 和 -arium 最初是形容词形式，其用作名词不过是省略了所修饰的概念而已。而作为形容词，-arius 和 -arium 大都演变为英语中的 -ary，比如：相反的 contrary【相互抵触的】、荣誉的 honorary【关于荣誉的】、初级的 elementary【基本的】、花冠的 coronary【头冠的】、补充的 auxiliary【辅助的】、假想的 imaginary【想象出的】、文学的 literary【文字的】、必须的 necessary【不能少的】、金钱的 pecuniary【钱的】、首要的 primary【最先的】、次要的 secondary【第二的】、独自的 solitary【单独的】、自发的 voluntary【自愿的】。

阿斯克勒庇俄斯有五个女儿，分别是：代表健康的许癸厄亚 Hygieia、代表一切治愈的帕那刻亚 Panacea、代表医药的伊阿索 Iaso、代表治疗的阿刻索 Aceso、代表健康荣光的阿格莱亚 Aglaea。“医学之父”希波克拉底在其著名的《希波克拉底誓言》中开篇就说：

> 我谨向阿波罗神、医神阿斯克勒庇俄斯、健康女神许癸厄亚、药神帕那刻亚及在天诸神起誓，将竭力履行以下誓约。
>
> ——希波克拉底誓言

这里面就提到了医神阿斯克勒庇俄斯和他的两个女儿。当然，现在医学学生入门所宣誓的“希波克拉底誓言”与原文略有差异，是改编后符合现代人认知的版本。据说著名的医师希波克拉底就是医神的后裔，这些阿斯克勒庇俄斯的后裔都被称为 Asclepiadae【医神之后裔】，后来这一概念被用来泛指医师。

作为医神，阿斯克勒庇俄斯的圣物为公鸡。这大概来自于一种朴素的象征性隐喻：公鸡在清晨打鸣，将人们从沉睡中唤醒，就如同医神从濒死的患者中唤起生命一样。或许你会想到《克里托篇》中，苏格拉底临终之前的最后一句话：

图 3-72 The death of Socrates

ὦ Κρίτων, τῷ Ἀσκληπιῷ ὀφείλομεν ἀλεκτρυόνα: ἀλλὰ ἀπόδοτε καὶ μὴ ἀμελήσητε.

——柏拉图《克里托篇》

请原谅我无法翻译得像原文一样优美，这句话的意思为：克里托，我们还欠阿斯克勒庇俄斯一只公鸡，请别忘记还给他。这句话的解析需要涉及更深入的探讨，但此处有一点是明显的，苏格拉底在这里借用阿斯克勒庇俄斯之公鸡，来言喻自己的生死。

医神阿斯克勒庇俄斯的名字 Ἀσκληπιός 可以拆分为 ἀ-σκληπ-ιός，中间的 -σκληπ- 部分由动词 σκάλλω‘切开、挖开’变化而来，因此 Asclepius 一名的意思大概为【切开而来的】，毕竟阿波罗从死去的科洛尼斯腹中救出了孩子，取以此名也是非常恰当的。善于挖土造穴的鼠类被称为 scalops，现在一些鼠类的学名诸如 Monodelphis scalops 还沿用着这样的称呼，后者中文译名为长鼻短尾负鼠。英语中的解剖刀 scalpel 也由 σκάλλω 衍生而来。

另外，传统西医在治病时常用一种药草，这种药草被冠以医神之名称为 Asclepias，该种属也被称为 Asclepiadaceae，中文称为萝藦科。

3.32 巨蛇座　爬行动物和现在分词

医神阿斯克勒庇俄斯在各地行医看病时，经常在手杖上带着一条蛇。这蛇杖便成为了阿斯克勒庇俄斯的象征，并且成为医学的标志。而医神的这条蛇也同变为蛇夫座的医神一起升入夜空中，便有了巨蛇座。希腊人将这个星座称为 Ὄφις，罗马人将之意译为拉丁语的 Serpens，意思都是‘蛇’。

希腊语的 ὄφις 衍生出英语的：蛇类学 ophiology【蛇之研究】、蛇纹石 ophite【蛇石】、蛇绿岩 ophiolite【蛇石】、蛇样的 ophidian【蛇的】、毒蛇 thanatophidia【致死的蛇】、蛇毒素 ophiotoxin【蛇之毒素】，以及生物分类中的海蛇科 Hydrophidae【海蛇类】、鳢科 Ophicephalidae【蛇头类】、蛇鳗科 Ophichthyidae【蛇鱼类】、蛇亚目 Ophidia【蛇类】、瓶尔小草 Ophioglossum【蛇芯】、花条蛇属 Psammophis【沙蛇】。

图 3-73　卫生部 logo

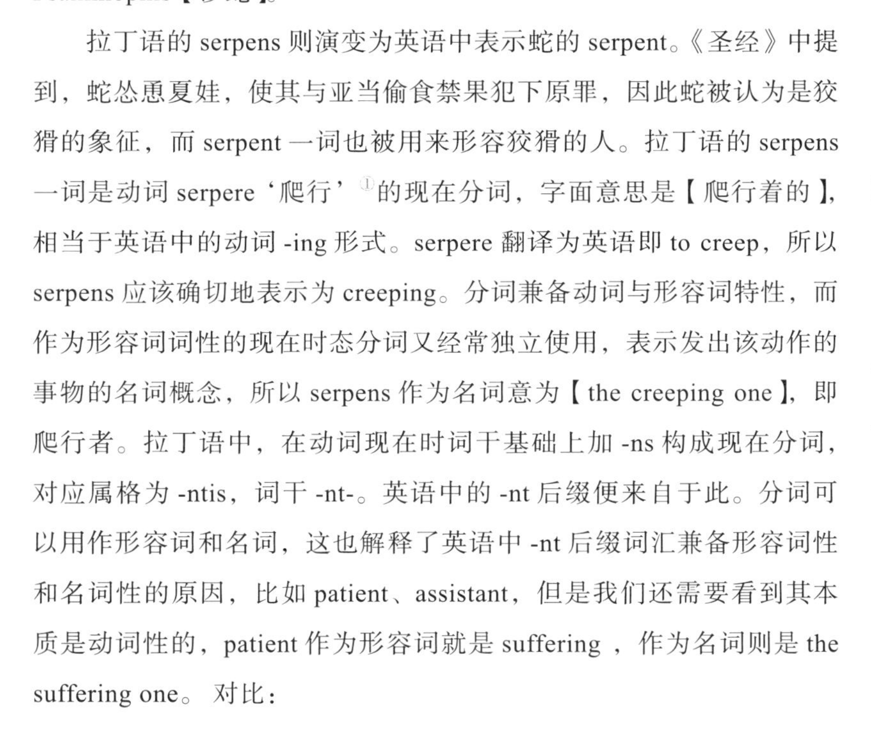

拉丁语的 serpens 则演变为英语中表示蛇的 serpent。《圣经》中提到，蛇怂恿夏娃，使其与亚当偷食禁果犯下原罪，因此蛇被认为是狡猾的象征，而 serpent 一词也被用来形容狡猾的人。拉丁语的 serpens 一词是动词 serpere‘爬行’[1]的现在分词，字面意思是【爬行着的】，相当于英语中的动词 -ing 形式。serpere 翻译为英语即 to creep，所以 serpens 应该确切地表示为 creeping。分词兼备动词与形容词特性，而作为形容词词性的现在时态分词又经常独立使用，表示发出该动作的事物的名词概念，所以 serpens 作为名词意为【the creeping one】，即爬行者。拉丁语中，在动词现在时词干基础上加 -ns 构成现在分词，对应属格为 -ntis，词干 -nt-。英语中的 -nt 后缀便来自于此。分词可以用作形容词和名词，这也解释了英语中 -nt 后缀词汇兼备形容词性和名词性的原因，比如 patient、assistant，但是我们还需要看到其本质是动词性的，patient 作为形容词就是 suffering ，作为名词则是 the suffering one。对比：

①拉丁语的serpere‘爬行’与希腊语的ἕρπειν‘爬行’同源，后者衍生出了英语中的爬虫学herpetology【爬虫的学问】、爬虫畏惧herpetophobia【害怕爬行动物】。

表3-6 施动名词后缀-nt

名词	对应动词	字面含义	汉语翻译
consultant	consult	the consulting one	顾问
accountant	account	the accounting one	会计
servant	serve	the serving one	仆人
student	study	the studying one	学生
attendant	attend	the attending one	侍候生
assistant	assist	the assisting one	助手
agent	act	the acting one	执事
president	preside	the presiding one	总统
defendant	defend	the defending one	被告人

故也有了英语中的：婴儿 infant【不能说话者】、父母 parent【生育者】、大陆 continent【被包围者】、侨民 immigrant【移入者】、顾客 client【依靠者】、居民 resident【定居者】、成分 component【共同组成者】、申请人 applicant【请求者】、参与者 participant【共享者】、商人 merchant【贸易者】、房客 tenant【持房者】、蛇 serpent【爬行者】。

作为形容词的 -nt 后缀更为常见，比如：在场的 present【面前的】、缺席的 absent【不在的】、最近的 current【流动的】、不同的 different【分开的】、重要的 important【带进来的】、依靠的 dependent【悬挂的】、独立的 independent【不依靠的】、明显的 evident【看得出的】、古老的 ancient【古代的】、安静的 silent【沉默的】、支配的 dominant【统治着的】、猛烈的 violent【暴力的】、重要的 significant【值得标记的】、相关的 relevant【有关系的】、卓越的 excellent【突出的】、怀孕的 pregnant【产子之前的】、相当的 equivalent【等价的】、闪耀的 brilliant【宝石般闪光的】、聪明的 intelligent【有分辨力的】、天真无邪的 innocent【无害的】、有效率的 efficient【做出成效的】、不断的 constant【始终在的】、远处的 distant【分开的】、立即的 instant【立刻的】、抵抗的 resistant【抗拒的】、永久的 permanent【一直留存的】、显然的 apparent【显现着的】、透明的 transparent【通透的】、突出的 prominent【向前伸出的】、确信的 confident【充分相信的】、愉快的 pleasant【喜欢的】、邻近的 adjacent【挨着的】、优美的 elegant【精挑细选出的】、急迫的 urgent【被施压的】、壮丽的 magnificent【大成就的】、方便的 convenient【合适的】、天生的 inherent【与生俱来的】、连贯的 coherent【一直相连的】、随后的 subsequent【紧随而来的】、坚持不懈的 persistent【一直站着的】。

拉丁语的现在分词 -ns（属格 -ntis，词基 -nt-），其阳性、阴性和中性形式一致。其与希腊语的现在分词同源，希腊语的现在分词阳性形式为 -ων（属格 -οντος，词基 -οντ-），于是就有了太阳神之子法厄同 Φαέθων【闪耀者】、希腊联军统帅阿伽门农 Ἀγαμέμνων【异常坚定者】。

拉丁语和希腊语中的现在分词词构，也同古英语中的现在分词同源。古英语中在动词词干基础上加 -nde 构成现在分词。比如动词 wacan ‘to wake’ 词干为 wac-，对应的现在分词为 wacende ‘waking’。古英语的分词后缀 -nde 后来被动名词和动形词后缀 -ng（一般表现为 -ung 或 -ing）取代，并成为现代英语中统一的现在分词形式 -ing。对比 love-loving、act-acting、study-studying、serve-serving、develop-developing。

分词是印欧语系中一个非常重要的构词形式。简单说，分词是一种由动词构成的形容词，比较重要的分词形式有现在分词和完成分词。举英语为例，动词 develop 的现在分词为 developing、完成分词[1]为 developed。从语法角度来看，分词 developing【正在发展的】与 developed【已经发展完善的】都为形容词形式，于是就有了发展中国家 developing countries 和发达国家 developed countries。现在分词一般表示正在进行着的动作，而完成分词则多表示已经完成了的动作，或表示被动的概念，比如 a frightened boy【一个被吓到了的孩子】。作为形容词的分词有时也被当做名词使用，比如在 a misunderstanding、seeing is believing、his betraying 等表述中，现在分词就被用做名词了。从表意的层次来讲，形容词表示突出的一种特性，一种显著的特征；而具体的名词，则暗示了更具体和显著的特征。因此，形容词往往会被名词化来表示具有某种特征的事物。道理很简单，old 是形容词，而 the old 就相当于名词。这同汉语中说“老少皆宜”、“残害忠良”、“舍近求远”是一个道理。因此，当分词被用来表示名词概念时，对于它的表意，我们可以简单地翻译为“the adj”。

[1] 英语中的完成分词国内一般多译为过去分词。

3.33 大熊座　永恒的指针

任何一个晴朗的夜晚，当你仰望浩瀚的星空，总会容易识别出耀眼的北斗七星。之所以称为"北斗七星"，是因为这七颗北方亮星构成一只斗的形状，其中四颗斗勺称为魁，三颗斗柄称为杓。有趣的是外国也有类似的说法，这七颗星在英语中也称为 big dipper【大斗、大勺子】[①]。找到了北斗就找到了向导，其他的星和星座就不难辨认了。将魁末端两颗亮星连成一条直线，再延长五倍的距离，便可以找到北极星。北极星是北方的标志，找到它就不会在夜里迷失方向了。定位方向很简单：面向北极星你的正前方即正北，于是背向为南、左西右东。对于生活在北半球中高纬度的人们来说（古代文明都集中在这一纬度），北斗七星与北极星永不会跌入地平线以下。因此，只要夜色晴朗，辨识出了北斗星就不会迷失。事实上，北斗的作用远不止这些。地球的转轴直指北极星，因此从地球上看，北极点是永恒不动的，[②]所有恒星与其组成的星座则以北极星为中轴转动，[③]周期为一年。既然星空背景因时间而转动，如果我们把夜空看作一枚钟表，那北极就是钟表的中轴，北斗七星则无疑是最完美的指针了，判断出斗柄所指的方向，我们就知道自己正处一年中的哪个时节了！于是就有了楚国隐士

①之所以称北斗七星为"大勺子" big dipper，主要是区分小熊座的七颗星，后者被称为"小勺子" little dipper。

②由于章动的影响，这个位置其实是变动的，但是变动的角度非常之小，以至于数百上千年才能观察出其变化。因此一般可认为其固定不动。

③事实上，这些恒星的相对位置几乎是完全不动的，也就是说，恒星与其所组成的星座本身其实不移动，因为地球自转，我们看到漫天繁星绕着静止的北极点升起和落下，周期约为一天；因为地球公转，我们看到这些星座也绕着北极星旋转，周期约为一年。为了区别自转和公转，我们可以在每天的同一个时间观察星空，如此每天所观察到的变化来自于地球的公转，这个统一的观察时间在古代中国一般为初昏。

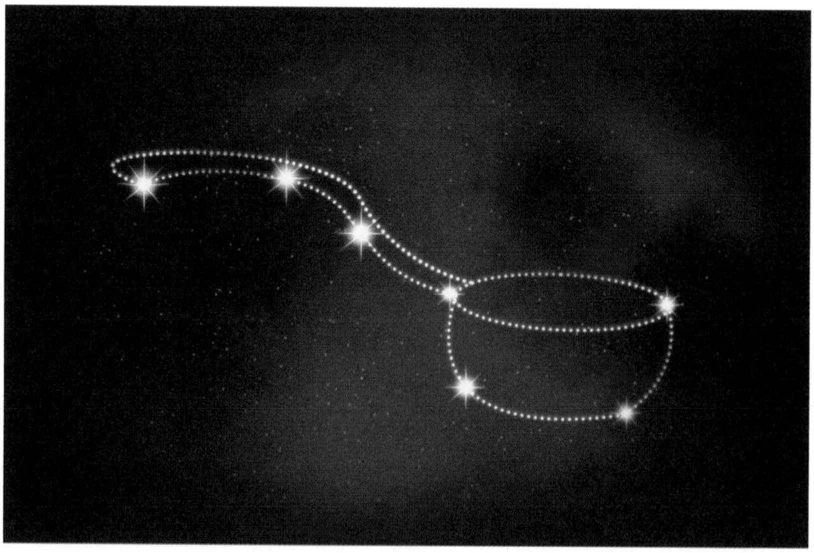

图 3-74　北斗七星

鹖冠子在《鹖冠子·环流第五》中的记载：

斗柄东指，天下皆春。斗柄南指，天下皆夏。斗柄西指，天下皆秋。斗柄北指，天下皆冬。[1]

——《鹖冠子·环流第五·12节》

北斗被用来确定四时，通过辨识北极星确定方位，因此也有了《史记·天官书》中关于北斗的描述：

斗为帝车，运于中央，临制四乡。分阴阳，建四时，均五行，移节度，定诸纪，皆系于斗。[2]

——《史记·天官书》

古代的指南针——司南的指针为一只斗勺，其形象便来自天上的北斗。司南无疑代表一个微缩宇宙，其面板代表古代宇宙观的方形大地，而杓形指针则代表夜空中的北斗。中国自主研发的导航系统命名为“北斗”也出于同样的原因：北斗七星是古人辨识方位、确定时间极为重要的参考。而导航无非就是要让人们知道自己所处的位置和时间而已，不过古人用北斗七星，今人用“北斗导航系统”罢了。另外，“北斗”在文化中也有重要的地位，我们将某一领域最卓越、最权威的人称为泰山北斗。这些无疑都使“北斗”一词有了权威导航的文化内涵。

在古代西方，北斗星被划入大熊星座中，是大熊尾巴处最亮的七颗星；而北极星则位于小熊星座，是小熊座的头号亮星。

我们从奥维德那里听说，阿卡迪亚国王吕卡翁生有一位美貌无比的女儿卡利斯托[3]。这位漂亮的公主被月亮女神选为侍女，是女神最喜欢的侍从之一。月亮女神阿耳忒弥斯是一位著名的贞洁女神，她要求侍女们也个个像自己一样永守贞洁。然而卡利斯托的美貌却使主神宙斯蠢蠢欲动，每当他看到这位迷人少女轻盈苗条的娇躯，盈盈一握的细腰，白嫩细柔的玉臂，款款柔情的眼睛，心中总是燃起一团渴望的烈火，却一直苦于无法下手。终于有一天正午，当卡利斯托狩猎归来在一片树荫下休息时，宙斯化作月亮女神的样子来到熟睡的少女身

① 这大致代表着春秋战国时代的天象。因为岁差的原因，我们现在的四季时间与斗柄所指已经出现了数度的偏差。

② 这样的认识在古代相当普遍，在很多经典中都有所提及。诸如《尚书纬》中所言：

北斗居天之中，当昆仑之上，运转所指，随二十四气，正十二辰，建十二月，又州国分野、年命，莫不政之，故为七政。

③ 也有说法认为卡利斯托本为一位宁芙仙子。

➢ 图 3-75 Diana and Callisto

边。当少女从睡眠中惊醒时，发现自己躺在女主人的怀中，主子亲昵地抚摸着她的身体……

宙斯得逞之后扬长而去，留下卡利斯托一人又惊又怕又伤心。她知道这事若被主子知道，后果肯定会非常严重，几个月里卡利斯托不敢向任何人提及此事。然而纸包不住火，当卡利斯托的肚子渐渐大起来后，怀有身孕的她再也瞒不过女神的眼睛。愤怒的女神将她驱逐出去，从此卡利斯托独自一人凄居在山林之中。赫拉怪罪她勾引自己的丈夫，便使她失去美丽的容颜，将她变成了一头母熊。几个月后，这头母熊生下了一个孩子，这个孩子名叫阿耳卡斯 Arcas‘小熊’。阿耳卡斯被林中的仙女收养，长大后成为一位年轻英俊的猎人。

转眼十六岁过去了，一天母熊在林中觅食时，意外地发现在林中狩猎的儿子。悲喜交加的卡利斯托伸开双手想要拥抱自己的儿子。阿耳卡斯看到的却是另一番情景，他看到一头熊向自己扑了过来，便举起手中的长矛向熊胸口刺去。幸好这一切被宙斯看到，他不忍看到自己的儿子杀死母亲，便将阿耳卡斯变成一头小熊，并把这两头熊升至夜空中，于是就有了夜空中的大熊座和小熊座。宙斯提着两头熊的尾巴一路拖至夜空，因此熊的尾巴被拽得特别长，这也是为什么大熊座与小熊座的尾巴都远比一般熊长的原因。①

大熊星座在希腊语中称为 Ἄρκτος‘熊’。大熊座是用来辨别北方的主要星辰，因此希腊语中用 ἀρκτικός‘熊的（方位）’表示北方，于是就有了英语中的：北冰洋 Arctic Ocean【北方的大洋】、南极 antarctica【北极相对】、北陆界 Arctogaea【北方之陆】②、北极龙 Arctosaurus【北极恐龙】、亚北极地区 subarctic【低于北极】；夜空中的大角星被称为 Arcturus，是因为他是传说中的【看熊人】，赶着两头熊绕着天轴运动，从而像驴拉磨一样带动夜空中所有的星星东升西落，从不止息。卡利斯托的儿子阿耳卡斯的名字 Arcas 意为‘小熊’，

①该说法出自十六世纪一位天文学家的记述，当时一个学生在观星时问老师说，为什么夜空中这两头熊的尾巴要比森林中的熊长，老师便如此解释。后来，这个巧妙的解释被大众所接受，也成为该故事的一部分。

②北陆界Arctogaea是动物地理区的三大单元之一，包括亚洲、非洲、欧洲、北美洲各大区域，与南陆界Notogaea、新陆界Neogaea相对。北陆界包括全北区Holarctic、埃塞俄比亚区Ethiopian与东方Oriental地区。

也暗示着他的身世。

阿耳卡斯的后人被称为阿卡迪亚人 Arcadian【阿耳卡斯之后裔】，他们生活的那片土地也被称为阿卡迪亚 Arcadia【阿卡迪亚人之地】。类似的，希腊认为自己的祖先是赫楞 Ἕλλην，[1]所以将自己的国家称为 Ἑλλάς【赫楞之地】；多利安人 Dorians 因其祖先多洛斯 Δῶρος 而得名，伊奥利亚人 Aeolians 因其祖先埃俄罗斯 Αἴολος 而得名，亚该亚人 Achaeans 因其祖先阿开俄斯 Ἀχαιός 而得名，伊奥尼亚人 Ionians 因其祖先伊翁 Ἴων 而得名。

[1] 据说赫楞是丢卡利翁之子，而丢卡利翁则是著名的盗火神普罗米修斯的儿子。所以希腊人将自己国家称为Ἑλλάς，中文的希腊就音译自该词汇。英语的Greece一词则源自罗马人对希腊的称呼，罗马人称希腊为Graecia【Graeci人的土地】，因为Graeci人是最早和罗马打交道的一支希腊民族。

罗马人称熊为 ursus，它的阴性形式 ursa 表示母熊。于是就有了大熊座 Ursa Major【较大的熊】、小熊座 Ursa Minor【较小的熊】；人名厄休拉 Ursula 本意乃是【小母熊】，而欧森 Orson 则意为【如熊一般】。

赫拉看到丈夫的外遇和其所生的孽种变成高高在上的耀眼星座，心中很不是滋味。便去找自己的乳母忒堤斯诉苦，忒堤斯不忍赫拉难过，就要求自己的丈夫环河之神俄刻阿诺斯去惩罚这两头熊。俄刻阿诺斯答应赫拉永不允许这两头熊进入海洋中沐浴。所以，一直到今天，这两头熊都高悬于夜空中，从未落入海平面以下。

➢ 图 3-76　大熊星座

3.34 小熊座 世界之轴

当提坦神主克洛诺斯残忍地生吞了自己五个孩子之后，他的妻子瑞亚恐惧万分。在大地女神的帮助下，她将刚生下的第六个孩子藏在克里特岛伊达山的一个山洞之中，交由那里的仙女们抚养。这个孩子就是后来的神王宙斯。宙斯长大后，救出被父亲吞食的兄弟姐妹，并带领他们一同推翻了由提坦神族领导的第二代神系统治。

这些曾经养育宙斯的仙女有：山羊仙女阿玛尔忒亚 Amalthea、柳树仙女赫利刻 Helike 以及犬尾仙女库诺苏拉 Cynosura[1]。出于感恩，神王宙斯将仙女赫利刻和库诺苏拉的形象放置在夜空中，她们的形象便成为大熊座和小熊座的原形，因此古希腊人也将这两个星座称为 Ἑλίκη 与 Κυνοσούρα。后来卡利斯托与儿子阿耳卡斯被变为两头熊的说法被广泛流传，大熊座便不再称为 Ἑλίκη，小熊座亦不再叫作 Κυνοσούρα，Κυνοσούρα 一名演变成小熊座中头号亮星的名字，英语中写为 Cynosure，也就是北极星。为感谢山羊仙女阿玛尔忒亚，宙斯将她的一支羊角变成了丰饶之角 cornocopia【富裕之角】，食物和珍宝会源源不断地从这角中供应出来，取之不尽。这位仙女死后，宙斯

①库诺苏拉有时也被认为是蜜蜂仙女墨利萨 Melissa，后者用蜂蜜将宙斯喂养长大。

➢ 图 3-77 The nymph Adrastia and the goat Amalthea with the infant Zeus

为了纪念她，还将她的皮做成了坚固的盾牌，从此希腊人将盾牌称为 αἰγίς，这个称呼即源于希腊语中的‘羊’αἴξ。另外，后人还用其中两位仙女的名字命名了木星的两颗卫星，分别是现在的木卫五 Amalthea 和木卫四十五 Helike。

从地球上观察，北极星是一直不动的，而北斗七星则像一个指针一样绕着北极星转动。北极星所在的星座（即小熊座）古时称为 Κυνοσούρα，而绕着北极星转动的北斗七星所在星座（即大熊座）古时则称为 Ἑλίκη。这大概为我们指出了大熊星座被称为 Ἑλίκη 的原因，该词源自希腊语中的 ἕλιξ‘旋转、弯曲’，而大熊座最明显的特征之一就是绕着北极星这个天轴[1]旋转。ἕλιξ 一词衍生出了英语中的：直升机 helicopter【旋转的翅膀】、螺旋 helix【旋转】、大蜗牛属 Helix【旋转】、蜗牛饲养 heliculture【蜗牛养殖】、蜗孔 helicotrema【盘绕的洞】、螺旋形步态 helicopodia【旋转的脚】、解螺旋酶 helicase【螺旋之酶】、螺旋度 helicity【螺旋性】、幽门螺旋杆菌 Helicobacter pylori【幽门的螺旋菌】、螺旋规 helicograph【画螺旋】、螺旋体 helicoid【状若螺旋】；缪斯女神们所居住的神山赫利孔山 Mount Helicon 则可以理解为【盘旋之山】，大概因为这山比较蜿蜒曲折。

小熊座的名字 Κυνοσούρα 来自希腊语的 κυνὸς οὐρά【狗的尾巴】，其中 κῠνός 是 κύων‘狗’的属格形式，οὐρά 意思为‘尾巴’，大概因为更早期时候，该星座被赋予狗的形象，这个名字可以字面翻译为【狗尾星座】。οὐρά 一词衍生出了：因为松鼠的尾巴极大并能遮住整个身体，故古希腊人将松鼠称为 σκίουρος【影子尾巴】，这个词进入英语变为 squirrel；猫类因为善摇尾巴而被称为 αἴλουρος【飞快的尾巴】，于是就有了猫科 Aeluroidae【猫科】、大熊猫属 Ailuropoda【猫足】、小熊猫 Ailurus【猫类】；还有兔尾草 Uraria【尾巴】、无尾目 Anura【没有尾巴】、短尾族 Brachyura【短尾巴】。

当人们采用 Ursa Minor 表示小熊座，原先表示小熊座的 Κυνοσούρα 便退而表示北极星了。北极星的学名为 polaris，这个词的拉丁语全名为 stella polaris【转轴之星】，英语也意译为 pole star。polaris 为拉丁语 polus‘轴’的形容词形式，后者来自希腊语的 πόλος‘转轴’[2]。汉语

①北极星也被称为axis mundi【世界之轴】，或stella polaris【转轴之星】，英语中的polar-star便译自后者。

②希腊语的 πόλος‘转轴’来自印欧词根*k^{w}el-‘转动’，后者的重叠形式‘轮子’*k^{w}ék^{w}los【滚动之物】演变出了梵语的cakra、希腊语κύκλος、英语的wheel，汉语的“轱辘”也舶自印欧语中的某一个子语言。故有佛教中的法轮即dharmacakra【法之轮】，以及瑜伽中的脉轮chakra【轮】；神话中的独目巨人Cyclopes【轮目】，这些巨人额上一目，巨大如轮，故名。

称其为“北极星”，因其在群星中位于【北之极至】，没有比它更向北的星体了，当你站在北极星的正下方，你会发现自己四面皆南。

北极星是北方的标志，而北斗七星则为寻找北极星的最佳向导，所以各种古文明都使用北斗七星来定位北极星。于是就不难理解为什么希腊语的‘熊’ ἄρκτος 也被用来表示‘北方’，因为大熊座和小熊座都是北方的象征；拉丁语中也有着类似的情形，拉丁语中的‘北方’ septentrio 本来用以表示北斗七星，转义而表示北方。考察一下欧洲语言中表示方位的基本词汇，我们发现这些词汇虽然表面上差别很大，但表意却有着惊人的一致性。我们不妨先从古希腊语来入手这个问题。

希腊语中表示方位概念的基本词汇为：东方 ἀνατολή【升起】、西方 δύσις【下沉】、南方 μεσημβρία【正午】、北方 ἄρκτος【熊】。我们看到，除了北方为表示大熊座的 ἄρκτος 以外，表示东方、西方、南方的词汇分别为‘升起’、‘下沉’、‘正午’，为什么用‘升起’表示‘东方’、用‘下沉’表示‘西方’、用‘正午’表示‘南方’呢？这来自于对太阳位置的观察。对于早期的人类来说，确定方位的确不是件容易的事，而且各个部落、民族随时可能迁徙，地面上的任何事物

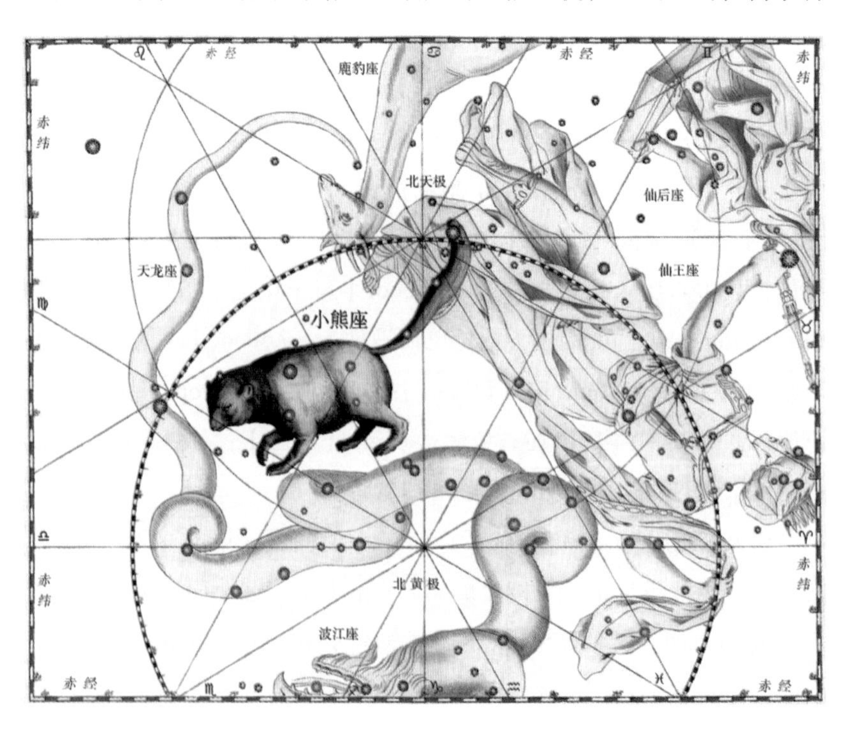

➢ 图 3-78　小熊星座

都很难成为有效的方位参考，而天上的星体则保持着恒久的不变性，且不因为人们所处的位置而有所变化。[1]这实在是非常天才的一组表示方法，想想如果你是古人，你会怎么更好地表达这些方位概念呢？

请抽出希腊语中表示方位的四个词汇的首字母，组成一个词语，你会得到adam。早期希伯来经文中有言，上帝取大地四方的四色泥土造人。这暗示着人作为造物的完美与精致，也隐含着希伯来人认为人死必归于尘土的说法。正如同上帝在伊甸园中对亚当所说：

> 你必汗流满面才得糊口，直到你归了尘土，因为你是从土里而出的；你本是尘土，并终将归于尘土。
>
> ——《旧约·创世纪》13:19

[1] 这里所说的位置指的是这些古老文明的活动区域。他们都生活在北半球中高纬度地区，正午时太阳位于正南。而相对的生活在南半球的人则会发现，正午时太阳位于正北。应该说明的一点是，凡是在纬度高于北回归线的地区，正午时太阳都位于正南方。而一天中所有时间内太阳都位于南面。

拉丁语中表示方位的概念与希腊语有着出人意料的一致：东方oriens【升起】、西方occidens【下沉】、南方meridies【正午】、北方septentrio【七牛】。即使字面上差别非常大，我们仍看到拉丁语中方位词的表意和希腊语是全然一致的，分别是：日出为东、日落为西、正午为南、北斗为北。拉丁语的oriens演变为了英语的orient“东方的”，拉丁语的occidens演变为英语的occident“西方的”，而ante meridiem【正午之前】和post meridiem【正午之后】的缩写a.m.和p.m.也在英语中表示“上午”和“下午”之意。

希腊语和拉丁语在方位上的相似性不禁使我们对欧洲其他语言产生好奇。那英语、法语、西班牙语、意大利语、德语、荷兰语、瑞典语等等语言呢？要搞清这个问题，我们还是先看看这些语言中的方位名称都是什么样的：

表3–7　各语言中的方位

语言/方位	东	西	南	北
西班牙语	este	oeste	sur	norte
法语	est	ouest	sud	nord
意大利语	est	ovest	sud	nord
英语	east	west	south	north
德语	osten	westen	süden	norden
荷兰语	oosten	westen	zuiden	noorden
瑞典语	öst	väst	syd	nord

你或许已经发现了，上述语言中的方位概念显然有着一个共同的起源。我们不妨以英语为例，分析英语中四个方位的词源，如此其他语言中方位词的来历也就不言自明了。那么，英语中的 east、west、south、north 究竟怎么来的呢？是否符合上文中关于方位的结论呢？

答案仍来自天空中行走的太阳。east 与希腊语中的‘黎明’ἕως 同源，west 与希腊语中的‘黄昏’ἕσπερος 同源。很简单，黎明时太阳升起，黄昏时太阳落下。south 与英语中的 sun 同源，意为【太阳的方向】，毕竟对于北回归线以上纬度的人来说，太阳终年位于南方，所谓太阳的方向也就是南方了。north 本意为【低的方向】，注意到太阳清晨升起于东方，正午高悬于南方，黄昏下坠于西方，到了夜间无疑被认为坠入低处的北方了。对比英语中的低于 beneath【在下方】、荷兰 Nederland【低地之国】。

文末，我们再来做一个游戏，用英语中表示方位的四个词汇的首字母组成一个词汇，我们得到了 news。什么是 news 呢？ news 就是来自四面八方的信息，有趣吧？

3.35 牧夫座 耕夫与牛车

我们已经知道，小熊座的头等亮星即北极星为天空之轴，永恒静止不动，而北斗七星所在的大熊座则终年围绕着它旋转。从星座形象看，这两头熊终年绕着天轴转圈。古希腊人认为它们的运动带动了整个恒星天层的旋转。那它们为什么如此劳苦奔波，一刻不停呢？如果你抬头仰望星空，也许会发现其中的奥秘——大熊和小熊的身后紧跟着看熊人 Arcturus(大角星) 和他的两条猎狗 Canes Venatici(猎犬座)，他们在看着这两头熊呢，确保它们一刻不停地牵动天空的转轴运动。显然，卡利斯托和阿耳卡斯母子变成熊升入夜空之后，并没有比之前好过多少。先是天后赫拉使其不得在大海中沐浴，现在身后又紧追着一位看熊人和一群猎狗，让可怜的母子无法得到一刻的安息。

希腊人将牧夫星座称为 Ἀρκτοῦρος，字面意思是【看守熊的人】，[1] 这是位紧跟在熊身后的猎人。后来这个星座名被 Βοώτης‘牧人’一名取代，拉丁语转写为 Boötes，中文译为牧夫座。而 Ἀρκτοῦρος 一词则变为牧夫座头号亮星的名字，Arcturus 一词便由此而来，这颗星对应中国的大角星[2]。而两条猎狗 Canes Venatici【hunting dogs】则成为夜空中的猎犬座。

① Ἀρκτοῦρος 一词由 ἄρκτος‘熊’与οὖρος‘看守者’构成，字面意思即【看守熊的人】。

② 之所以称为“大角星”，是因为在古代星图中，该星位于东方苍龙龙角的位置，并且异乎寻常得亮（亮度在夜空的恒星中排行第三），故名为大角星。后因星图的变更，现在的大角星已不在苍龙之角的位置。

Ἀρκτοῦρος 从星座名沦落为星名，类似的情况也有不少。比如小熊座原曾被称为 Κυνοσούρα，后来该星座名被拉丁语的 Ursa Minor 所取代，于是前者沦落为小熊座头号亮星的名称，英语中称为 Cynosure；小犬座原本被称为 Προκύων，后来该星座名被拉丁语的 Canis Minor 取代，于是前者沦落为小犬

➢ 图 3-79 牧夫座

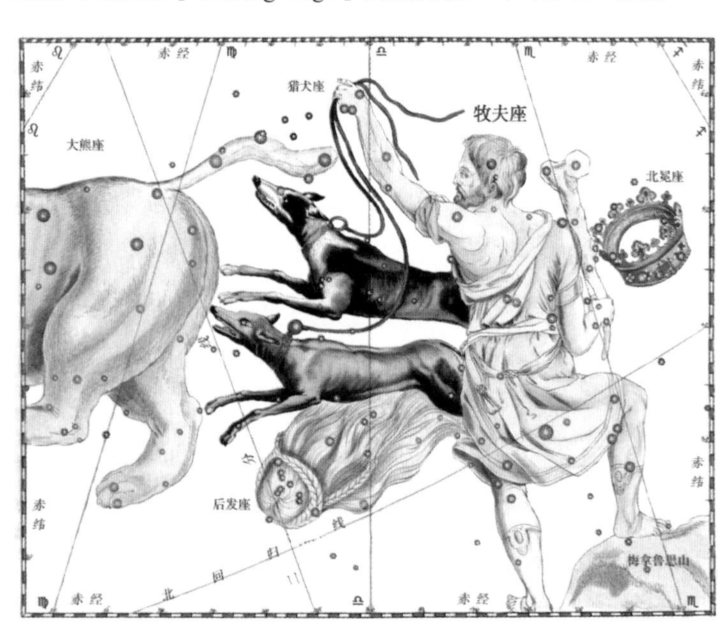

座头号亮星的名称，英语中称为Procyon。

牧夫座之名Βοώτης的来历或许要将我们带到农耕文明中，毕竟这个词意思为‘农夫’[1]。这位农夫拉着夜空中用来耕田的牛车，也就是北斗七星，北斗七星在古代常被描绘为牛车的形象，[2]我们从荷马那里听说，当奥德修斯离开大洋仙女卡吕普索驶向大海时：

> 他坐下来熟练地掌舵调整航向，
> 睡意从未落上他那仰望着的眼睑，
> 他注视着七仙女星与沉降缓慢的耕夫座，
> 以及大熊星座，人们称之为“车座”，
> 总在一个地方旋转……
>
> ——荷马《奥德赛》卷5 270~274

在腓尼基王子卡德摩斯和战神之女哈耳摩尼亚的婚礼上，丰收女神得墨忒耳爱上了参加庆典的英雄伊阿西翁Iasion。他们离开人群，在耕过三遍的休耕地上交合。得墨忒耳是宙斯的第四位妻子，如今这位凡人给天王宙斯戴了大大的一顶绿帽子，宙斯倍感愤怒，用雷电劈死了伊阿西翁。后来得墨忒耳生下了两个儿子，分别是普路托斯Ploutos和菲罗墨罗斯Philomelus。普路托斯非常富有，以至于后来被人们尊为财神，但他却吝于接济贫困的兄弟。菲罗墨罗斯为了养活自己，卖掉自己所有家当换来两头牛，并发明了牛车和犁。这一发明大大提高了当时的农业生产力，菲罗墨罗斯因此备受人们尊敬。丰收女神对这个伟大的发明也极为赞赏，她将菲罗墨罗斯赶着牛车的形象置于夜空中，便有了牧夫座。

既然牧夫座原本形象为赶着牛车的菲罗墨罗斯，我们就不难理解Βοώτης一词的本意，即‘赶牛人’。这个词来自动词βοωτέω‘耕田’，后缀-της一般缀于动词之后，表示‘……者’的概念。因此Βοώτης字面意思就是【耕田者】。βοωτέω一词来自名词βοῦς‘牛’(属格βοός，词基βο-)，希腊人将牛乳称为βούτυρον[3]，后者演变为英语中的黄油butter一词，因为黄油是用牛乳加工出来的；蝴蝶被称为butterfly据说因为这种飞虫爱舔食黄油；而化学中的丁烷butane、丁基butyl、丁烯

① 农夫βοώτης字面意思为【耕牛人】。这样看来，中文译名“牧夫座”似乎略显不当，应该为“耕夫座”更准确些。或者最初的译者在翻译这个星座名称时融合了看熊的牧人Arcturus与耕作的农夫Boötes两方面的意思，将其译为“牧夫座”。

② 拉丁语中将北斗七星也称为septentrio【七牛】。

③ 该词由βοῦς‘牛’与τυρός‘奶酪’构成，后者衍生出了英语中的酪氨酸tyrosine【奶酪提取物】。

butylene、丁酸 butyric acid 等无疑都因提取自黄油而得名。希腊人将野牛称为 βούβαλος，后者演变为英语中的 buffalo，现一般专指水牛 water buffalo。希腊第二大岛欧玻亚岛 Euboea 意思则是【良牧之地】。[1]古法语中称牛肉为 buef，后来进入英语演变为 beef，所谓牛排 beef steak 字面意思乃是【烘烤的牛肉】。还有英语中的牧歌 bucolic【来自于牧牛人】、牛耕体 boustrophedon【耕牛之转弯】、号角 bugle【牛鸣】等。

当腓尼基王子卡德摩斯奉父命寻找妹妹欧罗巴来到希腊，为了查出妹妹的下落，他来到德尔斐祈求神谕。神谕却暗示他须放弃寻找，并预示说王子出神庙时会遇到一头母牛，跟着这头牛走直到它停下来休息，在它休息的地方卡德摩斯会建立一座不朽的城市。王子遵从神的旨意，带着随从们跟着一头母牛来到希腊中部地区，并在牛休息的地方建立了一座城市，取名为 Cadmeia【卡德摩斯之城】，也就是后来的忒拜城。这一片广大地区也因为带路的母牛而成为玻俄提亚 Boeotia【牛之地】。

少女伊俄被变为母牛之后，她悲惨的遭遇仍没有结束。妒火中烧的天后赫拉派牛虻去蜇她，可怜的母牛为了摆脱痛苦从希腊半岛流浪到世界极东的斯库提亚，又沿着黑海和地中海海岸逃到埃及后才终获解脱。她曾经在黑海渡口处渡海，这个渡口也因她而得名为博斯普鲁斯海峡 Bosporus【牛渡】，正如普罗米修斯所说：

你的渡海将会在人间永远留下
伟大的声名，那地方将被称作博斯普鲁斯
以你之名[2]

——埃斯库罗斯《普罗米修斯》732~734

希腊语的 βοῦς 与拉丁语的 bos、英语的 cow 同源，拉丁语的 bos(属格 bovis, 词基 bov-) 衍生出了英语中的：牛科动物 bovid【如牛】、牛科 Bovidae【牛科】、屠牛 bovicide【杀牛】、养牛 boviculture【牛之养殖】、麝香牛 ovibovine【牛羊类】、柴胡 bupleurum【牛肋骨】等。

[1] 关于欧玻亚的来历有这么一个传说，欧玻亚 Euboea本是河神阿索波斯之女，海神波塞冬曾将其拐至该岛，并与之结合。该岛的居民据说就是仙女欧玻亚的后代，因此这个地区也被称为Euboea。

[2] 按照古希腊悲剧作家埃斯库罗斯的说法，伊奥尼亚海Ionian sea【伊俄之海】也来自伊俄的名字Io，借由普罗米修斯之言：

待到未来的年代，你可以确信无疑
大海的那湾处将称作伊奥尼亚
让后代永远记住你这段行程
——埃斯库罗斯《普罗米修斯》839～841

3.36 猎户座 夜空中的巨人

当我们的目光游荡于浩瀚的星海，会发现有一些星星异常明亮，这类星星往往成为观测星空、判断方向、推测时间的向导。猎户座就是这样的一个星群。早在极为古老的星图上，这位猎人就带着他忠实的猎犬（大犬座），右手高擎起一条大棒正准备降服迎面扑来的一头公牛（金牛座），或者正在捕猎一只野兔（天兔座），或者在追逐他心爱的七仙女（昴星团），或者正在逃离那只追杀他的毒蝎（天蝎座）。这位身材高大的猎人左臂搭着狮皮，腰上系着一条夺目的腰带，挎一把锋利的宝刀，好不威风耀眼。

他就是玻俄提亚的著名猎人俄里翁。

关于俄里翁的传说有很多。广为流传的说法认为他的父亲是玻俄提亚地区一位名叫许里欧斯的老人，年迈无嗣，却虔诚无比。当宙斯、波塞冬、赫耳墨斯三位神明经过玻俄提亚时，老人宰杀了最肥美的一头公牛做成飨宴款待他们。作为回报，三位神灵将自己的精液放进牛皮囊中交给了老人，老人将皮囊埋进院子里，十个月后埋皮囊的地方长出一位高大英俊的孩子，老人于是为孩子取名俄里翁 Orion【从地中生出的】。因受孕自三位大神和大地女神，俄里翁生得英俊潇洒、魁梧强壮，据传为巨人或者半神。波塞冬赐予他在海面与海中行走的能力，他曾穿过茫茫大海走到了欧玻亚岛，甚至到了位于爱琴海对面的喀俄斯、位于地中海的西西里岛、克里特岛，他还建造了不少海港和城市。在喀俄斯时这位猎人爱上了公主墨洛珀，并用武力强暴了她。国王为了

图 3-80 猎户座

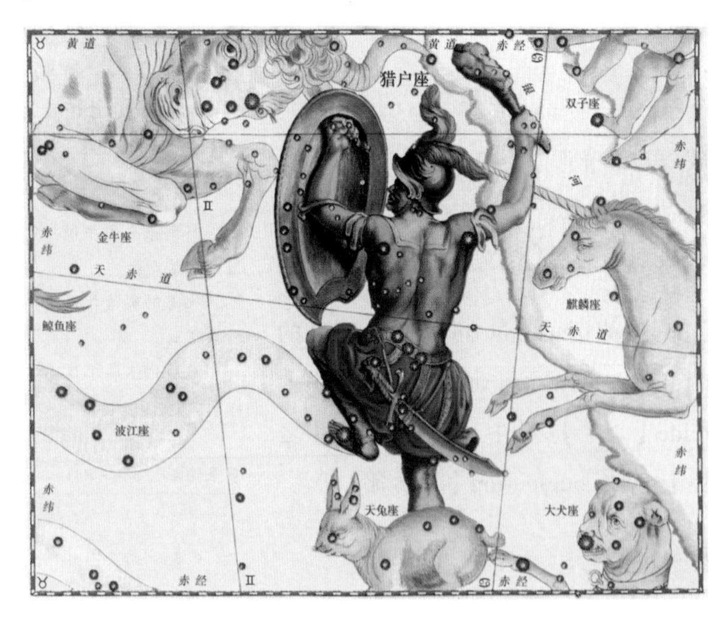

报复这位不义的猎人，将他灌醉后刺瞎双眼，把他扔在沙滩上。失明后他四处摸索，扛着一位指路的小铁匠来到了世界最东方，在那里接受了清晨第一缕神圣的阳光，将这光线装进眼中，于是恢复了光明。

后来俄里翁来到了克里特岛，在那里日日狩猎，过着快乐悠闲的生活。狩猎女神阿耳忒弥斯被他那威武的英姿和高超的狩猎技术所吸引，对他产生了恋慕。这对恋人日日相伴打猎，却使得大地女神极为担忧，因为大地上所有的走兽都受到他们的严重威胁，就要被这对技艺高超的猎人狩猎殆尽了。大地女神派出一只剧毒的蝎子袭击这位猎人，毒蝎刺中了俄里翁的脚部，猎户不久剧毒发作而死。狩猎女神阿耳忒弥斯见自己心爱的人死去了，痛苦万分，她请求宙斯将猎户的形象悬挂于夜空中，于是就有了猎户座 Orion。俄里翁被蜇的脚部也被命名为 Rigel【脚】。而这只毒蝎则成为了夜空中的天蝎座。

当然，这个故事还有其他的说法。有人说阿耳忒弥斯和俄里翁相爱后，女神的哥哥阿波罗极为反对，或许觉得高贵的妹妹和一个粗俗的凡人在一起有伤体面，或许是怕女神忘记自己曾经“永守贞洁”的誓言。他屡屡劝说妹妹不要和这个凡间猎人在一起，结果却适得其反，阿耳忒弥斯对俄里翁的爱与日俱增。阿波罗劝诫不成功，便转而使用计谋。一天他和妹妹比赛射箭，阿波罗指着远方大海中的一个小黑点对妹妹说，假使你能一箭射中海水中那个游动的小黑点我便佩服你比我高强。狩猎女神的视力不及太阳神敏锐，她也并不知道哥哥指着的海中那个黑点其实是自己心爱的人。等到她射中黑点并兴高采烈地飞临海面时，却看到恋人的尸体浮出水面，脑袋上不偏不倚中了她射出的金箭。女神抱着恋人的尸体悲痛不已，但恋人的死已经无法挽回。为了纪念俄里翁，女神将他的形象置于夜空之中，便有了猎户座。

➢ 图 3-81 Blind Orion searching for the rising sun

也有说法认为，俄里翁爱上了美丽的七仙女普勒阿得斯 Pleiades，她们却变成一群鸽子以逃离这位猎人的追逐。俄里翁在玻俄提亚的森林中追逐她们五年甚至七年之久，直到宙斯把她们变成夜空中的星星，也就是七仙女星 Pleiades。这个星群在中国称为昴宿。后来俄里翁变成猎户座，即使是在夜空中，猎户似乎还在紧紧地追逐着她们，与她们离得那么近，却永远无法触及。[1]

俄里翁的名字在希腊文中作 Ὠρίων，该词可能与拉丁语的 oriri ‘升起’ 同源，因此 orion 字面意思就是【one risen（from the earth）】。拉丁语的 oriri 衍生出英语中的：orient 就是 rising 之意，用作名词意思则为 the rising，太阳从东方升起，因此 orient 被用以表示“东方”之意，故有新东方 New Orient;【找不到东方】就是 disorient“迷失方向”，说起来和中文的“找不着北”有异曲同工之妙；origin 意为【start to rise】，借以指代“根源”；而拉丁语的 ab origine【from the origin】，也就是‘从一开始就有的’，诸如一直生活在某一片地区的“土著”aborigine。

关于 Ὠρίων 一名的来历，还有一种解释说，这个名字来自于希腊语中表示‘尿液、精液’的 οὖρον，毕竟俄里翁乃是三位神明的精液种在大地所生。希腊语的 οὖρον 衍生出了英语中的：尿 urina【尿液】、尿道 urethra【排尿工具】、小便池 urinary【排尿之地】、尿性囊肿 urinoma【尿肿瘤】、利尿剂 diuretics【使尿通顺】、验尿 urinalysis【尿分析】、脲酶 urease【尿酶】、尿素 urea、尿嘧啶 uracil，以及各种排尿相关的病变：遗尿 enuresis【排尿】、排尿过慢 bradyuria【慢尿】、排尿困难 dysuria【无法排尿症】、闭尿 anuria【无尿症】、尿过少 oliguria【少尿症】、尿毒症 uremia【尿血症】、蛋白尿 proteinuria【蛋白质尿症状】、脓尿 pyuria【尿脓】、脂肪尿 lipuria【尿脂肪症】、夜尿症 nocturia、尿多 polyuria【多尿症】等。

猎户星座极易辨认，如果你知道中国星宿体系中“参宿”的称呼，那就再简单不过了。所谓“参”宿，就是三颗[2]成一条直线的亮星，仅凭这一点就很容易判断出来，而这三颗亮星正处于猎户腰带的位置。这三颗星在西方被称为三王 the three kings，将这三颗星向西南方向延伸，你看到的那颗夺目亮星就是俄里翁的猎犬 Sirius（α Canis Majoris），所以找到了猎户座就很容易找到大犬座了；而将其

---

①七仙女星位于金牛座中，该星群与猎户座紧邻。这或许正是俄里翁追求七姐妹故事的根本来历。

②猎户座基本上对应着中国的参宿，后者之所以被称为“参”宿，因为最初指的乃是猎户腰带上的三颗亮星。《诗经·唐风·绸缪》有言：绸缪束薪，三星在天。毛苌注曰：三星，参也。《春秋左传·昭公元年》有：

昔高辛氏有二子，伯曰阏伯，季曰实沈，居于旷林，不相能也。日寻干戈，以相征讨。后帝不臧，迁阏伯于商丘，主辰。商人是因，故辰为商星。迁实沈于大夏，主参。唐人是因，以服事夏商，其季世曰唐叔虞。当武王邑姜方震大叔，梦帝谓己，余命而子曰虞，将与之唐属诸参，而蕃育其子孙，及生有文在其手曰虞，遂以命之，及成王灭唐，而封大叔焉。故参为晋星。

故杜甫诗曰：人生不相见，动如参与商。

很有意思的是，商宿基本相当于西方的天蝎座，所谓的“参商不相见”，与西方的猎户远远躲着天蝎又是何其相似。

向东北方向延伸则会找到金牛座最亮的一颗星 Aldebaran（α Tauri），以及七仙女星 Pleiades，从而很方便地找到金牛座；沿着猎户的两个肩膀往东延伸就能找到小犬座的头等亮星 Procyon（α Canis Minoris），从而识别小犬星座；延长猎户左脚与右肩的连线可以找到双子座的两颗亮星 Castor（α Geminorum）、Pollux（β Geminorum），就是传说中的那对孪生兄弟，也就找到了双子座。

➢ 图 3-82 The death of Orion

猎户座如此重要，荷马在描述阿喀琉斯的盾牌时曾说，锻造之神赫淮斯托斯在这个盾牌上铸入了“所有生命和整个世界的最重要标志”，荷马说：

> 他在盾牌上绘制了大地、天空和大海，
> 不知疲倦的太阳和一轮满月，
> 以及繁密布满天空的星座，
> 有七仙女星、雨星团，还有猎户星座，
> 以及绰号牛车的大熊星座，
> 它以自我为中心运转，遥望猎户星座。
> 只有它不和其他星座为沐浴去长河。
>
> ——荷马《伊利亚特》卷 18 483~489

关于猎户座的重要性，我们或许应该在古埃及找到更确切的答案。

猎户座在古埃及对应主宰生死及轮回转世的天神奥西利斯。而谈到转世，安放木乃伊的金字塔无疑是最重要的象征了。以胡夫金字塔为首最大的三座金字塔，不仅在位置上与猎户腰带处的三颗亮星精确对应，其大小比例也同这三颗星的亮度比例一致。如果把吉萨大金字塔对准猎户腰带三星，则第四王朝的七座金字塔的其中五座，刚好对应着猎户座另外五颗星的位置。然后我们按照这个画面把天空中的星图与大地对应起来，就会发现天上的银河恰好对应着埃及的尼罗河。

3.37 大犬座　天狼星与侮辱苏轼的人

年迈的普里阿摩斯第一个看到迅跑的阿喀琉斯，
飞腿在平野上，像那颗闪光的星星，
升起在收获的季节，烁烁的光芒
远比布满夜空的繁星显耀，
人们称之为“俄里翁之犬”，群星中
数它最亮——尽管它是个不吉利的征兆，
带来狂烈的冲杀，给多灾多难的凡人。

——荷马《伊利亚特》卷 22 25~31

猎人俄里翁有一条钟爱的猎犬。每当他外出打猎时，这条猎犬总是奋勇向前，追逐猛兽飞禽，是猎户的得力助手。这猎犬非常忠诚，即使捕猎大获而归，它也从不在主人未施予的情况下偷尝一口野味。在家里时，它总是忠诚地守卫着主人和财物，不让陌生人或小偷侵扰主人的一切。俄里翁也非常喜爱它，总是毫不吝惜地将所获美味和

图 3-83　大犬座

它一同分享。后来俄里翁被毒蝎蜇死，这条忠诚的猎犬也在悲伤中死去。当俄里翁的形象被升上夜空成为猎户座时，这条猎犬也跟着他，变成了猎户脚边一颗明亮的星星，人们称这颗星为 Sirius，也就是天狼星，其所在的星座也被命名为大犬座。

“天狼星”是汉语对该星的称呼，在西方人眼中，这颗星可谓纯粹的“狗星”。古希腊人称之为 Σείριος Κύων【灼热的狗】，英语中的 Sirius 由此而来。罗马人将之翻译为 Canis candens【灼热的狗】，或者称为 canicula【小狗】，并将其所在星座取名为大犬座。人们观察到，当天狼星偕日升起[1]时，正好是一年中最热的一段时间[2]，于是将这一段时间称为 dies caniculares【狗星之日】，该词被英语意译为 dog days，相当于我们所说的三伏天。

在天狼星偕日升起的这一段时间里，气候非常炎热，导致地中海、红海等水域大量水分蒸发，这些水蒸气被往南的季风带到尼罗河上游，遇到冷空气后终变成巨量降雨。每年这个时节，过量的雨水总是导致尼罗河泛滥，滔天洪水裹着淤泥淹没两岸的农田。因为洪水泛滥的日期总是以天狼星偕日升起为时间标志，所以古埃及人称天狼星为 Sopdet【水上之星】。洪水淹没村庄房屋毕竟是一件可怕的事情，人们要在洪水到来之前就迁移到高山等安全地带，而如何准确判断尼罗河进入泛滥期的时间则关系到整个民族的根本利益。后来祭司们发现，天狼星是预兆洪水期的绝好标志，这颗星如同忠诚的看家狗一样在危险即至时唤醒人们，大概因为这个原因，这颗星及所在星座都被冠以“狗”的形象，古希腊人称其 Σείριος Κύων‘灼热的狗星’，这个星座被称为大犬座也由此而来。因为每年天狼偕日的景象都准确出现在洪水期之前，此时也正好是当时历法中的夏至，埃及人便用天狼偕日的周期来确定一年时长，从而得到了一年的精确值 365.25 天，他们还将天狼偕日的日期作为新年的开始。[3]

在古埃及，雨季到来时雨水大量注入尼罗河，导致洪水泛滥。当洪峰到达尼罗河谷时，洪水溢出河床淹没两岸的土地。当雨季过去，河水渐渐退却，露出从河床底冲刷出来的富含矿物质的土壤，人们在这肥沃的土壤上耕种，到了收获的季节定能保证丰收。因此在古埃及

① 所谓的天狼星偕日升起，指的是黎明时在东方地平线上看到天狼星出现，但星光不久便淹没在太阳的光芒之中。即天狼星和太阳一同升起、位于同一个位置的天文现象。
② 这段时间大概是七月初到八月中旬，共70天。

③ 尼罗河的定期泛滥带来了埃及的繁荣，也成为古埃及文明的重要部分。埃及人根据尼罗河的泛滥将一年划分为三个季节，分别是：洪水季、耕种季和收获季。

人看来，尼罗河的定期泛滥乃是诸神的恩赐。洪水给埃及人带来了尼罗河冲击层内的肥沃土壤，这土壤颜色灰黑，因此埃及人将自己的国家称为 Kemet【黑色的土地】。阿拉伯人从埃及学来了炼金术，并将该学问称为 al-kīmiyā【埃及学问】，后者演变出英语中表示炼金术的 alchemy。近代化学脱胎于炼金术，故被称为 chemistry，可以理解为【来自炼金术的学问】。

天狼星是夜空中最亮的恒星。中文称为“天狼”，因其为天上之星，且象征北方的野将，故名。提起这颗星，很多人或许会想到东坡居士在《江城子·密州出猎》中那荡气回肠的诗句：

> 老夫聊发少年狂。左牵黄，右擎苍。锦帽貂裘，千骑卷平冈。为报倾城随太守，亲射虎，看孙郎。酒酣胸胆尚开张。鬓微霜，又何妨。持节云中，何日遣冯唐？会挽雕弓如满月，西北望，射天狼。
>
> ——苏轼《江城子·密州出猎》

这本是非常脍炙人口的诗句，近年来却遭到一大批学者们的诟病。这些学者们争辩说，诗中所言“西北望，射天狼”，天狼星事实上并不在西北，而位于南方，于是他们以此评判说，苏轼其实是一个没有多少天文常识的人。很多人也借此炮轰苏轼对星象了解太浅，并得意扬扬，以批倒大学问家自命，或专门著文努力将苏轼批判得体无完肤，从而炫耀自己学问的深厚。

然而事实果真如此吗？苏轼这么大一个学问家竟然会犯一个如此低级的错误？假使苏轼在这首广为流传的词中犯了一个这么有违常识的错误，肯定会被很多人指出的（不仅是学者，连书塾里大一点的童子都会说苏子无知的），为何一千年来没有任何人指出呢？倒是近些年来才被发现。这件事岂不匪夷所思了？

事实上，东坡居士所言“会挽雕弓如满月，西北望，射天狼”中，这里的“雕弓”是问题关键所在。所谓“雕弓”，不应该是像那些注释家所解释的弓臂上刻镂有花纹的弓。试想一下，倘使东坡居士心念要灭除入侵者，于心之切，如词中所言之状，又何以这么文质彬彬地要突出弓臂有雕镂的花纹呢？沉溺于文修与工巧则兵武不举，这个道理应该是宋朝每一个心怀国家的文人所共知的，更何况此人乃大贤人苏轼。而且兵在于利而不在于饰，敌人来了带着刀枪长矛，而我们用做工精良的工艺品去砸他们，岂不是自取灭亡吗？

因此，此弓并非真实的弓，而是“天弓”，原因且听我详解。

《史记·天官书》言“弧九星，在狼东南，天之弓也。以伐叛怀远，又主备盗贼之奸邪者”。《晋书·天文志》亦曰“弧九星，在狼东南，天弓也，主备盗贼，常向与狼”。也就是说，位于天狼星东南的弧矢九星，就是专门用来应对天狼的。注意到弧乃为弓，矢为其箭；弧矢居天狼东南，则天狼于弧矢西北。也就是说，古人认为，天狼星乃为野将，主侵略，是入侵之外敌的标志；而弧矢乃为天弓，为降外敌盗寇之星（主备盗贼），用以射杀外来侵略者。

东坡居士之词至此终于明了：举天弓射杀野将，以发自己抗辽救国之心愿，如此气势浩然的神来之笔，岂是某些以学者自居的当代挑刺王所能理解和感受得到的呢？

以弧矢射天狼述报国之志，古诗中早有。《楚辞·九歌·东君》中云“青云衣兮白霓裳，举长矢兮射天狼”；《增补事类赋·星象》曰“阙邱三水纷汤汤，引弧矢兮射天狼”；乐天居士诗《答箭镞》：“寄言

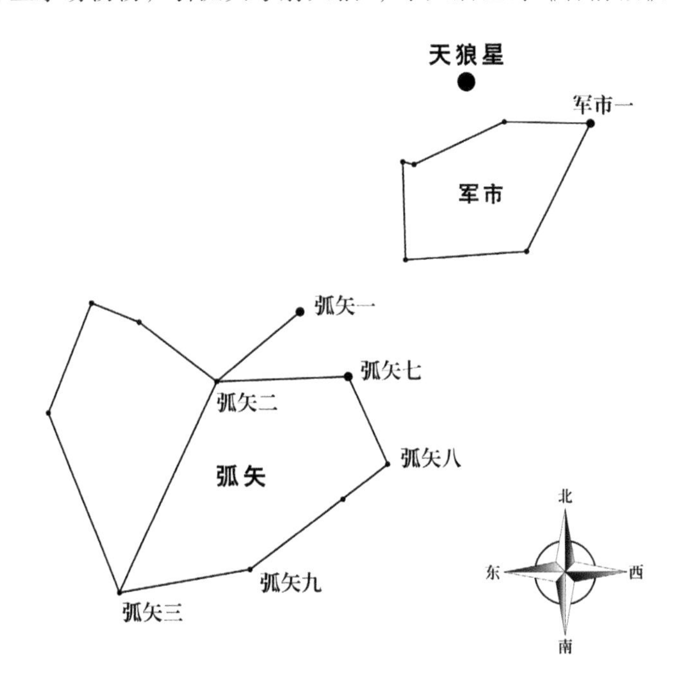

图 3-84 弧矢与天狼

控弦者，愿君少留听：何不向西射？西天有天狼；何不向东射，东海有长鲸。”由此看来，东坡居士肯定不是刺儿王们所想的那样，对天文所知不详。凡举苏子之诗词，所涉天文星数何其广多，岂是尔等学识所能企及！

文中的天狼隐喻辽兵，下面引述张闻玉老师《古代天文历法讲座》相关内容予以说明：

>……《宋史·天文志》引武密语："天弓张，北兵起"。苏词作于宋神宗熙宁八年，当时侵宋的就是北面辽兵。《宋史·天文志》载："弧矢九星，在狼东南，天弓也。……流星入，北兵起，屠城杀将。"同书《流陨》篇记："(熙宁)八年十月乙未，星出弧矢西北，如杯，东南缓行，至烛没，清白，有尾迹，照地明。"这是苏轼写词的当年有关流星的记载。因为历代天文志都与星占有密切关系，流星的记载正应验外兵的入侵。可见，当时天象指北兵，即辽兵入侵。

大犬座 Canis Major 字面意思是【较大的犬】。其中，canis 为拉丁语中表示‘狗’的词汇，其复数形式为 canes，于是就不难理解猎犬座 Canes Venaciti【hunting dogs】、小犬座 Canis Minor【较小的犬】。拉丁语的 canis 与希腊语的 κύων、古英语的 hund 同源，后者演变出现代英语的猎狗 hound，因此有了格雷伊猎犬 greyhound【灰狗】、寻血猎犬 bloodhound【血猎犬】、达克斯猎狗 dachshund【獾狗】、警犬 sleuthhound【寻踪犬】、猎狼犬 wolfhound【狼犬】。

希腊语的 κύων 衍生出英语中的：玩世不恭 cynic【犬儒派的】[①]、打猎 cynegetics【狩猎的技艺】、琉璃草 Cynoglossum【狗舌头】、犬类学 cynology【关于狗的研究】；小犬座头号亮星（南河三）被称作 Procyon【比犬星早】，因为它比“狗星”（天狼星）更早升起在夜空之中；北极星也叫 Cynosure【狗的尾巴】，因为其所在的小熊座曾被冠以狗的形象。拉丁语的 canis 则衍生出了：犬的 canine【与狗相关】、加纳利群岛 the Canary Islands【狗岛】、养狗 caniculture【狗之饲养】。

之所以称该星座为大犬座 Canis Major，因为还有一个同样以犬命名的星座，后者比大犬座小而称为小犬座 Canis Minor。major 为

①犬儒学派以玩世不恭的理念著称，之所以被称“犬儒”，因为其创始人在一个名叫Κυνόσαργες【快犬】的体育场讲学，而这个学问特点也被称为cynic。相似的，古希腊的另一个学派廊下派则因为其创始人芝诺于雅典的廊柱Στοά下讲学，该学派以禁欲苦行而得名，故英语中stoic一词也表示“禁欲主义的”。哲学家柏拉图常年在一个名叫Ἀκάδημος的林子中开设学院讲述其哲学，乃是西方人文和哲学的正式开端，故英语中也用academic表示“学术的”。

拉丁语形容词 magnus‘大’的比较级，其后缀 -ior 为拉丁语形容词比较级的标志，比较级的构成一般由形容词词基加 -ior 构成，英语中的 junior、senior、posterior、interior、exterior、ulterior、inferior、superior、prior、major、minor 等就源自拉丁语中的比较级。对比：

表3-8　拉丁语规则比较级

拉丁语形容词原级	原级含义	对应比较级	比较级含义
superus	在上面	superior	更上面
inter	在里面	interior	更里面
exter	在外面	exterior	更外面
post	在后面	posterior	更后面
ante	在前面	anterior	更前面
infer	在下面	inferior	更下面

当然，这些都是规则的变位形式，还有很多形容词比较级变位是不规则的，就如英语中的 good-better、bad-worse、little-less、much-more 一样，但总体来说一般还是能看到 -ior 后缀标志的，常见对英语词汇影响较大的拉丁语比较级有：

表3-9　拉丁语常见不规则比较级

拉丁语形容词原级	原级含义	对应比较级	比较级含义
senex	年老	senior	更老
juvenus	年轻	junior	更年轻
magnus	大	major	更大
parvus	小	minor	更小
bonus	好	melior	更好
malus	坏	peior	更坏
pro	前	prior	更靠前

其中，major 一词演变出了两个英语词汇，分别是代表市长的 mayor 和代表较大的 major。

3.38 小犬座　被诅咒的阿克泰翁

相传，太阳神阿波罗爱上了拉庇泰公主库瑞涅 Cyrene，带着她渡过浩瀚的地中海来到北非，在那里建立了一个城市，并以公主之名命名，这个地方就是利比亚的昔兰尼 Cyrene，其所在的地区也被称为昔兰尼加 Cyrenaica【库瑞涅之地】。[1]库瑞涅为他生下了两个儿子，分别是阿里斯泰俄斯 Aristaeus【最优秀者】和伊得蒙 Idmon【无所不知】。老二伊得蒙善于预言，长大后参加了著名的阿耳戈号航海探险，并为这次探险做出了很大的贡献。老大阿里斯泰俄斯更是深受众神喜爱，赫耳墨斯曾喂他吃众神才可以享用的琼浆玉液，从而使他幼年时便如神明般心智洞开，脱离生老病死；林中诸仙子曾经向他传授关于自然的各种奥秘，并送给他蜜蜂，于是他成为了养蜂的发明者；缪斯仙女还曾经启发这位英雄，使他发明了种植橄榄、制造奶酪、制作猎网、设置陷阱的技术并精通各种农业技术。阿里斯泰俄斯长大后渡海回到希腊，跟随人马喀戎学艺，并迅速成为希腊著名的贤士和英雄，他的种种伟大发明和英勇功绩给人们带来福祉，于是各地纷纷将其奉作

①昔兰尼是利比亚著名古城，位于今利比亚境内的古希腊城市；其始建于公元前七世纪，是该地区五个希腊城市中最古老和最重要的一个城市。利比亚东部因它而命名为昔兰尼加Cyrenaica。这个地区的保护神是阿波罗。

➢ 图 3-85　Diana and Actaeon

神灵。

后来，阿里斯泰俄斯和卡德摩斯之女奥托诺厄相爱，他们生下了阿克泰翁。阿克泰翁也拜到喀戎门下学艺，并成为一位非常著名的猎人，但他的命运却非常不幸，故事是这样的：[1]

一天，阿克泰翁在山林中打猎，因正午日光强烈，便走进森林深处，想找到一块荫凉的休息之地，却无意之间闯入了狩猎女神阿耳忒弥斯的圣林中。那片山谷中长满了碧绿的松柏，山涧的清泉流汇成一池潺湲的池水，景色美不胜收。那时女神刚狩猎归来，由众侍女侍奉着来到这里沐浴。阿克泰翁并不知道自己闯入了女神的圣地，只迷醉于这里醉人的景色中。当他走进泉水喷溅的山洞，沐浴中的仙子们看见有男人，便大叫起来。这些侍女们赶紧把狩猎女神团团围住，用自己的身体遮盖住女神的身体。但女神的身体还是被这猎人看到了，他呆呆地站在那里一动不动，完全被眼前的迷人胴体给迷住了。阿耳忒弥斯的脸羞红了起来，像黎明时的霞辉。她恨不得弓箭在手才好，但是此时手里只有水。女神又羞又怒，一只手掩着身子，诅咒着用另一只手掬起一抔水，泼向这位冒失的闯入者。只见阿克泰翁头上开始长出一对犄角，他的脖子也变得细长，耳朵变得又长又尖，浑身长出斑斑点点的皮毛——阿克泰翁变成了一只麋鹿，他急忙呼喊求救，发出的声音却是鹿的叫声。这叫声引来了他的猎犬们，这群猎犬并不知道面前的鹿是自己的主人，一阵追逐之后将其咬死。

据说那只咬死了阿克泰翁的猎犬后来被升至夜空中，成为了小犬座。

小犬座的名字 Canis Minor 意为【较小的狗】，对比大犬座 Canis Major【较大的狗】、小熊座 Ursa Minor【较小的熊】、小狮座 Leo Minor【较小的狮子】。拉丁语的 canis‘狗’衍生出英语中的：养狗 caniculture【狗之饲养】、杀狗 canicide【杀狗】、犬科 Canidae【狗类】、狗舍 kennel【狗】。大犬座的头号亮星（α Canis Majoris）被称为 Canicula【狗星】，而小犬座的头号亮星（α Canis Minoris）则为 Procyon【在狗星之前】，因为它比 Canicula 更早地从地平线上升起。

阿里斯泰俄斯的名字 Aristaeus 一词意为【最优秀者】，它源自希

[1] 阿克泰翁是奥托诺厄之子，而奥托诺厄是卡德摩斯之女。传说卡德摩斯在娶战神之女哈耳摩尼亚时，火神赫淮斯托斯诅咒他们整个家族都没有好下场。而阿克泰翁的遭遇正是这个家族诅咒的延续。

腊语中的 ἄριστος ‘最好的、最优秀的’，为形容词 ἀγαθός ‘好的、优秀的’ 的最高级形式。虽然这个最高级形式属于不规则变换，但我们仍能从 -ιστος 后缀上看到最高级的特征，对比规则变换词汇中的 κάλλος ‘美丽的’，其最高级为 κάλλιστος ‘最美的’ [1]。ἄριστος 即 ‘最优秀的’，于是我们就不难知道：亚里士多德 Aristotle 一名本意为【所有人中最优秀者】，阿里斯托芬 Aristophanes 就是【表现最出色】了，阿里斯泰俄斯 Aristaeus 一名无疑则是【最优秀者】之意。这个词还衍生出了英语中的：贵族统治 aristocracy【最优者之统治】、贤能统治 aristarchy【最优者治国】、适应突变 aristogenesis【最优者存活之过程】、优生学 aristogenics【最优基因之技艺】。

[1] 对比英语中的最高级形式，nice→nicest
sweet→sweetest
large→largest
old→oldest

阿克泰翁的名字在希腊语中作 Ἀκταίων，为 ἄγω ‘引领’ 的动形词形式，字面意思是【领导、必须领导】，这名字显然饱含了阿里斯泰俄斯对爱子的期望。ἄγω 的现在分词为 ἄγων，后者一般用来表示有奖竞赛，或者戏剧中的人物冲突。因此有了英语中：竞赛 agon【集会】、痛苦 agony【痛苦】、折磨 agonize【使痛苦】、主人公 agonist【冲突者】、主角 protagonist【第一主人公】、配角 deuteragonist【第二演员】、第三演员 tritagonist【第三演员】、反派 antagonist【与主角对立者】；ἄγω 还衍生出形容词 ἀγωγός ‘带领的’，因此也有了英语中的：犹太教堂 synagogue【引领到一起】、教师 pedagogue【引领小孩】、煽动的 demagogic【引领人民的】、绪论 isagoge【带领进入】。希腊语的 ἄγω 与拉丁语的 ago ‘做、引导’ 同源，后者完成分词为 actus，其衍生出了英语中的：行动 act 即【做】，对应抽象名词为 action【做事】，施动名词为 actor【做的人】，形容词为 active【起作用的】和 actual【实际发生的】；还有扮演 enact【使之做】、交互 interact【互动】、共同合作 coact【一起做】、反应 react【作出反应】、准确的 exact【做完善的】，以及代理人 agent【行为者】、议程 agenda【待做之事】、灵活的 agile【行为便利的】、鼓动 agitate【使想做】、导航 navigate【引导船只】、修订 castigate【使纯粹】、熏蒸 fumigate【用烟熏】、抨击 fustigate【用棍棒打】、磨光 levigate【使变得光滑】、争诉 litigate【产生口角】、平息 mitigate【使缓和】、申斥 objurgate【用法律处置】。

阿里斯泰俄斯因发明养蜂而著称，关于他发明养蜂的故事似乎有些怪异。根据传说，这蜜蜂本是林中仙女赠与他的；后来他的蜂群染病纷纷死亡，[1]阿里斯泰俄斯根据神的旨意，杀死四头公牛和四头小牛向神献祭，这些牛的尸体中生出了众多的蜜蜂。这种说法在我们看来似乎不可理喻，在古代欧洲却是被普遍信任的。古罗马作家瓦罗在《论农业》一书中说：

> 蜜蜂有的是蜜蜂产的，有的是从一头公牛腐烂的尸体里生出来的。因此，阿克拉乌斯在一首短嘲诗里把蜜蜂叫作 βοὸς φθῆιμένης πεπλανημένα τέκνα【一头死母牛的遨游之子】，他还写道：ἵππων μεν σφῆκες γενεά, μόσχων σε μέλισσαι.【黄蜂产自马，蜜蜂产自小牛】。
>
> ——瓦罗《论农业》第 3 卷 第 16 章

[1] 据说蜂群之所以死亡，是因为阿里斯泰俄斯曾经看到俄耳甫斯妻子欧律狄刻，被她的美貌所迷住，紧追不舍。后者在逃跑时不小心踩到毒蛇，被毒蛇咬到脚踝中毒而死。这罪业降临到阿里斯泰俄斯所饲养的蜜蜂上，这群蜜蜂不久就患上一种奇怪的病，并纷纷死亡。

“蜜蜂是从牛的尸体中生出来”这一奇怪说法曾一度为欧洲人所深信不疑，古罗马诗人维吉尔[2]的《农事诗》中也有着相同的说法，不少古书中还会介绍一套打死公牛并将其密闭在屋内以生产蜜蜂的方法，直到十六世纪我们仍能在德国的农业手册中看到这样培育蜜蜂的指南。

[2] 维吉尔（Virgil，前70–前19），古罗马诗人。著有《埃涅阿斯纪》《农事诗》《牧歌集》。

这是一个非常奇怪的故事。拉丁语中将蜜蜂称为 apis，英语中的养蜂学 apiology【关于蜜蜂的学问】、养蜂业 apiculture【蜜蜂养殖】、蜂房 apiary【蜂之场所】、小尖端 apiculus【小蜜蜂】、蜂毒素 apitoxin【蜜蜂毒素】皆由其衍生。但 apis 一词却并非印欧语词源，应该是来自其他语言的舶来之词。这个来源显然是古埃及，埃及人将牛也称为 apis，著名的埃及牛神也被称为埃皮斯 Apis，这简直就是拉丁语蜜蜂 apis 的原版。

我们从古希腊作家安提戈诺斯[3]那里听说：

> 在埃及，人们杀死公牛，埋在地下，仅角伸出地面，然后用锯锯下牛角，蜜蜂就会从牛角中飞出。

[3] 安提戈诺斯(Antigonus of Carystus，约前三世纪)，古希腊青铜匠，记录同时代哲学家的传记作家。

至此我们看到，关于“牛的尸体中生出蜜蜂”的说法更早源自埃及，而拉丁语的 apis‘蜜蜂’很可能借自埃及语中本意表示‘牛’的

apis。沿着这个线索，我们似乎也能找到“牛生蜜蜂”这一说法背后的宗教本质：

在埃及神话中，牛神埃皮斯 Apis 死后变成了冥神奥塞里斯，奥塞里斯之子太阳神荷鲁斯在很多传说中被认为是奥塞里斯的重生，而太阳神的一个重要象征就是蜜蜂。甚至在因近东影响而兴起的酒神狄俄倪索斯的神话中也有着类似的象征。狄俄倪索斯在克里特神话中为牛神形象，在被提坦神杀死并撕碎之后，他曾以蜜蜂的形式复活。后者似乎融合了埃及神话中奥塞里斯之被分尸而死，又生下了 / 复活为太阳神这一故事的核心内容。所谓的“牛生蜜蜂”，从宗教的角度来讲，它象征着埃及宗教中“神灵的死亡和重生”，这无疑是埃及神话的一个重要内涵。

3.39 天兔座　耳朵下垂的可爱萌物

猎人俄里翁的形象被置于夜空中，成为了猎户座，而他的爱犬也被升入夜空中，成为了大犬座。大概是即使在升入夜空后，他们也经常相伴狩猎，猎户座南部的天兔座就是很好的证据。如果你仰望星空，或许能看到他们在追逐着这只急速奔逃的兔子，据说这只兔子正是俄里翁在追赶的猎物。

这只夜空中的兔子被称为 Lepus，中文译为天兔座。

天兔座的名字 lepus 一词为拉丁语，意为【兔子】，该词衍生出了法语中的‘雄兔’lapin、‘雌兔’lapine、‘野兔’lièvre，后者则衍生出了英语中的小兔子 leveret【小兔】。lepus‘兔子’的属格为 leporis，词基为 lepor-，因此也有了英语中的：杀兔 leporicide【杀死兔】、兔类 leporid【如兔】、野兔 leporide【如兔】等。罗马作家 M.T·瓦罗在《论农业》一书中如此写道：

> ……另一种兔子产于西班牙，这种兔子在某种程度上类似我们的意大利兔，就是个儿矮。这种兔子叫作 cuniculus。爱里乌斯认为兔子的名称 lepus 来自于它的敏捷快速，因为它走起来十分轻捷。levipes 即【轻快的足】。我的意见则认为 lepus 一词之由来，盖源于古希腊语，因为埃俄利斯人统称兔子为λέπορις。家兔称为 cuniculi，因为它们在田地下挖掘 cuniculi【洞穴】以便藏身于其中。
>
> ——瓦罗《论农业》第 3 卷 第 12 章

当然，lepus 一词事实上来自印欧语词根 *(s)leb-‘松弛的、下垂的’，因为兔子的耳朵较为松弛，易于耷拉下来。该词根还衍生出了英语的 sleep‘睡眠’，因为睡眠是人们放松身体缓解疲倦的方式。而耳垂 lobe 不就是【松弛、下垂着的】吗？操劳 labor【劳累】无疑会让人松弛疲倦，这个词也用来表示生孩子的劳累，即“分娩”。

希腊语称兔子为 λαγώς，其由 *lag-‘松弛的、疲倦的’和 *ous-‘耳朵’组成，字面意思即【耳朵松弛】，这样称呼因为相对于其他动物来说兔子的耳朵较为松散并容易耷拉下来。λαγώς 一词衍生出了生物学中的兔形目 Lagomorpha【兔形】。兔子属于兔形目，兔形目又细分为鼠兔科 Ochotonidae【鼠兔科】和兔科 Leporidae【兔子科】。其中，ochotona 一词来自蒙古语中对一种无尾野兔的名称，被借用以指代属兔类动物即 Ochotonidae【Ochotona 类的科属】。

印欧词根 *lag-‘松的、垂落的’衍生出了拉丁语的 laxus‘松弛’、languere‘变疲倦’。laxus‘松弛’衍生出了英语中的：放松 relax【使松弛】、弛缓药 relaxant【使迟缓物】、释放 release【放出】、泻药 laxative【使松弛物】。languere‘变疲倦’衍生出了英语中的：疲倦的 languid【疲倦的】、倦怠 languor【疲倦】、变憔悴 languish【使疲倦】。

印欧词根 *ous-‘耳朵’演变出了希腊语的 οὖς（属格 ὠτός）、拉丁语的 auris[1]（属格 auris）、英语的 ear，意思都是“耳朵”。希腊语的 οὖς（属格 ὠτός）衍生出了英语中的：腮腺 parotid gland【耳旁腺】、耳科 otology【耳朵学】、耳科医生 otologist【耳科者】、耳鼻喉科 otolaryngology【耳喉学】、耳病 otopathy【耳朵疾病】、助听器 otophone【耳朵声筒】、错听 otosis【耳疾】、听小骨 otosteon【耳小骨】、耳痛 otodynia【耳朵痛】、耳镜 otoscope【耳镜】、耳炎 otitis【耳发炎】、耳化脓 otopyosis【耳脓】。拉丁语的 auris（属格 auris）衍生出了英语中的：耳状的 auriform【耳朵状】、耳廓 auricle【小耳朵】、听觉的 aural【属于耳朵】、听诊 auscultation【倾斜耳朵听取】。aus 还衍生出拉丁语的动词‘听’audire【用耳朵获取】，于是就有了英语中的：音频 audio【我听】、可听 audible【可听见的】、听众 audience【倾听者】、顺从 obedience【听话】、违抗 disobey【不听话】、敬重 obeisance【听从】、听力表 audiometer【听力计量】。动词 audire 的完成分词形式为 auditus，于是就有了英语中的：审查 audit【旁听】、听者 auditor【听者】、会堂 auditorium【聚集听众之地】。英语中的 ear 则衍生出了耳环 earring【耳环】、偷听者 earwig【耳朵虫】、听力范围 earshot【耳力范围】等词汇。

从生物学分类来看，常见的分布较广的兔子学名为 Oryctolagus

[1] 拉丁语中表示耳朵更常使用这个词的指小词形式 auricula。对比表示眼睛的 oculus，明显也是一个词汇的指小词形式，如果我们去掉指小词后缀-ulus，就会发现其词基约为oc-，后者与哥特语的augo、古英语的ēaġe同源，古英语的ēaġe演变出了现代英语中的eye。

cuniculus【穴兔属 穴兔种】，属于【动物界】Animalia、【脊索动物门】Chordata、【哺乳纲】Mammalia、【兔形目】Lagomorpha、【兔科】Leporidae。家兔是其变种，故称为 Oryctolagus cuniculus var. domesticus【穴兔属 穴兔种 家兔变种】。

在兔子的学名 Oryctolagus cuniculus[1] 中，Oryctolagus 为属名，cuniculus 为种名，"属名 + 种名"是国际动物命名法规规定的标准学名形式。十八世纪以前，生物的命名十分混乱，由于没有一个统一的命名法则，各国学者都按自己的一套工作方法命名动植物，致使动植物研究困难重重，经常出现同物异名、异物同名的混乱现象，加上各种物种学名冗长，各国学者在语言、文字上相互隔离，使得物种的研究、分类和统计等受到了极大的阻碍。到了十八世纪中期，瑞典学者林奈[2]为统一物种命名，创立了双名法，给每一个物种一个标准学名。双名法命名采用拉丁文或拉丁化的语言词汇，以属名和修饰属名的种名联合构成。属名在前，一般为单数主格名词，第一个字母大写，相当于"姓"；种名在后，一般为形容词，首字母不大写，相当于"名"。于是常见的穴兔就被称作 Oryctolagus cuniculus。[3]种内个体如果由于地理的隔离而产生了形态差异及生殖隔离，则形成亚种，亚种用三名法命名，即在属名、种名之后再写上亚种名，亚种名的首字母不需大写，比如家兔乃是穴兔的一个变种，其学名就为 Oryctolagus cuniculus var. domesticus【穴兔属 穴兔种 家兔变种】。

➢ 图 3-86 Hares

[1] cuniculus一词字面意思为【小洞穴】，该种名演变出了英语中的coney一词，亦表示"兔子"之意。

[2] 林奈（Linnaeus，1707~1778），瑞典博物学家，自然学者，冒险家，现代生物学分类的奠基人，动植物双名命名法的创立者。

[3] 一个更加完整规范的学名还可以包括部分其他内容，诸如最早给这个植物命名的作者名，其第一个字母也要大写，如大变形虫正规的书写应为Amoeba proteus Pallas，当然，这一点在很多场合被忽略。

林奈在其作品《自然系统》中，最先对植物进行了系统地分类和命名，这个命名体系很快被各国的学者接受采纳，并应用到动物体系的分类中。林奈首创了纲 classis、目 ordo、属 genus、种 species 的分类概念，结合以命名物种。他规定学名必须简化，以 12 个字为限，这使得物种资料清楚有条理，大大方便了物种信息的整理、查询和交流。现在生物学中的分类体系即建立在林奈的分类系统上，并在纲之上提出界 regnum 的概念，将所有的生物分为五个界：原核生物界 Prokaryota【原细胞核】、原生生物界 Protista【最早的生命】、真菌界 Fungi【菌类】、植物界 Plantae【植物】和动物界 Animalia【动物】。

其中，植物界的分类系统为：

表3-10　植物界的分类系统

拉丁语名称	字面释义	标准英语译名	标准汉语译名
regnum	王国	kingdom	界
divisio	分类	division	门
classis	等级	class	纲
ordo	阶层	order	目
famalia	家族	family	科
genus	类属	genus	属
species	物种	species	种

相应的，动物界的分类系统为：

表3-11　动物界的分类系统

拉丁语名称	字面释义	标准英语译名	标准汉语译名
regnum	王国	kingdom	界
phylum	种族	phylum	门
classis	等级	class	纲
ordo	阶层	order	目
famalia	家族	family	科
genus	类属	genus	属
species	物种	species	种

兔子属于哺乳纲 Mammalia【哺乳类】的兽类亚纲 Theria【兽类】。[①] 表示“哺乳纲”的 mammalia 一词为拉丁语形容词 mammalis‘有乳房的’的中性复数形式，后者演变出了英语中的 mammal“哺乳动物”一词。形容词 mammalis 来自名词 mamma‘乳房’，这解释了该类动物被称为哺乳动物的原因，因为它们吃母乳。或许你还会发现这个词与表示母亲的“妈妈”非常相似，而且妈妈就是那个给你哺乳的人。表示“兽亚纲”的 theria 一词为希腊语中性名词 θηρίον‘野兽’的复数形式，后者本为希腊语 θήρ‘兽’的指小词，后逐渐代替原词表示野兽之意。兽亚纲一般分为：食肉目 Canivora【肉食类】、偶蹄目 Artiodactyla【偶数趾类】、奇蹄目 Perissodactyla【奇数趾类】、树鼠句目 Scandentia【树鼠句类】、灵长目 Primates【最高级类】、贫齿目 Edentata【无齿类】、鳞甲目 Pholidota【鳞甲类】、管齿目 Tubulidentata【管状齿类】、蹄兔目 Hyracoidea【蹄兔类】、长

① 哺乳纲分原兽亚纲 Prototheria【古兽类】和兽亚纲Theria【兽类】。原兽亚纲包括已灭绝的中生代哺乳动物和现在的单孔目Monotremata【单孔洞类】，鸭嘴兽就属于后一类。

鼻目 Proboscidea【长鼻类】、有袋目 Marsupialia【有袋类】、食虫目 Insectivora【虫食类】、皮翼目 Dermoptera【皮翼类】、翼手目 Chiroptera【手翼类】、兔形目 Lagomorpha【兔形类】、啮齿目 Rodentia【啮齿类】、鲸目 Cetacea【鲸鱼类】、鳍足目 Pinnipedia【鳍足类】、海牛目 Sirenia【海牛类】。

在哺乳纲之上，便是脊索动物门了，世间物种何其众多，这实在是个非常繁复的体系，就留给生物课堂上说吧。

3.40 北冕座 阿里阿德涅的头冠

传说宙斯曾变成一头俊美的公牛骗得腓尼基公主欧罗巴的信任，驮着她跨过茫茫大海到达了克里特岛。欧罗巴为宙斯生下了三个孩子，分别是弥诺斯、剌达曼堤斯和萨耳珀冬。后来欧罗巴嫁给了克里特岛的统治者阿斯忒里翁。国王去世后，长子弥诺斯继承王位，但众兄弟并不买账。为了劝服众兄弟说这是神意，弥诺斯向海神献祭，当着众兄弟的面祈求海神能送给自己一头公牛，同时他祷告说愿意将这头公牛回祭给海神。波塞冬听到祷告，使一头健美的公牛从海里升起，从而确保了弥诺斯的王位。然而弥诺斯非常喜爱这头公牛，便偷偷换了一头普通的牛献祭给海神。海神大怒，为了惩罚弥诺斯，他使王后帕西法厄 Pasiphae 对这头公牛产生了不伦之恋。王后扮成母牛的样子诱惑这头公牛，和牛结合后生下了一个孩子。这个孩子人身牛首、丑陋无比，被称为弥诺陶洛斯 Minotaur【弥诺斯之牛】。国王怕家丑外扬，派著名建筑师代达罗斯设计了一个错综复杂的迷宫，将弥

➢ 图 3-87 北冕座

诺陶洛斯囚禁在迷宫中。传说这个迷宫如此复杂，它的建造者在完成这一作品时发现自己也被困在迷宫中，费尽各种周折最终才得以逃脱。

王后帕西法厄还为弥诺斯生下了英武的儿子安德洛革俄斯和美丽的女儿阿里阿德涅。安德洛革俄斯曾经在雅典参加运动会，并胜过了所有的运动员。雅典王埃勾斯怕这位异邦王子支持本国反叛势力，便派人将其暗杀。弥诺斯王得知儿子丧生后悲愤不已，立即出兵攻打雅典，结果雅典惨败，不得不和强大的敌人订立城下之盟。战败的雅典被迫缴纳可怕的贡品：雅典人必须每年向克里特进贡七对童男童女，成为可怕牛头怪弥诺陶洛斯的食物。直到很多年后，大英雄忒修斯勇闯迷宫，杀死这只怪物。

➢ 图 3-88 Theseus and Aethra

关于忒修斯的故事是这样子的：

雅典王埃勾斯年轻时曾经游历至特洛曾地区，并与特洛曾公主埃特拉相爱，他们悄悄成婚并度过了一段美好的日子。婚后埃勾斯王返回雅典，临行前把宝剑和一双鞋子放在海边的巨石下，并叮嘱妻子：将来生下的如果是儿子，等他长大了就让他知道身世，并让他带着宝剑和鞋去雅典找我。不久妻子果然产下一子，取名为忒修斯。为了让孩子能得到好的教育，母亲把他送到喀戎那里学艺。忒修斯十六岁的时候，母亲带他到海边，把身世告诉了他。那时候忒修斯已经高大健壮、武艺高强，他毫不费力地挪动巨石并取出了信物，要去雅典寻找自己的父亲。

从特洛曾到雅典一路上有各种各样的强盗恶人，母亲劝他走海路比较安全，而年轻英勇的忒修斯却毫不畏惧，他勇敢地踏上了险象环生的陆路，并立志要像赫剌克勒斯一样除暴安良、建立不朽的功业。虽然是豪言壮语，这些功绩他无疑也都做到了。忒修斯一路上斩妖除魔，铲除了许多著名的恶人：在路过厄庇道罗斯时，他杀死了外号称为“舞棍手”的大盗珀里斐忒斯[1]，这位强盗常舞着一根铁棒袭击路人，并将路人打成肉饼；英雄还杀死了外号为“扳松贼”的恶徒西尼斯[2]，这位恶徒把捉到的路人绑在被扳弯的两棵松树树梢上，然后松开树枝使受害者的身体撕成两半；在路过科林斯时，英雄除掉了无恶

[1] 珀里斐忒斯Periphetes的绰号为κορῦνήτης，字面意思为【持棒者】，该词由κορύνη‘棍棒’与-της‘……者’构成。而其名称Περιφήτης字面意思为【显有名声者】，该名称由περί‘在附近、在周围’、φη-‘名声、言语’、与-της‘……者’构成，此处也可译为【臭名昭著者】。

[2] 西尼斯Sinis的绰号为Πιτυοκάμπτης，字面意思为【弯曲松树者】，该词由πίτυς‘松树’、κάμπτω‘使弯曲’与-της‘……者’构成。其名Σίνις意为【强盗】。

不作的大盗斯喀戎，这强盗强迫外乡人为他洗脚，趁洗脚时一脚将外乡人踢下崖壁，落进大海里淹死；在进入阿提卡地区时，忒修斯杀死了强盗刻耳库翁，这个强盗经常迫使过往行人同其角力，并将败给他的人杀死；英雄还除灭了绰号为“抻人匪”的拦路大盗普罗克汝斯忒斯[1]，这厮强迫路人住他的黑店，并将个子矮的路人放在一张大床上拉长，将个子高的路人放在一张短小的床上并锯下露在外面的四肢……

尚未到达雅典，忒修斯的英雄事迹已经在这个城邦广为流传。国王埃勾斯并不知道这位大英雄就是自己的儿子，却听信美狄亚[2]的谗言说这位来雅典的英雄想夺取他的王位。于是国王听信魔女的计谋，在宴请英雄的酒里下了毒。当忒修斯在宴会上拔出宝剑准备切肉时，埃勾斯认出这剑乃是十多年前自己留给儿子的信物，国王连忙打掉儿子手中的毒酒，并且和他相认。

原来闻名天下的大英雄乃是雅典王子，这对雅典人民来说无疑是一件大喜讯。但奇怪的是，人民却仍旧愁眉苦脸，连国王埃勾斯都心事重重。原来九年前，克里特王弥诺斯率大军打败雅典并迫使雅典人每年向克里特进贡七对童男童女，这些童男童女们将被扔进迷宫中供传说中的牛怪食用。当时恰逢就要到进贡的时节了，每家每户都生怕抽到自己家的孩子，所以人心惶惶、怨声载道。忒修斯听后十分心痛，他宣布自己愿意成为七个少年之一，去杀死可怕的牛头怪。人民纷纷被王子的英勇所鼓舞，可是国王却害怕自己会因此失去这唯一的孩子，再三要求他改变主意。但见忒修斯心意已决，国王也不再勉强，他去得洛斯岛祭祀阿波罗，请太阳神保佑王子能平安归来，并发誓如果忒修斯平安归来，愿意每年都用船装满贡物到得洛斯岛祭祀太阳神。[3]临行前，埃勾斯王还交给舵手一面白帆，叮嘱船员说要是王子活着回来就换上白帆，若失败了就仍挂黑帆。后来国王天天都站在山崖上眺望大海，有一天他看到那艘船挂着黑帆从海的尽头驶来，悲痛不已，纵身投海而亡。人们为了纪念他，用他的名字 Aegeus 命名了这片海域，称为爱琴海 Aegean Sea，意思是【埃勾斯王之海】。

且说忒修斯带着童男童女们抵达克里特之后，面对克里特王弥

①普罗克汝斯忒斯Procrustes一名由πρό‘向前’、κρούω‘击打’、-της构成，字面意思为【敲打使伸长者】。他也被称为Δαμαστής【制服者】，由δαμάω‘征服’与-της构成。

②当年美狄亚为了报复伊阿宋，亲手杀死了他们的两个孩子，并害死了伊阿宋将要娶的新娘。事后她逃到了雅典，受到国王埃勾斯的庇护。

③后来此项祭祀成为雅典的风俗。为确保城市洁净，这一段时间一律暂缓处决死囚。后来当苏格拉底被判死刑时，恰逢雅典一年一度去得洛斯岛的朝拜节，苏格拉底乃被投入监狱，等待祭祀结束后处决。其间弟子们轮流探监，陪伴老师度过最后的日子。于是便有了后来柏拉图记载苏格拉底狱中言论的那几卷著名的对话录，如《克利托篇》《斐多篇》《苏格拉底的申辩》《苏格拉底之死》等。约一个月后，这位年已七旬的哲人遣退妻儿，在众位弟子面前饮下毒鸩，从容就死。

诺斯的傲慢无礼，忒修斯毫不相让。弥诺斯的女儿阿里阿德涅看到了这一切，她被这异乡英雄的英俊和勇武深深吸引，当晚偷偷约会忒修斯，对他吐露爱慕之情，并交给英雄一个线团，让他进迷宫时把线团的一端拴在出口处，然后滚动线团进入迷宫，她还交给了英雄一把利剑用来斩杀牛头怪。

第二天七对童男童女被扔进迷宫中，忒修斯只身进入迷宫深处，找到了可怕的牛怪弥诺陶洛斯，经过一番苦战终于将这个怪物杀死，然后绕着线团成功走出迷宫。出迷宫后他们迅速逃到船上，还凿沉了克里特所有的船只，带上公主阿里阿德涅一起逃回雅典。他们先驶到了中途的那克索斯岛，在那里停留了一段时间。有一天忒修斯梦见酒神狄俄倪索斯，酒神声称自己和阿里阿德涅早就订立了婚约，并威胁忒修斯若敢把公主带回雅典的话，就给雅典降下大灾难。英雄不敢抗拒神意，便趁阿里阿德涅沉睡时扬帆而去，将公主一个人孤零零地留在了荒岛上。那天夜里，酒神狄俄倪索斯来到公主面前向她求爱，并为她做了一顶美丽的花环戴在头上。这只花环后来成为了夜空中的北冕座。

➢ 图 3-89　Bacchus and Ariadne

失去了心爱的公主后，忒修斯沉浸在悲伤中，忘却父亲的叮嘱，没有降下黑帆挂起白帆。国王埃勾斯远远看到黑帆驶来，以为儿子死了，在绝望中投海自尽。忒修斯怀着悲痛埋葬了父亲，并继承了王位。雅典在他的治理下逐渐繁荣强大，成为全希腊最具有影响力的城邦之一，后来变成欧洲甚至整个世界文明的榜样。

北冕座 Corona Borealis 一词由拉丁语中的 corona‘花环、头冠’与 borealis‘北方的’构成，字面意思是【北方的头冠】。‘头冠’corona 衍生出了英语中的：小王冠 coronet、加冕 coronation、花冠 corolla；日全食时，能观察到太阳大气的最外层如一个环状的王冠一般，故将其称为 corona，中文意译为日冕层，对比色球层

chromosphere 和光球层 photosphere；与之相应地，人们将地球最外层的大气称为地冕 geocorona【地球之冠】；英语的 crown 一词也由拉丁语 corona 演变而来，意思也为“头冠、王冠”。

borealis 意为‘北方的’，于是人们将北极光称为 aurora borealis【北方的彩霞】。形容词 borealis 由名词 boreas‘北方’衍生而来，而玻瑞阿斯 Boreas 也是北风之神的名字。对生活在北半球的欧洲人来说，越往北走越寒冷，因此北寒带也称为 boreal，南寒带就是 antiboreal【北的对面】；极北的严寒之地被称为 hyerborean【非常之北】，而亚北地带则被称为 subboreal【次北的】。

另外，忒修斯的故事也是一些重要典故的来源：忒修斯少年时踌躇满志，渴望建立功业，因此 Thesean ambition【忒修斯般雄心勃勃】被用来表示“大志向”，而 Thesean undertakings【忒修斯之业绩】则被用来表示“雄心万丈的事业”；忒修斯得到阿里阿德涅的线团，从而能走出迷宫，因此 Ariadne’s thread【阿里阿德涅之线团】被用来表示“指点迷津”之意；大盗普罗克汝斯忒斯强迫路人要同他的床一样长短，因此 Procrustean bed【普罗克汝斯忒斯之床】被用来表示“无礼苛求”之意。

3.41 南冕座 复活的女神

忒修斯及随行趁公主阿里阿德涅沉睡时，将她一个人留在荒岛上，离开荒无人烟的那克索斯岛驶回雅典。阿里阿德涅在黄昏时醒来，发现自己被抛弃在荒岛上，一肚子的委屈伤心，就大声痛哭了起来。是夜，酒神狄俄倪索斯来到岛上，找到了正在伤心害怕的公主。酒神将美丽纯洁的阿里阿德涅抱在怀中，给她安慰，还用鲜花编织了一只花环戴在她头上，向这位迷人的公主求婚。从此阿里阿德涅成为酒神的伴侣，而这只花环也变成了夜空中的北冕座。

狄俄倪索斯的母亲是忒拜城的建造者卡德摩斯之女塞墨勒。传说天神宙斯爱上了美丽的塞墨勒，经常来到人间与其幽会。天后赫拉知道后非常恼火，她想好好惩罚一下这个“小三”。天后变成奶妈的样子来到公主身边，巧言说服

➢ 图 3-90 Jupiter and Semele

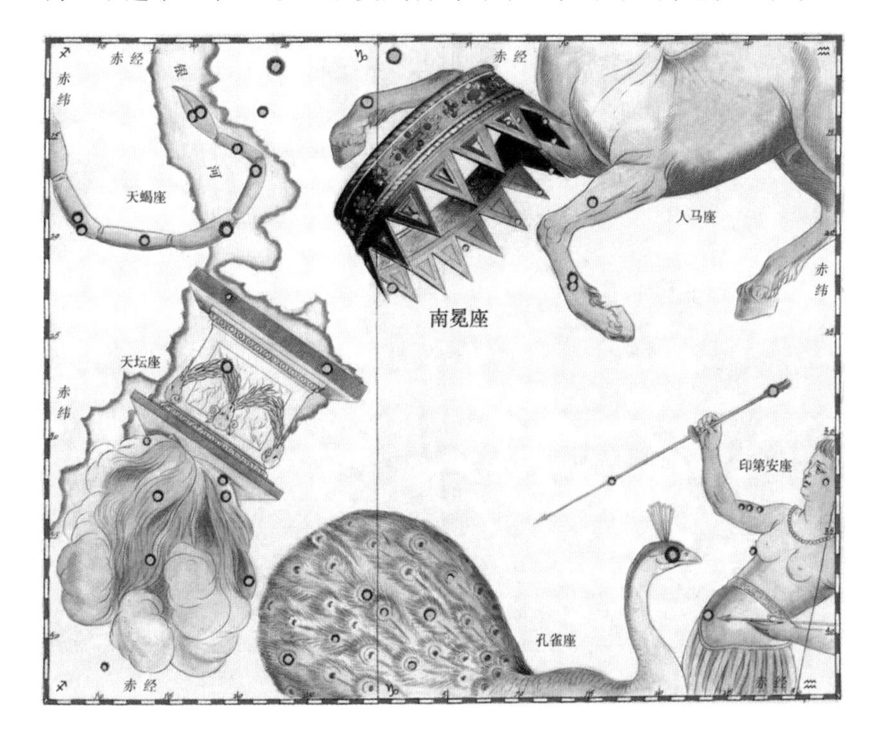

➢ 图 3-91 南冕座

她，使她开始怀疑情人的身份。为了让情人证实自己的确是至高无上的天神宙斯，公主照着保姆所教，要求宙斯现出威严的天王真身，现出他满副金甲的雷电之神的原形。宙斯已发誓满足塞墨勒一切要求，如今誓言难以收回，他无奈之中披上盔甲，现出金光闪闪的雷神之躯。而可怜的公主乃是肉体凡胎，顷刻之间被强光和雷电击死。宙斯救出她腹中尚未出生的婴儿，将这婴儿缝在自己的大腿中，直到足月才将他取出，因为孩子在倪萨山 Nysa 上出生，这个孩子被称为狄俄倪索斯 Dionysus【宙斯在倪萨山所生】。

塞墨勒死后，孩子由她的姐姐伊诺照料。赫拉仍不放过丈夫的这个私生子，她迁怒于这位玻俄提亚王后，使国王陷入疯狂，伊诺为了逃离丈夫的追杀投海而亡。后来宙斯将孩子托付给倪萨山的仙女们照养，还让半人马喀戎做孩子的导师。狄俄倪索斯长大后，掌握了有关自然的所有秘密，他发明了种植葡萄和酿造葡萄酒的技术，因此被人们誉为“酒神”。赫拉仍对其好生迫害，使狄俄倪索斯疯癫起来，并被放逐到世界各处流浪，他走遍了希腊、小亚细亚、埃及、印度，并在各地广招信徒，受到东方各民族的狂热崇拜。酒神有不少女信徒，

➢ 图 3-92　Hermes takes Dionysus to be brought up by Nymphs

她们经常醉酒疯癫、吵吵嚷嚷，这些信徒被称为迈那得斯 Maenads【痴狂之徒】。酒神的伴从还有半人半羊的萨堤洛斯，他们围着酒神高歌狂舞，如痴如醉。酒神所经之处，人们纷纷开始种植葡萄并酿制葡萄酒，各地也开始建造神庙来祭祀他，甚至以盛大的酒神节来纪念这位神灵。这种祭礼在雅典产生出最初的戏剧。[1]

后来酒神来到那克索斯岛，看到被抛弃的克里特公主阿里阿德涅。酒神娶她为妻，还将她升为神灵，据说罗马神话的自由女神利柏剌 Libera 就是被升为神灵的阿里阿德涅。后来酒神还进入冥府，救活了亡逝多年的母亲。在那里，他说服了冥王哈得斯夫妇，冥王夫妇要求狄俄倪索斯赠以一株植物作为交换，酒神便从自己司掌的植物中挑选出了桃金娘献给冥后，这植物后来成为冥后的圣树。酒神救出自己的母亲，并将她变为不朽的神灵，从此塞墨勒易名为堤俄涅 Thyone。

话说狄俄倪索斯为妻子编织的花环成为北冕座 Corona Borealis【北星空的花环】，而他为母亲编织的花环则成为夜空中的南冕座 Corona Australis【南星空的花环】。

狄俄倪索斯无疑是位非常重要的神明，他经常被列为奥林波斯 12 大神之一。同其他大神相比，酒神似乎有很大不同。最突出的一点莫过于他的身世，其他大神都有着神族的血统，而酒神却由凡间女子所生，这一点非常耐人寻味，狄俄倪索斯是绝无仅有由人间女子所生的大神，而且后来其影响越来越大，以至于雅典的祭祀节庆中用来献祭狄俄倪索斯的酒神节 Dionysia【酒神之节庆】竟成为所有节日中最隆重的一个；在俄耳甫斯教中，酒神狄俄倪索斯还被认为是第六代神系的主神，象征世界的完美和统一。酒神如此重要，以至于后来的学者如此评论：

> 华美魔幻的悲剧舞台，假面的化妆舞会，歌舞不绝的美酒会饮，希腊城邦的日常生活，都笼罩在狄俄倪索斯的精神幻影之中。

酒神居然拥有如此大的神力，他所完成的一些事情甚至连阿波罗都无法办到。除了宙斯，似乎从未有谁有这么大能力，能将凡人升为神灵。然而狄俄倪索斯办到了。而且从血统上来讲，狄俄倪索斯只相

[1] 雅典每年有四个酒神节Διονύσια【酒神之节庆】，分别是在十二月举行的小酒神节τὰ κατ’ ἀγρούς、在一月举行的酒神节τὰ ἐν Λίμναις、在二月举行的花节τα Ανθεστήρια以及在三月举行的大酒神节τὰ Μεγάλα，足见酒神在雅典诸城邦文化中的重要性。

➢ 图 3-93 The youth of Dionysus

当于半神或英雄而已，甚至连神灵都算不上。诸如珀耳修斯、狄俄斯库洛兄弟、弥诺斯这些宙斯与凡人所生之子，他们之中没有一个是神灵，更谈不上拥有至尊神王般的能力。据说酒神曾经被提坦神撕成碎片，数日之后他居然还从死亡中复活！这确实很让人疑惑。在某种程度上，或许因为酒神崇拜是从东方传来的，酒神的生平事迹似乎说明了希腊本土神话一开始排斥酒神信仰，后来又不得不接受并转而崇拜他的事实。到了古典时代，酒神信仰已经成为希腊宗教节庆中必不可少的一部分了。

戏剧的起源就与酒神有关。西方戏剧始于古希腊，而古希腊戏剧源于酒神颂，酒神是掌管万物生机之神，为了祈祷和庆祝丰收，希腊人在春秋两季举行盛大的酒神祭祀，祭礼的节庆上衍生出了最初的戏剧。最初的戏剧演员皆模仿酒神的伴侣萨堤洛斯，也称为萨堤洛斯剧。从萨堤洛斯剧中产生了悲剧，而悲剧被称为 τραγῳδία【山羊之歌】，因为萨堤洛斯们个个都有着山羊的形象，英语中的 tragedy 由此而来。与悲剧一样，喜剧也是从酒神祭祀中诞生的，在这盛大的节日里，人们举行宴会和欢乐的歌舞游行，这种表演形式就是喜剧的雏形，故喜剧称为 κωμῳδία【狂欢之歌】，英语中的 comedy 由此而来。

希腊人认为，狄俄倪索斯发明了酒，这酒是他用采摘的葡萄酿造出来的。也就是说，西方人所谓的酒 wine 和中国文化中最普遍的酒的概念是不同的。西方所指的是葡萄酒，而中国人所说的是粮食酒，因此，将英语中的 wine 译为酒或者将酒翻译为 wine 在很多场合下是不合适的，特别是在古诗词的英汉对译中。西方人眼中的酒首先是红酒，这一点是无疑的，而且西方文化的两大起源皆如此认为：希腊人认为狄俄倪索斯用葡萄创造出了酒，而希伯来人则认为诺亚在大洪水之后酿葡萄而创造出了酒。[1]中国酒文化与此大不相同，酒据说是夏朝国君杜康发明的，此酒为粮食发酵所酿，后世诸酒多为这酒的发展改进。所以，当中国人说起酒的时候一般指白酒，其他酒则需特别声明，诸如红酒、啤酒等，且后两者也不过是近两百年来才使用的词汇。而当西方人说起 wine 的时候，则几乎只是在谈葡萄酒，扩而广之最多也只限于果子酒的范畴，别无他物，粮食所酿之物是不会被称为 wine 的，啤酒也不会被称为 wine。事实上，啤酒一词 beer 本意也不过是饮料而已。[2]

①《圣经》中记载着诺亚发明酒的故事：

诺亚做起农夫来，第一个栽起了葡萄园。他喝了园中的酒便醉了，在帐篷里赤着身子。

——《创世纪》9:20～9:21

②关于啤酒beer的词源，有一个说法认为其来自拉丁语的biber‘饮料’。汉语的“啤”酒，即来自beer一词的音译。

英语中 wine 指葡萄酒，在诗词翻译中却常常被等同于中国的酿酒。于是李白的“举杯邀明月”，被翻译为 Wine-cup in hand, I ask the sky；王维的“下马饮君酒”，被译为 Dismounted，o'er wine; 孟浩然“把酒话桑麻”，被译为 Over wine we discussed hemp-and-mulberries；曹操的“对酒当歌”，被译为 Before wine, sing a song……但凡如今的英译古诗中，中国古人都是喝红酒的，这真让人诧异。你可以想象一下曹操对着红酒唱着小曲儿的感觉，这或许已是很多西方读者眼中的汉诗意象了吧，毕竟我们的文化精粹就这样被呈入他们视野。只是古人的潇洒和大度被翻译为西方人眼中的浪漫情调，那原有的意境还剩下多少了呢？[3]

③更让人难受的是，曹操的“唯有杜康”，被译为Nothing but Dukang Wine。杜康是传说中发明酒的人，这酒即中国传统的酿酒，Dukang Wine一词却暗示着这样一个知识，即杜康酒是一种红酒。

wine 本意为葡萄酒，这一点在词源上表现得非常明显：英语词汇 wine 由拉丁语的 vinum‘葡萄、葡萄酒’演变而来；相似的，希腊语的 οἶνος 也兼有‘葡萄’和‘葡萄酒’之意，后者与拉丁语的 vinum 同源。其衍生出了英语中的：葡萄园 vineyard【种植葡萄的园地】、葡萄收获 vintage【葡萄】、葡萄栽培 viniculture【葡萄种植】、葡萄酒商 vintner【卖葡萄酒者】、醋 vinegar【变酸的葡萄酒】(源自拉丁语的 vinum acetum【酸了的葡萄酒】)、酒鬼 winebibber【喝葡萄酒者】、酿酒厂 winery【制葡萄酒之地】、乙烯基 vinyl【酒中所提取之化学基】、产葡萄酒 viniferous【带来葡萄酒的】、酿酒学 vinology【葡萄酒的学问】、酒质 vinosity【含酒之量度】、间发性酒狂 enomania【酒之狂热】、庚酮 oenanthone【有葡萄酒香味之酮】、蜂蜜葡萄酒 oenomel【葡萄酒与蜂蜜】、酒恐惧 oenophobia【怕酒】、嗜酒 oenophilia【爱酒】。

3.42 御夫座　驾驭太阳车的鲁莽少年

大洋仙女克吕墨涅曾与太阳神赫利俄斯相恋，并为他生下了一个孩子，取名为法厄同 Phaethon，意思是【耀眼夺目者】。后来克吕墨涅又嫁给了埃塞俄比亚国王墨洛普斯，国王爱着美丽的大洋仙女，并把法厄同当做自己的亲生儿子抚养。大概是平日娇惯的原因，法厄同一直比较傲慢，经常在玩伴面前吹嘘自己的神裔身份。终于有玩伴听不下去，说得了吧你就会吹牛，也没有见你哪里长得像个神祇的后代，也看不出你能做出什么配得上神裔身份的光辉业绩来，你说你是神的后裔，看来你爹肯定是个吹牛神，要不然也生不出你这样一个家伙啊，别再吹你是太阳神的后代，太阳神可丢不起这人。

法厄同气得涨红了脸，又羞又怒地跑回家问母亲自己到底是不是太阳神的儿子。为了让心爱的儿子确证他的高贵出身，克吕墨涅让儿子去遥远的东方之国寻找他的生父。于是法厄同只身穿过埃塞俄比亚和印度的广阔领土，在第一缕曙光出现时来到了太阳神的宫殿中，见到了自己的父亲。太阳神也非常高兴，在得知法厄同心中的疑虑之后，为了让儿子重拾自信，赫利俄斯对着斯提克斯河发誓说愿意实现

➢ 图 3-94　Phaethon on the chariot of Helios

法厄同提出的任何一项要求。儿子说出的愿望却让他大惊失色，因为法厄同居然想要亲自驾驭太阳车。太阳车毕竟不是一般的马车，它行速迅疾、周身滚烫、光芒耀眼，连诸神之王宙斯都不敢驾驭，何况凡人。儿子的要求让赫利俄斯非常为难，虽然儿子英勇无畏，但驾驭太阳车绝非易事，非常危险，失控的话更会伤及世间生灵。但另一方面，自己已经对着冥河之水发出誓言，出口之言也已无法反悔。太阳神只好答应儿子这次鲁莽的冒险，并多番叮嘱法厄同需要注意的各项事宜，叮嘱他要怎样才能安全地穿行于各个黄道星座之间，要怎样才能不伤害到任何天上的星体以及地下的王国。为了防止儿子被火焰烫伤，父亲还给他脸上涂上能防止烧伤的神膏。

法厄同驾着由四匹喷火骏马拉着的、黄金制成的太阳车驶入天空，骏马们疾风般飞速奔驰，信心高涨的少年欢呼着驶向庄严的天空。但太阳车并非凡人所能驾驭，加上天穹一直在旋转，很容易偏离轨道。当驶入天空的穹顶时，法厄同已经控制不住狂奔的马匹，太阳车渐渐偏离了运行的轨道，横冲直撞。位处寒带的大熊星座被强烈的日光灼晒，恨不得一下子跳进海中；靠近北极的天龙座也被晒得发怒，怒目直视着，蠢蠢欲动；牧夫座被吓得直逃，催赶牛车想要躲过劫难……众星辰要么被撞翻，要么纷纷逃避躲闪，以免遭灭顶之灾。法厄同驾驶着失控的太阳车横冲直撞，马车一会儿向上攀升，远离地面，云彩被烤得直冒烟，而大地上却到处一片寒冷。一会儿又向下俯冲，将要触临地面，巨大的热量使得附近的大地焦灼不堪，森林四处起火，利比亚的土地都被烤干了，成为我们今天看到的沙漠[①]。埃塞俄比亚人被烤黑了，因为巨大的热量把他们体内的血液都吸到了体表。水中的女神披头散发，为自己被蒸发的泉水和池塘哀悼。大地女神用手掌遮住眼睛，浑身颤抖着向天神宙斯求救。干涸的大地爆出裂痕，强光穿过这裂痕照进冥府，使地府的冥王和冥后失魂落魄。当太阳车俯冲接近海面时，海水被烧得滚烫，水域到处蒸发枯竭，恼怒的海神波塞冬探出水面想要惩罚这位失职的驾车人，却被强烈的火光晒得遍体鳞伤，连忙躲进大海深处。天空、大地和海洋一同陷入灾难之中，诸神和凡人纷纷伸出双手祈求宙斯结束这场灾难。宙斯从高空中

①根据神话中的说法，这次灾难将利比亚变成了沙漠，也将非洲这片大地上的人烤黑了，从此这里被希腊人称为Ethiopia【焦黑脸庞者之地】，并用该词指代非洲的大部分地区，直到后来该词范围缩小到现在的埃塞俄比亚地区。

投下闪电，被击中的法厄同跌落马车，像晴空中一颗拖着长尾的流星，坠入厄里达努斯河中。

➢ 图 3-95　Fall of Phaeton

这条远离故乡的河流收容了少年的身体，洗净了他余烟未熄的脸。居住在河中的仙子们掩埋了少年的尸体。赫利俄斯悲痛地蒙上脸庞，他责怪宙斯杀死了自己的儿子，连续数日都不再升起太阳。为了安慰太阳神的丧子之痛，宙斯将法厄同驾车的形象升至夜空中，变为御夫座 Auriga，并将收容法厄同尸体的厄里达努斯河提升至夜空中，成为波江座。

法厄同死后，他的几位姐姐赫利阿得斯 Heliades【赫利俄斯之女】来到埋葬了弟弟的河畔，她们用手掌拍打着胸膛，在弟弟的坟前放声痛哭，日夜呼唤着弟弟的名字。她们一连哭了四个月，最后个个都化作白杨树。[1] 至今白杨光秃秃的树干上仍然颗颗滴出她们的眼泪，这些眼泪变成了晶莹的琥珀，纷纷落入河中。

① 赫利阿得斯在河畔为弟弟哭泣，在悲伤中变为白杨树。因此西方文化中用此典故形容悲伤和哭泣，比如：As full of tears as the Heliades, they wept themselves out.

法厄同的名字 Φαέθων 为动词 φαέθω ‘to shine’ 的主动态现在时态分词阳性形式，字面意思即 shining，作为名称概念就是【the shining one】了。作为光芒万丈的太阳神之子，这个名字无疑再合适不过了。在希腊语中，动词主动态现在分词有三种形态，分别是阳性、中性和阴性。大多数动词主动态现在分词的构成方法为：阳性分词由动词词干加词尾 -ων 构成，中性分词由动词词干加词尾 -ον 构成，阴性分词由动词词干加词尾 -ουσα 构成。比如动词 μέδω ‘统治’ 的词干为 μέδ-，其对应的现在阳性分词为 μέδων，阴性分词为 μέδουσα，意思都是【统治的】。因此就不难理解希腊神话中的蛇发女妖墨杜萨 Μέδουσα【女王】，埃阿斯的兄弟墨冬 Μέδων【统治者】，以及阿喀琉斯的御手奥托墨冬 Αὐτομέδων【自己统治的】和阿伽门农的御者欧律墨冬 Εὐρυμέδων【广泛统治的】。动词 μένω ‘停留、坚守’ 的词干为 μέν-，其对应的现在阳性分词为 μένων【坚定的】。因此就不难解析特洛亚联军中的英雄门农 Μένων【坚定者】，以及希腊联军统帅阿伽门农 Ἀγαμέμνων【异常坚定者】。动词 φαέθω ‘闪耀’ 的词干为 φαέθ-，其对应的现在阳性分词为 φαέθων，阴性分词为 φαέθουσα，意思都是

【闪耀的】。因此也有了太阳神赫利俄斯的女儿法厄图萨 Φαέθουσα【夺目耀眼的女孩】和儿子法厄同 Φαέθων【夺目耀眼之人】。

动词 εἰμί 'to be' 的现在分词中性形式为 ὄν（属格 ὄντος）、阴性分词为 οὖσα，意思相当于英语的【being】。其衍生出了英语中的：个体发生 ontogeny【the origin of the being】、存在论 ontology【the study of the being】、存在律 ontonomy【the science of being】、实体 ousia【the being】。动词 εἶμι 'to go' 的阳性现在分词为 ἰών、中性分词为 ἰόν，意思相当于英语的【going】。因此有了提坦神族之太阳神许珀里翁 Ὑπερίων【the one going above】，以及英语中的离子 ion【a wandering thing】，后者又衍生出了阴离子 anion【the ion towards anode】、阳离子 cation【the ion towards cathode】、电离质 ionogen【things producing ion】、电离层 ionosphere【the sphere of ions】。

法厄同的名字 Phaethon 来自希腊语的 Φαέθων，后者是动词 φαέθω '闪耀' 的现在分词；而 φαέθω 一词则来自名词 φῶς '光'（属格为 φωτός），后者衍生出了英语中的：相片 photo【光绘之图】、光子 photon【光微粒】、磷 phosphorus【带来光】、光合作用 photosynthesis

图 3-96 御夫座

【光的合成】等。更进一步说，希腊语的φῶς‘光’、梵语的ābha‘光’都来自印欧语中的*bha-‘光’，而佛家常言的“阿弥陀佛”音译自梵语的amitabha[1]，字面意思即【无量光】，乃是对Amitābha Buddha【无量光佛】的一种简称。

再看御夫座的学名Auriga一词。auriga意为‘御马者’，该词由拉丁语的aureae‘御马绳’与agere‘引导、驱策’构成，字面意思是【策御马缰的人】，也就是御夫、车夫。拉丁语的agere意为‘引导、驱策’，于是引导航船就是navem agere‘引导航船’，这个词衍生出了英语的导航navigate【引导航船】、导航仪navigator【导航的仪器】；迂回的ambagious字母意思为【在周围跑】，于是也有了含糊不清ambiguity；灵活agile意思是【善跑动的】，灵龙Agilisaurus意思就是【善跑动的龙】；搅合agitate字面意思为【使运动】，于是就有了煽动者agitator【搅合的人】、女煽动者agitatrix【女煽动者】；以及涤罪purgatory【驱使之洁净】、烟熏fumigation【驱出烟雾】等。

古希腊人则将该星座称为Ἡνίοχος【执缰人】，该词由希腊语中的ἡνία‘缰绳’与ἔχω‘握住’[2]合成，字面意思是【执马缰者】。拉丁语的Auriga与希腊语的Ἡνίοχος似有异曲同工之处，无疑是由后者仿译而来。

一个很有趣的巧合是，西方的御夫座基本相当于中国的五车星，二者都有着相似的马车的形象，只是五车本为车库中的军车，乃实用的战争之器，而御夫座则为驾驭太阳车的法厄同，实质上是天马行空的神话传说而已。

[1] amitabha一词由amita‘不可测的’和ābha‘光芒’构成，字面意思是【不可测量的光芒】。而amita则由否定前缀a-和mita‘测量的’构成，意思是unmeasurable，并且梵语的否定前缀a-与希腊语的否定前缀α-、拉丁语的否定前缀in-、英语的否定前缀un-同源，都源于印欧语的否定前缀*n-。

[2] 动词ἔχω衍生出了后缀-χος，其一般附于名词后表示‘持……者’，比如蛇夫座在希腊语中称为Ὀφιοῦχος【持蛇人】。

3.43 波江座 关于一条消失的史前巨河

太阳神赫利俄斯的儿子法厄同争强好胜，一心想像父亲那样建功立业，成为伟大的人物。为此，他不顾自己的凡人身份企图驾驭连天神都不敢一试的太阳车，这一鲁莽举动给天空和大地带来了可怕的灾难，也最终导致这位少年的灭亡。主神宙斯为了结束这场灾难，在高空中用闪电击中了法厄同。少年从失控的太阳车上坠落下来，像冒火的流星般陨落大地。大地上的厄里达努斯河接受了他，河水洗净了他被烈火灼焦的身体，并将少年的尸体冲到岸边。居住在河岸的宁芙仙子们埋葬了这个富有冒险精神的少年。赫利阿得斯姐妹们得知弟弟死亡的消息后，纷纷来到河岸痛哭，她们的躯体在悲痛中变成了白杨树，而她们的泪水则变成晶莹的琥珀，颗颗滴落入厄里达努斯河水中。

后来，法厄同的形象被升入夜空中成为了御夫座，而这条接纳了他的河流也变成了天上的一条长河，也就是夜空中的厄里达努斯河Eridanus，中文译为波江座。

➤ 图 3-97 The Gods Mourning Phaeton

一些人认为这条传说中的河流乃是意大利境内的波河，因为该河曾经是罗马帝国琥珀贸易的重要地区，正好呼应传说中赫利阿得斯姐妹的故事。这个星座也因此被译为波江座，字面意思是【天上的波江】。然而，古希腊人大多却不这样认为。阿波罗尼俄斯在《阿耳戈英雄纪》一书中提到，厄里达努斯乃是世界西方的一条河，这条河流入了伊奥尼亚海。阿耳戈号曾经航行至接纳了法厄同尸体的厄里达努斯河，英雄们甚至能闻到少年尸体发出的恶臭。在荷马史诗中，厄里达努斯似乎又变成环绕大地的长河的一部分。另有一些学者根

据传说中的蛛丝马迹，认为厄里达努斯的原型是欧洲境内的莱茵河、罗纳河，或者伊比利亚半岛的埃布罗河等。这些争论皆有可信服之处，然而这每一条河似乎都与传说中的厄里达努斯河大相径庭，而且波江座位于天球的南部，而这些河流却都处在希腊的北方。因此又有人提出波江座的原型为埃及的尼罗河……总之，各种说法莫衷一是，波江座的原型就更是一个谜了。

或许我们应该听听希罗多德的看法：

至于欧罗巴最西面的地方，我却不能说得十分确定了。因为我不相信有一条异邦人称为厄里达努斯的河流流入北海，而我们的琥珀据说就是从那里来的。我也丝毫不知道是否有生产我们所用的锡的锡岛。厄里达努斯 Ἠριδανός 这个名字本身就表示它不是一个外国名字，而是某一位诗人所创造的希腊名字；尽管我努力钻研，我仍然不能遇到一位看到过欧罗巴的那面有海存在的人。我们知道的，只是我们的锡和琥珀是从极其遥远的地方运来的。

——希罗多德《历史》第 3 卷 115 章

既然希罗多德认为厄里达努斯乃是“某一位诗人所创造的希腊名字”，我们不妨看看这个名字在古希腊语中的原意。厄里达努斯的名字 Ἠριδανός 一词可以分解为 ἦρι‘在清晨’和 *danos‘河流’两部分。其中 ἦρι‘在清晨’与古英语中的 ǣr‘之前、早’同源，后者衍生出了 early 一词[1]；*danos‘河流’来自印欧语中的 *da-‘流动’，后者衍生出了梵语 dhuni‘河流’、波斯语 dân‘河流’、萨尔马提亚语 dānu‘河流’、古俄语 Donŭ‘河流’等。这些名字仍留藏在欧洲一些重要的河流名中。欧洲大陆从西向东分布着多瑙河 Danube、德涅斯特河 Dniester、第聂伯河 Dnieper、顿涅茨河 Donets、顿河 Don。Danube 一词来自拉丁语的 Danuvius，后者来自凯尔特语 *Danuvios【河流】，这条河曾是凯尔特人地盘中最重要的一条河流；而 Dniester 则源于萨尔马提亚[2]语的 Dānu nazdya，意思是【后面的河】；相应地，萨尔马提亚人称【前面的河】为 Dānu apara，后者演变出英语中的 Dnieper；萨尔马提亚人还称另一条大河为 Dānu，意思是【河流】，这个名字进入

①early一词来自古英语的ǣrlīce，由ǣr和副词后缀-līce组成。后缀-līce与英语的like“像…般”同源，并演变为今英语的副词后缀-ly，该后缀一般缀于形容词后构成副词。对比：

real-really
clear-clearly
usual-usually
recent-recently
final-finally
quick-quickly
obvious-obviously
near-nearly
easy-easily
wide-widely
careful-carefully
exactexactly
full-fully
sure-surely

②萨尔马提亚是斯库提亚西部的一个多部落联盟，和拉丁语、希腊语同属印欧语系民族。在萨尔马提亚人鼎盛时期，其部落分布在西到维斯瓦河和多瑙河、东到伏尔加河、北到神秘而寒冷的极北之地、南到黑海和里海的区域内。在罗马帝国时期，罗马的军队中曾大量雇用萨尔马提亚人作为辅助骑兵征战四方。传说不列颠的亚瑟王就是一名在罗马军中服役的萨尔马提亚骑兵。

英语中变为 Don，也就是我们熟知的顿河；它的一条支流也被命名为顿涅茨河 Donets【小顿河】。[1]

至此，我们看到 Eridanus 或许可以理解为 early river，即【古老的河】。相传，厄里达努斯是提坦神族之大洋神祇俄刻阿诺斯与女神忒堤斯所生的孩子，是最早的河神之一，厄里达努斯一名也指代这条河流。如此看来，希罗多德的见解似乎更有道理一些，这个名字本身只是古希腊诗人创造出来的古老的河的概念，并不存在真实的河流与其对应。这个结论或许有负众望，毕竟每个地方的欧洲人都想让自己家乡的那条河被赋予神话和星空中那永恒而灿烂的意义，然而那些零星的证据显然只是牵强附会而已。厄里达努斯是一条比这些河流都古老的河流，并且仅存在于传说的神话故事之中。

[1] 这一点可以对比华夏文明，在华夏文明中，北方文明将最大的河流即黄河称之为“河”，南方文明将最大的河流即长江称之为“江”，这两者本意都表示‘河流、大河’，因此也将其他河流以江河命名，诸如淮河、渭河、怒江、钱塘江等。同样的道理，尼罗河Nile、罗纳河Rhone、莱茵河Rhine、恒河Ganga、密西西比河Mississippi、鹿特河Rotte诸大河其词源本意亦皆为【水流】。

二十世纪末，地质学家在研究波罗的海地质结构时推测，远在四千万年前的始新世时期，今天的波罗的海曾经位于一条巨大河流的三角洲地带，这条河流在一千两百万年前的中新世时期仍流经北海一带。这条河流的水量不亚于如今世界第一的亚马逊河，并几乎穿越了整个欧洲大陆。这条史前巨河后来因为冰川时代的到来而消失。其冲刷出的波罗的海沿岸如今盛产琥珀，占世界琥珀产量的90%。这不禁让人想起希腊神话中流溢着晶莹琥珀的厄里达努斯河，于是地质学家将这条已经消失的史前巨河命名为 Eridanus。或许它最能配得上这条传说中的河流的名字了。

➢ 图 3-98　The Heliades

3.44 天鹅座　白鸟的美丽与哀愁

当鲁莽的太阳神之子法厄同从天空坠落，焦灼的尸体落入厄里达努斯河中时，少年的挚交库克诺斯离开了自己的国土，一路哭泣哀号，来到绿荫覆盖的厄里达努斯河畔。哭着哭着，他的声音变尖了，白色的羽毛遮盖住了他的头发，他的头颈从胸部伸长，脚趾变红，趾间生出一层厚厚的蹼。他跳进河里，多次潜入水中想捞出好友的尸体，然而一切徒劳。太阳神被库克诺斯对爱子的友情所感动，便将这位悲伤中的少年变成一只天鹅。据说夜空中的天鹅座由此而来。希腊人将其称为 Κύκνος，拉丁语转写为 Cygnus，这个词也是少年库克诺斯的名字。

在日语中，这个星座被翻译为白鸟座，毕竟天鹅是一种浑身洁白的禽鸟。[1]出于同样的原因，古英语称天鹅为 ælfet【白鸟】，俄语的 lébed'‘天鹅’、波兰语的 łabędź‘天鹅’字面意思亦都为白鸟。希腊语中表示天鹅的 κύκνος 意思也是【白鸟】，对比希腊语中的 κυκνίας ἀετός‘白鹰’。κύκνος 一词衍生出了英语中的 cygnet【小天鹅】。

[1] 古人都没有见过黑天鹅，所以古代的很多民族都以为天鹅只是一种纯白色的禽鸟。黑天鹅只产于澳洲，是后来大航海时代最早发现的。

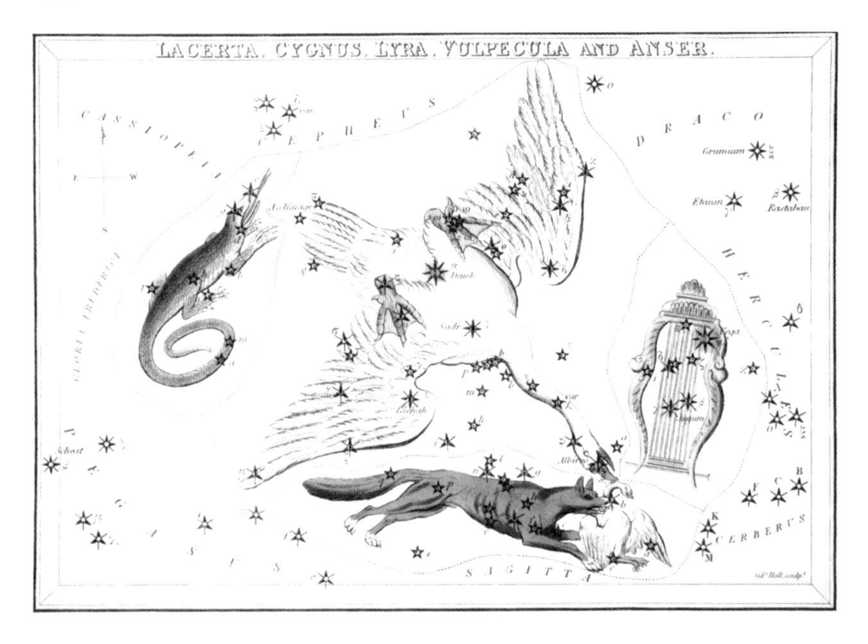

➢ 图 3-99　天鹅座

➢ 图 3-100　Leda and the Swan

关于天鹅座的来历还有一个说法，天王宙斯迷恋斯巴达王后勒达的美色，化作一只雪白的天鹅接近正在河中沐浴的美人。勒达不知是天神伪装，将这只可爱的天鹅抱在怀中，于是惨遭毒手。王后怀孕后生下了两只鹅蛋，从这鹅蛋中孵出两对双胞胎，分别是后来化身为双子座的卡斯托耳和波吕丢刻斯、因美貌举世闻名的美女海伦，以及阿伽门农王之妻克吕泰涅斯特拉。据说宙斯对这次得手非常满意，将这只天鹅的形象置于夜空中，便有了天鹅座。

天鹅形体优美，羽色洁白，叫声唧唧，优雅迷人，因此经常被当作高贵、圣洁、美好的象征。天鹅叫声唧唧，而希腊语表示天鹅的 κύκνος 或许正来自对其叫声的描绘，这个词由 κύκ-（即对唧唧叫声的模仿）和 -νος 构成，字面意思可以理解为【叫声唧唧者】。后缀 -νος 来自印欧语形容词与名词后缀 *-no-，该后缀一般缀于词根之后，表示'拥有……的'，比如：

印欧语词根 *swep-'入睡'，衍生出了古英语的 swefan'入睡'、拉丁语的 sopor'睡觉'；而 *swep-no-'睡眠，睡眠的'则演变出希腊语的 ὕπνος'睡眠'和拉丁语的 somnus'睡眠'；印欧语词根 *do-'给予'衍生出了希腊语的 δίδωμι'给予'、拉丁语的 do'给予'；而 *do-no-'赠与的'则演变出了拉丁语的 donum'礼物'、梵语的 dānam'礼物'，即【给予之物】；印欧语的 *maǵ-'大'演变出希腊语的 μέγας'大'、梵语的 mahā'大'；而 *maǵ-no'大的'则演变出拉丁语的 magnus'大的'；印欧语的 *ey-'走'演变出了希腊语的 εἶμι'走'、拉丁语的 eo'走'；而 *ey-no- 则演变出了拉丁语的'门廊’ianus【行走的通道】、梵语的 yāna‘路途、乘具’。因此也有了梵语中的大乘 Mahayana【大乘具】、小乘 Hinayana【小乘具】、《罗摩衍那》*Ramayana*【罗摩的行程】，以及罗马神话中的门神雅努斯 Janus、睡神索姆努斯 Somnus、希腊神话中的睡神许普诺斯 Ὕπνος。

更进一步说，印欧语的 *-no- 还衍生出了拉丁语中的 -nus 和 -inus 诸形容词后缀，对比：Roma‘罗马’-Romanus‘罗马的’、Africa‘非洲’-Africanus‘非洲的’、homo‘人’-humanus‘人的’、lupus‘狼’-lupinus‘狼的’、bos‘牛’-bovinus‘牛的’，等等。英语中表示某国人、某地人的 -an/-ian 即来自于此，比如 Roman、African、Canadian；表示形容词概念的 -ine 后缀也由此而来，比如 lupine、bovine。

天鹅叫声动听，因此英语中称其为 swan【优美的声音】。swan 一词与拉丁语的 sonus‘声音’同源，后者经由法语进入英语中演变为 sound 一词。拉丁语的 sonus 还衍生出了英语中的：表示声音响度的单位 sone【声音】、声音响亮的 sonorous【much sound】、齐奏 unison【声音一致】、奏鸣曲 sonata【sounded】、辅音 consonant【与（元音）一同发声】、谐音 assonance【发音一致】、不谐音 dissonance【发音不一致】、十四行诗 sonnet【小曲子】等英语词汇。

柏拉图在《斐多篇》中，记录了苏格拉底临死前对众弟子所说的这段话：

> 你们好像把我看得还不如天鹅有预见。天鹅平时也唱，到临死的时候，知道自己就要见到主管自己的天神了，快乐得引吭高歌，唱出了生平最响亮最动听的歌。可是人只为自己怕死，就误解了天鹅，以为天鹅为死而悲伤，唱自己的哀歌。

撇开苏格拉底视死如归的境界不说，我们看到“天鹅近死时有最美的绝唱”这个说法早在古希腊就有了，古希腊人将此称为 κύκνειον ᾆσμα‘天鹅之绝唱’，并借此比喻作家、诗人、艺术家最后的杰作、绝笔。英语沿袭了这个说法，便有了 swan song。天鹅是美丽、优雅、高贵的象征，在临死前引颈长鸣，声音肯定婉转动听，无疑也会撼人心魄。于是就有了莎翁笔下的艾米莉亚[①]，有了巴普洛娃著名的芭蕾舞剧《天鹅之死》，有了让游人不禁感叹和感伤的新天鹅堡[2]……

天鹅座最亮的一颗星中文名为天津四，学名采用中世纪阿拉伯星象学家所取之名 Deneb【天鹅之尾】。第二亮星为 Albireo【天鹅之喙】，第三亮星为 Sador【天鹅之脯】。其中天津四一星在早先曾被称为 Arion，这是希腊神话中一位乐手的名字。

莱斯博斯岛著名的乐手阿里翁曾去西西里岛参加音乐比赛，他用高超的技艺与迷人的乐曲打动了所有的人，并在比赛中获得了丰厚的奖品。不久阿里翁乘船返回科林斯，途中水手觊觎他的财富，谋划要将其杀死。因自知无法逃生，阿里翁请求临终前再弹一曲。水手们遂允许他穿上长袍，抱起竖琴弹奏并开始吟唱。他的歌声如此之美，整个大海都安静了下来，海豚们聚集在船的周围，倾听着这美妙的歌声。歌罢，阿里翁纵身投入大海，竟被一只海豚所救，海豚载着乐手游过茫茫大海，平安到达了科林斯。后来这只海豚的形象就成了夜空中的海豚座。

后来人们用阿里翁的名字 Arion 来命名天鹅座最亮的一颗星。或许是因为阿里翁临终抚琴而歌的场景，一如传说中天鹅的临终绝唱。

①《奥赛罗》第五场第二幕中，艾米莉亚临死前唱道：

What did your song bode, lady?
Hark，canst thou hear me?
I will play the swan.
And die in music.

②新天鹅城堡是巴伐利亚国王路德维希二世为自己暗恋着的茜茜公主所建，然而茜茜公主却嫁给了奥地利国王弗兰茨·约瑟夫一世。当这个城堡就要落成的前夕，即1886年6月12日，这个单身的年轻国王最后一次视察了城堡的工程进度，返回慕尼黑的途中却消失在夜幕里，第二天清晨人们在湖中发现了国王的尸体。

3.45 海豚座　通晓人性的海中生物

乐师俄耳甫斯被酒神的女信徒杀死后，他的头颅连同那把七弦琴一起被抛进河里，这头颅枕着七弦琴在水中漂流沉浮，琴弦则在微风的拨弄下奏起悲伤的乐曲，僵死的舌头也呜咽着，两岸不断发出哀叹的回音。后来这头颅枕着七弦琴随着河水流进了大海，海浪将它们冲到莱斯博斯岛上。岛上的居民打捞起乐师的头颅，将它埋葬在阿波罗神庙旁，人们把这把曾经弹奏出让众神都无比感动的乐曲的七弦琴悬挂在神庙的墙上。后来的后来，岛上出了很多很多名扬天下的乐手以及才华横溢的诗人，[1]人们说这是俄耳甫斯的英灵对莱斯博斯岛的恩赐。

[1]古希腊时期，很多著名的诗人、乐手都来自莱斯博斯岛，比如被誉为“第十缪斯”的女诗人萨福，被誉为古希腊七贤之一的皮塔科斯王，著名的乐手兼诗人阿里翁等。

约在公元前六世纪时，岛上出了一位伟大的歌手，名叫阿里翁，他不但技艺和才华无人能比，而且还最早创造了酒神赞歌，这赞歌后来发展演变出最初的戏剧。因为戏剧与之前的纯音乐形式不同，它不仅需要乐曲，更需要人物在舞台之上表演，因此人们将戏剧称为drama，字面意思为【表演】。早期的戏剧是在酒神节中表演的，演员们披着酒神随从萨提洛斯的山羊皮，而这个时期的戏剧都以表现悲剧为主题，所以悲剧被称为τραγῳδία【山羊之歌】，英语中的tragedy就由此演变而来。

➢ 图 3-101　The head of Orpheus

阿里翁年轻的时候，曾经在科林斯国传授自己创造的酒神赞歌，受到科林斯人民的喜爱。后来，他去西西里岛参加了一场盛大的音乐比赛，以高超的技艺和优美的旋律打动了所有的人，获得了异常丰厚的奖品。当他带着自己的所获，搭乘船只返回科林斯时，船上的水手却对他的财富起了邪心，谋划要将歌手杀死。

➢ 图 3-102 Arion rescued by a dolphin

当这些谋财害命者向他动手时，阿里翁请求水手们能让自己再唱一首歌，并像一个游吟诗人那样死去。水手们遂允许他穿上长袍，抱起七弦琴弹奏和吟唱，唱颂赞美伟大的太阳神阿波罗事迹的歌。他的歌声如此之美，连起伏不安的大海都在这迷人的歌声中安静了下来，仿佛在音乐中入睡一般，一群海豚探出水面，聚在船只周围倾听着这美妙的歌声。歌罢，阿里翁抱着琴赴身大海，却大难不死，被一只海豚所救。海豚载着乐手游过茫茫大海，把他安全带到了科林斯附近的一座城市。

据说，这只海豚的形象后来就成了夜空中的海豚座 Delphinus。

阿里翁比那些水手们更早到达科林斯，将自己的遭遇告诉了科林斯国王。国王起初并不相信乐手的荒诞故事。但水手们以为乐手早就在大海中遇难，就欺骗国王说阿里翁不愿回国而留在了西西里岛。而阿里翁的出现揭穿了他们的谎言，国王便下令对这些谋财害命者处刑。

关于海豚座的来历，还有一种说法，认为这只海豚乃是海王波塞冬最得力的一个信宠。故事是这样的：

老海神涅柔斯生有很多美丽动人的女儿，海中仙女安菲特里忒是这其中尤为美丽动人的一位。一次，她和其她仙女们在那克索斯岛跳舞，被海王波塞冬看见了。波塞冬被安菲特里忒曼妙的身姿与迷人的舞蹈所深深吸引，从此不能自拔地爱上了她。然而他的首次举动就在仙女心中留下了非常差的印象，这个鲁莽的海神竟然想掠走美丽的安菲特里忒。后者在众多女伴的帮助下逃脱，从此开始打心里对这个满面胡须、性格粗鲁的男性充满了厌恶。虽然波塞冬想方设法追求仙女，他所有的行为却引起仙女更深的反感，甚至仙女一看见波塞冬就远远地躲着。波塞冬无计可施，伤心到了极点。这时候他的圣宠——海豚主动向海王请缨，让自己去说服仙女。于是能言善辩的海豚在大海的尽头找到了藏匿的仙女，先是对其动人美貌一阵赞不绝口的夸奖，又借机一点点提到海王波塞冬，并滔滔不绝地描绘起波塞冬对仙女那想念至深的爱。安菲特里忒在海豚的巧言令色下慢慢软下心来，仔细想觉得这个波塞冬其实也不坏，而且他的所作所为无疑也表明他的爱是真心的。仙女便在海豚的说服下，委身嫁与了海王波塞冬，成为海后。

波塞冬对这海豚充满感激，为表示感谢，他将海豚的形象置于夜空之中，就有了夜空中的海豚座。

海豚座最亮的两颗星分别名为 Sualocin（α Delphini）与 Rotanev（β Delphini），这名字看起来多少让人有些惊讶。因为就常见星星的学名而言，其一般源于中世纪阿拉伯世界所取的名称，此类名称皆来自阿拉伯语词汇，比如南门二 Rigil Kentaurus、牛郎星 Altair、织女星 Vega 、天津四 Deneb。除此之外还有一部分星星名称沿用古希腊和罗马时代的星名，这类一般只限于著名的亮星，而且是在希腊罗马时代即被命名的，[1]比如天狼星 Sirius、老人星 Canopus、大角星 Arcturus、南河三 Procyon，这类名字基本都来自希腊语。而海豚座的两颗星 Sualocin 与 Rotanev，既不像阿拉伯语也不具备希腊语特征，这一点让人疑惑。这两个名字分别表示什么，就更是一个谜了。

①在希腊罗马时代，星座都是有名字的，但并不是每一颗星都有独立的名称，给每一颗星都取名基本上是阿拉伯天文学家所为。

这个疑问曾经使得数位近代天文学家困惑不解，直到英国天文学家托马斯·韦伯成功猜测出这名字的含义：如果将两颗星的名称从尾到头反写，我们就会得到 Nicolaus Venator，这明显是个人名。考虑到这两个星名最早见于 1814 年意大利出版的《巴勒莫星表》中，而当时参与星表制作的天文助理名叫尼古拉斯·维纳托 Nicolaus Venator！这哥们非常巧妙地将自己的名字藏在了星名中，并借此得以永垂不朽。虽然一百多年后才被人们意识到，但迅速被传为趣闻，而海豚座两颗亮星的名字也从此成为天文学者茶余饭后的闲谈内容。

拉丁语中的‘海豚’delphinus 一词来自希腊语的 δελφίς‘海豚’，准确地说该词是对 δελφίς 之形容词 δελφίνος 的转写。该词进入英语中，于是就有了表示海豚的 dolphin。希腊语的 δελφίς 意为‘海豚’，据说来自于 δελφύς‘子宫’一词，因为古人发现海豚是一种【有子宫的鱼类】①。原因很简单，海豚和鱼类不同，海豚属于哺乳动物，所以具有子宫。δελφύς 表示‘子宫’，于是从同一个子宫里出来的人就是‘兄弟’ἀδελφός。因此我们就知道了费城 Philadelphia 一名本意为【兄弟之爱】。被称为世界肚脐的阿波罗神庙德尔斐 Delphi 之所以如此命名，据说因为阿波罗曾经变为海豚来到这个地方。

①词源能帮助我们理解很多事物的命名原因，比如：欧洲人称兰花称为orchid，一般指红门兰，其来自希腊语的ὄρχις‘睾丸’，因为这种兰花的根部似睾丸；疟疾被称作malaria，其来自拉丁语的mala aria‘坏空气’，人们曾认为其由空气污瘴所致；夜莺被称为ningtingale，来自古英语的niht‘夜晚’和gale‘歌唱’，因为这种鸟在夜里歌唱。

3.46 南鱼座 大洪水中的拯救者

我们已经知道，宝瓶座形象为一位少年举着水瓶源源不断地倒出瓶中之水，而这从宝瓶中倒出的水则被认为是大地上众河流之水的源头。当天上之水倾泻过多，人间就会洪水泛滥。当我们顺着宝瓶座瓶口中水流方向看去，会发现在南面天空中一颗亮星，这颗星位于南鱼座，并被称为 Fomalhaut‘鱼嘴’[1]。该星周围的星都很暗，因此这颗鱼嘴之星就愈显得耀眼夺目，Fomalhaut 加上其周围几颗暗一些的星星，共同组成一条鱼的形状，故该星座被命名为‘鱼’Piscis，为了区分它与黄道带上的双鱼座，人们将这个星座命名为南鱼座 Piscis Australis，即【南方之鱼】。

[1] Fomalhaut一名源自阿拉伯语的fam al-ħūt，字面意思即【鱼的嘴巴】。这颗星在中国被称为“北落师门”。

需注意此处南鱼座名称中的 piscis 与双鱼座名称中的 pisces 之间的区别，piscis 是单数形式，其复数为 pisces。对应在星座上，即南鱼座 Piscis Australis 形象为一条鱼，故名称使用单数；双鱼座 Pisces 形象为两条鱼，故名称为复数形式。

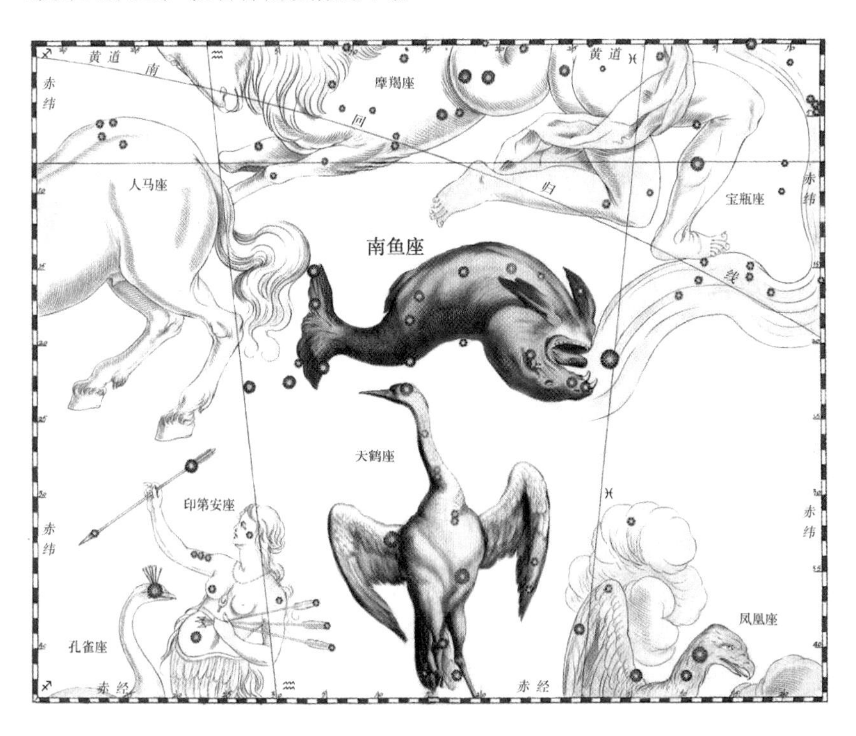

图 3-103 南鱼座

Piscis Australis 由拉丁语中的 piscis‘鱼’和 australis‘南方的’构成，字面意思为【南方之鱼】。australis 一词则由拉丁语中的‘南风’auster 衍生而来，是其对应的形容词形式。罗马人沿用了希腊神话中有关风神的传说，于是就有了罗马神话中的四位风神，即东风之神欧洛斯 Eurus、西风之神仄费洛斯 Zephyrus、南风之神奥斯忒耳 Auster、北风之神玻瑞阿斯 Boreas。其中南风之神和北风之神的名称经常也被用来表示对应的方位概念，于是就有了常用表示方位的形容词南方 australis【南风方向的】和北方 borealis【北风方向的】，继而有了北冕座 Corona Borealis【北方之冠】、南冕座 Corona Australis【南方之冠】、南三角座 Triangulum Australis【南方之三角】、南鱼座 Piscis Australis【南方之鱼】，有了巨蟹座的两颗亮星 Asellus Borealis【北面的驴】与 Asellus Australis【南面的驴】。

古希腊时期人们相信印度大陆的南边还有一片广阔的陆地，托勒密将这片陆地纳入他所描绘的世界地图中。但因为从没有人到过这片传说的大陆，所以后人称之为 terra australis incognita‘未知的南方大陆’。到了大航海时代，探险家们发现传说中的南方果然有一片大陆，便沿用古名称其为 terra australis【南方之地】，或简称曰 Australia[1]，

[1] -ia后缀经常被用来表示‘……之地’的概念，比如：亚洲Asia【东方之地】、美索不达米亚Mesopotamia【河流间的土地】、斯堪的那维亚Scandinavia【北方之地】、安纳托利亚Anatolia【日出之地】、西伯利亚Siberia【牧人之地】，以及各种国名，如：马来西亚Malaysia【马来人之地】、柬埔寨Cambodia【高棉人之地】、印度India【印度人之地】、蒙古利亚Mongolia【蒙古人之地】、奥地利Austria【东方之地】、阿尔巴尼亚Albania【多山之地】、俄罗斯Russia【罗斯人之地】、埃塞俄比亚Ethiopia【黑面孔之地】、阿尔及利亚Algeria【岛屿之地】、阿拉伯Arabia【荒凉之地】、立陶宛Lithuania【海岸之地】等等。因此Australia在表意上和terra australis是相似的，都可以理解为【南方之地】。

图 3-104 The fish saves Manu during the great deluge

这也是澳大利亚以及澳洲名称的来历。因为澳洲位于大洋之中，所以也被称为大洋洲 Oceania【大洋中的陆地】。

从星座形象来看，南鱼座鱼嘴张开，正好饮入从宝瓶座中倒出的流水。从寓意的角度讲，既然宝瓶座中流出的水被认为是大洪水的来源，那这条饮水的鱼自然就有了大洪水中拯救世界的蕴意。有学者认为一些古代大洪水神话中拯救世界的游鱼形象，正是这星象的具化。而在印度神话中，当淹没一切的大洪水到来时，正是一条鱼拯救了人类的祖先摩奴。

注意到这条鱼在众多古代星图绘画中，都饮着从宝瓶座倒出来的水。而罗马诗人奥维德也将该星座称为 Piscis Aquosus【豪饮之鱼】，aquosus 一词由拉丁语的 aqua‘水’和后缀 -osus‘充满……的’构成。

-osus 一般缀于拉丁语名词词基之后，构成表示‘富于…’含义的形容词概念。比如‘名声’fama（英语的 fame 一词来自于此）词基为 fam-，加后缀 -osus 构成 famosus【富于名声的】，后者演变为英语的 famous；‘荣耀’gloria（英语的 glory 一词来自于此）词基为 glori-，加后缀 -osus 构成 gloriosus【充满荣耀的】，后者演变为英语中的 glorious。不难看出，英语中的 -ous（或 -ious）后者便来自于拉丁语的 -osus，这个后缀在名词的基础上构词形容词，表示‘富于…’之意，对比：

表3-12 -ous类形容词

-ous类形容词	释义	对应名词	名词含义
famous	富于名声的	fame	名声
dangerous	充满危险的	danger	危险
numerous	为数众多的	number	数目
ridiculous	充满荒诞的	ridicule	荒诞
precious	价值不菲的	price	价格
ambitious	满怀抱负的	ambition	抱负
mysterious	充满神秘的	mystery	神秘
furious	充满愤怒的	fury	愤怒
suspicious	多疑的	suspicion	怀疑
disastrous	灾难的	disaster	灾难

（续表）

-ous类形容词	释义	对应名词	名词含义
cautious	充分小心的	caution	小心
gracious	极为优雅的	grace	优雅
spacious	空间充裕的	space	空间
glamorous	富有魅力的	glamor	魅力
glorious	充满荣耀的	glory	荣耀
vigorous	精力充沛的	vigor	活力

-ous 后缀的常见的形容词还有：严重的 serious【极重的】、巨大的 enormous【超出正常的】、好奇的 curious【充满关心的】、可口的 delicious【充满趣味的】、兴旺的 prosperous【充满前景的】、可疑的 dubious【充满疑虑的】、有声望的 prestigious【富于声望的】、极妙的 fabulous【寓言众多的】、豪奢的 luxurious【富于光辉的】、喧闹的 clamorous【充满嘈杂的】、丰富的 copious【富足的】、悲伤的 dolorous【充满忧愁的】、贪婪的 edacious【吞食众多的】、熟练的 dexterous【都如右手的】、各种各样的 various【变化众多的】等。当然，这个后缀有时也用来表示普通形容词概念，比如：宗教的 religious【宗教的】、紧张的 nervous【神经相关的】、慷慨的 generous【出身高贵的】、冒险的 hazardous【有危险的】、冗长的 tedious【乏味的】、华丽的 gorgeous【珠宝的】、令人惊骇的 hideous【令人恐惧的】。

南鱼座被称为 Piscis Australis【南方的鱼】。其中，形容词 australis‘南方的’由 auster‘南风’加后缀 -alis 构成，字面意思是【南风方向的】。后缀 -alis 在拉丁语中极常见，一般可翻译为‘与……有关的，属于……的’。-alis 常转写为英语 -al，比如 australis 进入英语中就变成了 austral“南方的”。于是就有了拉丁语中：嘴巴 os（属格 oris，词基 or-）的形容词形式 oralis，对比英语中的 oral；牙齿 dens（属格 dentis，词基 dent-）的形容词形式 dentalis，对比英语中的 dental；肉 carnis（属格 carnis，词基 carn-）的形容词形式 carnalis，对比英语中的 carnal；死亡 mors（属格 mortis，词基 mort-）的形容词形式 mortalis，对比英语中的 mortal；事故 accidens（属格 accidentis，词基 accident-）的形容词形式 accidentalis，对比英语中的 accidental；

命运 fatum（属格 fati，词基 fat-）的形容词形式 fatalis，对比英语中的 fatal；终点 finis（属格 finis，词基 fin-）的形容词形式 finalis，对比英语中的 final；生命 vita（属格 vitae，词基 vit-）的形容词形式 vitalis，对比英语中的 vital；生命 anima（属格 animae，词基 anim-）的形容词形式 animalis，对比英语中的 animal；事件 res（属格 rei，词基 re-）的形容词形式 realis，对比英语中的 real；手指 digitus（属格 digiti，词基 digit-）的形容词形式 digitalis，对比英语中的 digital。[1] 当然，英语中以 -al 结尾的形容词实在是太多，这类词一般都是从拉丁语中 -alis 类的形容词变化而来，这类词汇还有比如 individual、minimal、national、festival、usual、global、portal、filial、formal、sensational、rational、regal、maternal、actual、dual、arrival、artificial、visual、additional 等。

而 Piscis Australis 一名，很明显对应英语中的 austral fish【南方的鱼】。

①英语中的动物animal字面意思为【有生命（之物）】，真实real的字面意思为【关于事实的】，数字的digital字面意思为【手指相关的】。

3.47 小马座 藏匿在小词汇背后的大学问

在托勒密星图的 48 个古典星座中，面积最小的星座为小马座，希腊语中称其为 Ἵππου προτομῆς【马之首】，拉丁语中则称该星座为 Equuleus【小马】。小马座中即使最亮的一颗星也低于 4 星等，加上星座非常小，不仔细看很难分辨得出来。公元前二世纪，古希腊天文学家希帕耳科斯对夜空中的恒星进行了多年的观察，并绘制了一张非常精确的星图，该星图中包含了他所测得的一千多颗恒星的精确位置，并最早描述到这个星座。托勒密继承了希帕耳科斯的成就，将这个星座称为 Ἵππου προτομῆς‘马之首’，后来的罗马人将其译为 Equi Caput‘马头’，因此星座是众星座中最小的一个，故又更名为小马座 Equuleus【小马】。

为什么希帕耳科斯要将这个星区命名为‘马首’呢？这是一件值得思索的事情，毕竟这几颗非常暗的星星本身并不构成任何特殊形

➢ 图 3-105 小马座

象。把它看成一只马头，并不比看成牛头、羊头更形象些。然而对于希帕耳科斯来说，马无疑是最重要的形象了，这个名字也最能显示自己的贡献，因为希帕耳科斯的名字 Ἵππαρχος 一词字面意思即为【马之首领】，该名由 ἵππος‘马’和 ἀρχός‘首领’组成。

希腊语中，马被称为 ἵππος，属格 ἵππου，于是小马座的名字 Ἵππου προτομῆς 就是【马的头】。希腊语的 ἵππος 与拉丁语的 equus‘马’同源，后者属格为 equi，故拉丁语中的 Equi Caput 意思也为【马的头】。而 equuleus 一词乃是 equus 的指小词形式，所以 Equuleus 就是【小马】了。作为星座名，汉语意译为小马座。

在希帕耳科斯之后，人们将这个星座和半人马智者喀戎的故事联系了起来。喀戎有一个女儿名叫希珀 Hippe‘母马’，长得非常漂亮。忒萨利亚地区的埃俄罗斯王被少女的美貌吸引，大胆地把她诱拐到无人之地风流快活了一次。事后埃俄罗斯消失得无影无踪，少女却不敢将此事告诉父亲。当她发现自己肚子一天天变大时，因怕被别人看出来，就一个人偷偷藏在珀里翁山中生了孩子。孩子出世的时候，少女的父亲喀戎也在焦急地寻找着丢失的女儿。女儿却羞于被父亲看到，她在绝望中祈求众神将她藏匿起来。月亮女神阿耳忒弥斯可怜这位少女，便将她变成了一匹母马，放在夜空中。即便成为星座，这匹母马仍在夜空中躲藏着自己，只稍稍露出了头部，而且非常之暗，不仔细辨别是很难认出来的。

equuleus 是拉丁语 equus 的指小词形式，该词有时也作 equulus。拉丁语中，在名词或形容词词基后加上指小词后缀 -ulus（对应的阴性为 -ula、中性为 -ulum）构成相应词汇的指小词。比如：王 rex 词基为 reg-，加 -ulus 构成指小词 regulus，狮子座的头号亮星 Regulus‘小君王’即来自于此；小 parvus 词基为 parv-，加后缀 -ulus 构成指小词 parvulus【幼小】，这个词在英语中被用来表示“婴儿”。

后缀 -ulus 经由法语演变为英语中的指小词后缀 -ule，因此有了英语中的：小盒 capsule【小容器】、小球 globule【小球】、小瘤 nodule【小节】、舌叶 ligule【小舌】、鱼类触须 barbule【小胡子】、细粒 granule【小粒】、小球 spherule【小球体】、小细胞 cellule【小细胞】。

指小词后缀 -ulus 可能是由早期的 *-elus 演变而来（阴性为 *-ela、

中性为 *-elum，为方便叙述起见，下文不再赘述阴性和中性）。当后缀 *-elus 被用在以 -rus、-inus 等结尾的词汇上构成指小词时，在拟构的指小词后缀 *-relus、*-inelus 中，元音 -e- 弱化脱落从而变为 *-rlus、*-inlus，其相邻辅音发生了逆行同化从而变为 -ellus，对应的阴性和中性形式为 -ella 与 -ellum。比如：asenus‘驴’的词基为 asen-，加上 *-elus 构成指小词 *asenelus，并最终变为 asellus‘小驴’，于是就有了巨蟹座的两颗亮星 Asellus Borealis【北面的驴】与 Asellus Australis【南面的驴】；ruber‘红色’加上 *-ela 构成阴性形式的指小词 *ruberela，并最终变为 rubella‘小红点’，因为麻疹病人身上会出很多小红点，故麻疹被称为 rebella。在这个基础上，-ellus 成为独立的指小词后缀，其对应的阴性形式为 -ella，于是英语中：灰姑娘 Cinderella 一名可以解释为【一身灰煤的小姑娘】，伞 umbrella 本意为【小阴凉】，膝盖骨 patella 字面意思为【小盘】，短篇故事 novella 字面意思为【小故事】。细菌非常小，故经常被冠以 -ella 类的名称，比如小球藻属 Chlorella、巴斯德菌属 Pasteurella、沙门氏菌属 Salmonella、志贺菌属 Shigella、包特菌属 Bordetella、克雷伯菌属 Klebsiella 等。指小词后缀 -ella 进入法语中变为 -elle，并通过法语的影响进入英语中，于是就有了：黑刺李酒 prunelle【小李子】、小碟 rondelle【小圆】、细胞器 organelle【小器官】。[①]

当后缀 *-elus、-ellus 被附加在以 -cus 结尾的形容词后，就构成指小词 -culus、-cellus，于是：mus‘老鼠’一词的指小词为 musculus‘小老鼠’，由于人的肌肉特别是二头肌在拉伸时状似一只小老鼠，罗马人便将肌肉称为 musculus，后者演变为英语的 muscle“肌肉”；canis‘狗’的指小词形式为 canicula‘小狗’，天狼星在西方就被称为 Canicula，而天狼星偕日的时节因为酷热而被称为 canicular days【天狼星之日】；flos‘花’的指小词为 flosculus，后者进入英语中变为 floscule“小花”；os‘嘴巴’的指小词为 osculum‘小口’，这个词也被英语借用，表示“出水孔”；ovis‘羊’的指小词为 ovicula‘小羊羔’，古罗马名将费边因性情温顺说话缓慢而被同伴们取名为 Ovicula，这个人还为我们留下了一个著名的概念

① 在拉丁语的指小词-ella基础上演变出了法语中的阴性指小词-elle和阳性指小词-el，在-el的基础上又发展出了晚期的指小词后缀-eau，比如法语的plumeau、bureau、renardeau、ramereau、pigeonneau、hachereau、château 等。-el类指小词进入英语中，于是就有了：吵架quarrel【小争论】、肠bowel【小肠】、小背包satchel【小包】、水道channel【小渠】、松鼠squirrel【小荫尾】等。注意到古英语中也有指小词-el，其与拉丁语中的*elus同源，现代英语中以-le结尾的名词多源自古英语，比如kettle、ladle等，也有部分演变为-el，如runnel。所以，应该注意，现代英语中，以-el结尾的指小词有可能源自古英语或者法语。当然，在不区分来源的情况下只要知道-el为英语构词中的指小词后缀即可。

“费边主义”[1]。

值得一提的是，拉丁语中的 -culus 演变为英语中的指小词后缀 -cle，于是就有了英语中的：瞄准线 reticle【小网】、冠词 article【小关节】、秘密聚会 conventicle【小会议】、颗粒 particle【小部分】、灌木 arbuscle【小树】、颂歌 canticle【小曲】、红榴石 carbuncle【小红玉】、幼茎 caulicle【小茎】、锁骨 clavicle【小钥匙】、小卧室 cubicle【小卧】、皮层 cuticle【小皮】、小齿 denticle【小牙】、卵泡 follicle【小囊】、小骨 ossicle【小骨头】、五角星 pentacle【小五角】、顶峰 pinnacle【小顶】、触手 tentacle【小触端】、小胞 utricle【小囊】。

equuleus 这样的指小词形式在拉丁语中并不多，一般规范的写法为 equulus。这样的特殊例子还有 hinnus‘骡子’的指小词 hinnuleus‘小骡子’，当然，写为 hinnulus 也是对的。

equuleus 是拉丁语中 equus 的指小词形式，后者词基为 equ-，这个词与希腊语的 ἵππος 同源，后者的词基为 ἵππ-。希腊语的 ἵππος 与拉丁语的 equus 同源。根据拉丁语到梵语的 k-s 对应，可看到拉丁语的 equus 与梵语的 aśva‘马’同源，后者词基为 asv-[2]。根据拉丁语到日耳曼语之间的 k-h 对应法则，我们发现古英语中的 eoh‘马’也是其同源词。在这些同源词的基础上，学者们根据各个语言词汇所具有的共性和个性特点，经过一系列类比分析，拟构出这些同源词汇最初的形式，因为这些同源语言包括欧洲大部分语言和印度及周边语言，便将这个共同的祖先语命名为原始印欧语 Proto-Indo-European Language。又因为拟构的印欧词汇是推算出来的，并不是本身就有文献的可靠词汇形式，故在拟构的原始印欧语词汇前都标上“*”号，表示这是推算出来的词汇形式。表示马的原始印欧语词汇被拟构为 *ekwos。从这个原始印欧语词汇出发，演变出各种印欧子语的同源词汇形式，其同源词汇都有着语音的对应，我们称其为音变。在这个语言框架下，近代的比较语言学取得了长足的进步和伟大的成就。我们所讲的词汇分析和词源理论，都得益于这个宏伟的语言学体系。

[1] 费边（Fabius，前280–前203），罗马著名将领，其因在第二次布匿战争中采用拖延战术对抗汉尼拔，挽救罗马于危难之中而著称于史册。因此人们将拖延战术称为“费边主义”。

[2] 在古印度《梨俱吠陀》经书中，朝阳二神就被称为Asvins【骑士】，一般也翻译为双马童阿史文。

3.48 三角座　诞生于天文学中的三角函数

托勒密在其著作《至大论》中，将当时已知的恒星划分为48个星座。至此我们已经分析了托勒密星座体系中的47个星座，本篇要讲的就是最后一个星座三角座Triangulum了。因为古希腊人活动范围的限制，那些只在南半球才能观察到的星座在当时是未知的，直到十五世纪以后大航海时代兴起时，才开始被人们发现和记录。到了1922年，国际天文学联合会大会重新整理了托勒密星座体系中的48个星座，并加上近代发现的，特别是在南半球新发现的星星所组成的40个新的星座，确定了至今国际通用的88个星座的系统。

一般认为三角座由古希腊天文学家希帕耳科斯所命名，另一些学者则认为由托勒密所命名。这两个说法有一个共同点，即三角座是由天文学家定义和命名的，并非民间传说中早有的星座。虽然后来的罗马诗人宣称，当珀耳塞福涅嫁给冥王哈得斯的时候，宙斯将西西里岛

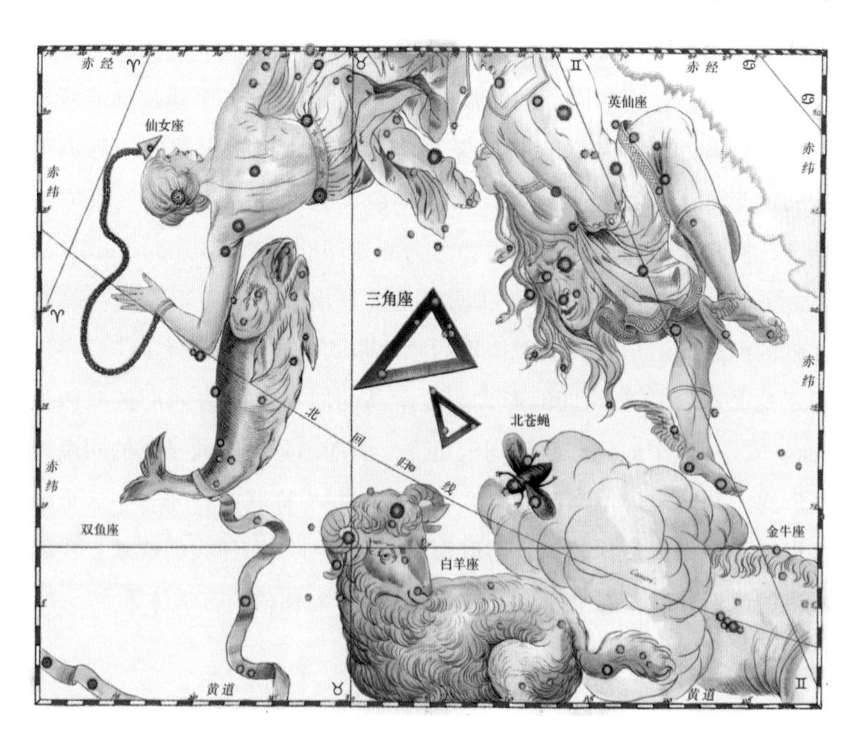

➢ 图3-106　三角座

赠与她做嫁妆，这个三角状岛屿的形象也被置于夜空中，便有了三角座。或许这只是一种附会。毕竟三角座就其名称而言，应该只是纯粹的天文学家或几何学家的专属物品。更有趣的是，几何尤其是三角几何这门学问本身也源自古老的天文学。这大概解释了为什么这么多学者认为三角座乃是由古希腊天文学家所创造的原因。

希帕耳科斯的著作都遗失了，而托勒密的天文体系继承和发扬了希帕耳科斯的学说。在《至大论》中，托勒密将这个星座称为Τρίγωνον【三角形】，因为这个星座由三颗比较亮的星构成，这三颗亮星的连线构成了一个简单的三角形。Τρίγωνον 一词由希腊语的 τρεῖς‘三’和 γωνία‘角’构成，字面意思即【三角形】。希腊语中的 τρεῖς 和拉丁语中的 tres、梵语的 traya、德语的 drei、英语的 three 同源，意思都是“三”。γωνία‘角’一词与希腊语的 γόνυ‘膝盖’同源，因为膝盖上下构成一个活动的角，希腊语的 γόνυ 和拉丁语的 genu、德语的 Knie、英语的 knee 同源，都表示“膝盖”。Τρίγωνον 一名被拉丁语意译为 Triangulum【三角形】，后者由 tres‘三’和 angulus‘角’构成。拉丁语的 angulus‘角’演变为英语中的 angle。而 triangulum 一词进入英语中，变为 triangle“三角形”。

“三角学”一词，亦由古希腊天文学家希帕耳科斯所创。他将这门学问称为 τρίγωνον μέτρον【三角度量】[①]，该名称演变出英语中的三角学 trigonometry。这位天文学家一生几乎都在地中海的罗得岛上度过，在那里，他建了一个天文台，使用自己发明和改进的仪器，测量计算并确定出了一千多颗恒星在天空中的精确位置，他将这些星星都标示在一张有着经纬度的地图上，这是人类史上第一张精确的恒星图。想要精确获知每颗星的经纬度，涉及到非常复杂的坐标转换运算，需要解三角比率，从现代数学来看，就是要解三角函数。希帕耳科斯因此创立了三角学。他把每一个三角形（无论是平面三角形还是球面三角形）都当做圆内的一个内接三角形，这样三角形的每一个边都变成了一条弦，为了计算三角形的各个部分，我们必须把弦长作为圆心角的函数，而这就成了三角学在接下来几个世纪中的主要任务。据说希帕耳科斯一共写了 12 本关于弦长计算的书，但是后来都

①μέτρον一词与英语的measure同源，希腊语中的μέτρον一词衍生出了英语中的-metry【……的测量】、-meter【……测量器】等词汇，比如英语中的：几何geometry【土地丈量】、天象学astrometry【天体测量】、听力测量audiometry【听力的测量】、气压计barometer【气压测量器】、听力计audiometer【听力测量器】、万用表multimeter【多用测量器】等。μέτρον意为测量，其也导致了最常见的测量单位meter的产生，字面上可以理解为【用于测量的单位】，中文取首音翻译为“米”；在米的基础上又产生了千米kilometer【一千米】、分米decimeter【十分之一米】、厘米centimeter【百分之一米】。

失传了。而托勒密《至大论》中的正弦函数表[①]和弦长的计算方法或许直接来自希帕耳科斯的著作。毕竟早在公元前二世纪时，希帕耳科斯就将自己所推知的正弦函数大量应用在实际计算中了。

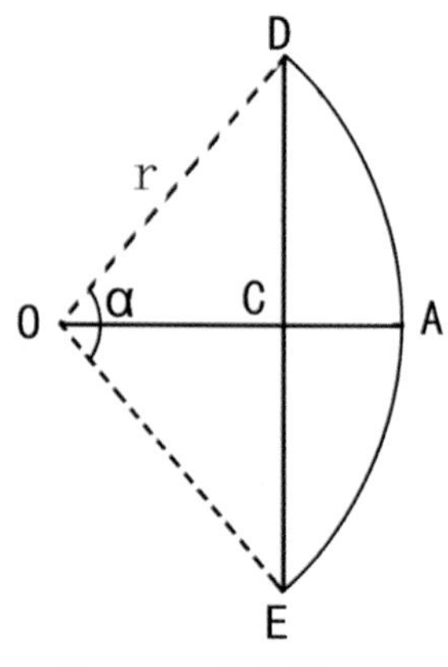

图 3-107 正余弦函数

计算三角函数的时候，希帕耳科斯和托勒密都将该角内接于圆。于是从几何上看，这个函数就非常清楚了，半角的正弦函数值的两倍与弦长成正比，其比例系数为圆的半径，用现代三角函数方程表示就是：

$$\text{Cord}(\alpha)=2r\cdot\sin\frac{\alpha}{2}$$

我们把这个弧度和对应的弦单独拿出来，如图所示。

∠α即图中的∠DOE，弦长 Cord（α）即图中的线段 DE。从这个形象来看，弧 DAE 非常像一张弓，而线段 DE 无疑就是这弓上之弦了。此时，DC 部分无疑就是半弦。∠DOC 的正弦函数值与半径之乘积正好是这个弓箭之弓弦长度的一半。于是古印度数学家阿耶波多[②]最初研究正弦函数时，就将该函数命名为 jyārdha【半条弓弦】。这真是一个非常传神的定义。这个名称一般简写为 jiva。阿拉伯人继承和发扬了印度人的数学建树，[③]并将该词转写为 jiba。由于早期的阿拉伯文中没有元音符号，jiba 一词大致相当于拉丁拼写中的 jb。当欧洲学者翻译阿拉伯数学著作时，他们将这个表示正弦的 jb 错认为是阿拉伯语中表示‘弯曲’的 jayb 一词，于是将其意译为拉丁语的 sinus‘弯曲’。正弦的简写 sin 是英国天文学教授埃德蒙·甘特[④]所率先使用的，他还率先将余弦写作 cosinus，后者是对拉丁语 comlementi sinus【正弦的补】的简写。[⑤]

正切函数起源于古代的日影测量，其主要作用是天文计时。早先人们用日晷的投影和晷长之比来判定时间，而这个比值即为正切函数的雏形。人们将直立杆在地面的投影称之为 umbra recta【直立杆之投影】，将垂直于墙面的水平杆在墙面的投影称为 umbra versa【倒杆之投影】，这二者分别演变成后来的余切函数和正切函数。[①]

①在《至大论》中，托勒密将弦长表示为对应的圆心角的函数，并从几何上给出了角度对应的正弦函数算法，列出了一张非常精确的正弦函数值表。

②阿耶波多（Aryabhata，476–550），印度古典时期最著名的数学家及天文学家。阿耶波多改进了希腊托勒密的工作，对正弦函数进行了进一步的研究，在三角学史上占有重要地位。1976年，为纪念阿耶波多诞生1500周年，印度发射了以阿耶波多命名的第一颗人造卫星。

③值得一提的是，所谓的阿拉伯数字事实上也是印度人发明的。

④埃德蒙·甘特（Edmund Gunter，1581–1626），英国学者，发明了计算、航海和测量工具，提出了余弦和余切概念。

⑤相似的道理，余切 cotangent是正切tangent的补，符号为cot；余割 cosecant是正割secant的补，符号为csc。之所以是补，因为它们每对之间角度和都是直角。

1573 年，丹麦数学家芬克[2]将这个函数命名为 tangens，后者是拉丁语动词 tangere‘挨着、接触’的现在分词形式，字面意思为【紧挨着】。英语的 tangent 由该词演变而来。要理解这个名称，我们还需要将这个函数置于圆中来考虑。如图 3-108 所示，先做一个半径为 1 的单位圆 O，然后以此圆心为原点建立直角坐标系，由单位圆与任意角 θ 的交点 D 向横坐标引垂线，交 OA 也就是横坐标于点 C。同时，我们在横坐标右侧与单位圆交点 A 处作圆的切线，与 θ 角相交于 B 点。

于是我们知道，$\sin\theta$ 就是线段 CD 的长，也就是上文所说的 ardha-jya【半条弓弦】。而角 θ 的正切值 $\tan\theta$ 则为线段 AB 的长，正割值 $\sec\theta$ 为线段 OB 的长。

注意到角 θ 的正切值对应线段 AB，而 AB 所在直线与这个圆正好紧紧地挨着，这形象地说明正切 tangens【紧挨着】一名的来历。而正割函数在拉丁语中称为 secans，该词为拉丁语动词 secare‘切’的现在分词形式，字面意思为【切开】。我们看到图中正割函数所对应的线段 OB 所在直线正像一把刀一样，将圆 O 割裂成为两部分，这不也是对正割函数 secans 非常形象的解释吗？

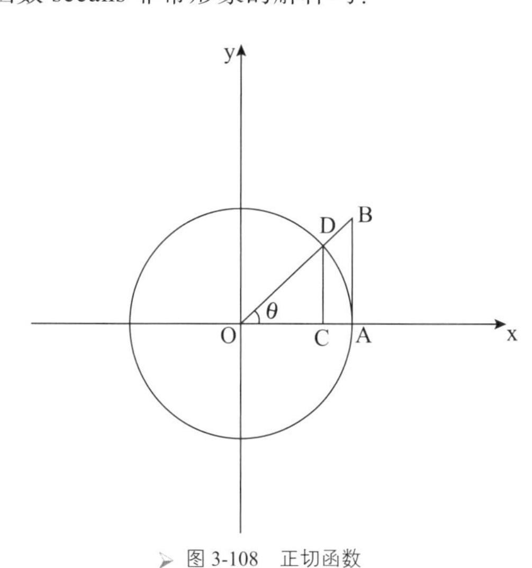

图 3-108　正切函数

①据说早在古希腊时期，智者泰勒斯就曾经用直立杆倒影与杆长成固定比例（即相当于现在所说的余切函数），为埃及法老巧妙测量金字塔的高度。

②托马斯·芬克（Thomas Fincke，1561–1656），丹麦数学家，他在其著作《圆几何学》一书中最早使用正割secant及正切tangent的称呼。

附录 1　神话人物名索引

对于希腊神话人物名称的翻译，国内学者大多采用著名古希腊文学翻译专家罗念生老前辈所提出的“罗氏希腊文译音表”。本书亦采用罗氏译音表翻译全书中的神话人物名。

中文	英文	希腊文	说明
阿卡德摩斯	Academus	Ἀκάδημος	阿提卡英雄，曾帮双子找到妹妹海伦
阿卡斯托斯	Acastus	Ἄκαστος	珀利阿斯王之子
阿刻索	Aceso	Ἀκεσώ	医神之女，代表治疗
阿喀琉斯	Achilles	Ἀχιλλεύς	特洛亚战争中的著名英雄
阿克里西俄斯	Acrisius	Ἀκρίσιος	阿耳戈斯王，达那厄的父亲
阿克泰翁	Actaeon	Ἀκταίων	猎人，因看见沐浴中的女神被变为麋鹿
阿德墨托斯	Admetus	Ἄδμητος	珀利阿斯王的女婿
阿多尼斯	Adonis	Ἄδωνις	著名美男子，爱神阿佛洛狄忒的情人
埃阿科斯	Aeacus	Αἰακός	宙斯之子，死后成为冥界判官
埃厄忒斯	Aeetes	Αἰήτης	科尔基王，美狄亚的父亲
埃勾斯	Aegeus	Αἰγεύς	雅典王，英雄忒修斯之父
埃癸娜	Aegina	Αἴγινα	河神阿索波斯之女，为宙斯生下埃阿科斯
埃古普托斯	Aegyptus	Αἴγυπτος	埃及王，埃及的名祖
埃涅阿斯	Aeneas	Αἰνείας	爱神阿佛洛狄忒之子，特洛亚将领
埃俄罗斯	Aeolus	Αἴολος	①忒萨利亚地区的一位国王；②风神
埃宋	Aeson	Αἴσων	英雄伊阿宋的父亲
埃忒耳	Aether	Αἰθήρ	天光之神
埃特拉	Aethra	Αἴθρα	英雄忒修斯之母
阿伽门农	Agamemnon	Ἀγαμέμνων	特洛亚战争时期的希腊联军统帅
阿高厄	Agave	Ἀγαύη	卡德摩斯之女，彭透斯之母
阿革诺耳	Agenor	Ἀγήνωρ	腓尼基王，欧罗巴和卡德摩斯之父
阿格莱亚	Aglaea	Ἀγλαΐα	医神之女，代表健康荣光
阿格莱亚	Aglaia	Ἀγλαΐα	美惠女神之一，火神的妻子
埃阿斯	Aias	Αἴας	特洛亚战争中希腊方将领
阿尔卡伊俄斯	Alcaeus	Ἀλκαῖος	珀耳修斯之子，安菲特律翁之父
阿尔喀得斯	Alcides	Ἀλκείδης	英雄赫剌克勒斯的本名
阿尔克墨得	Alcimede	Ἀλκιμέδη	伊阿宋的母亲
阿尔克墨涅	Alcmene	Ἀλκμήνη	赫剌克勒斯的母亲

（续表）

中文	英文	希腊文	说明
阿玛尔忒亚	Amalthea	Ἀμάλθεια	山羊仙女，曾哺育年幼的宙斯
阿玛宗	Amazon	Ἀμαζών	传说中的女战士民族，或译“亚马逊”
安菲特里忒	Amphitrite	Ἀμφιτρίτη	海中仙女，海后
安菲特律翁	Amphitryon	Ἀμφιτρύων	赫剌克勒斯名义上的父亲
阿密塔翁	Amythaon	Ἀμυθάων	堤罗和克瑞透斯王之子
安喀塞斯	Anchises	Ἀγχίσης	爱神的情人，埃涅阿斯之父
安德洛革俄斯	Androgeus	Ἀνδρόγεως	弥诺斯王之子，为埃勾斯所杀
安德洛墨达	Andromeda	Ἀνδρομέδα	英雄珀耳修斯的妻子
安提戈涅	Antigone	Ἀντιγόνη	俄狄浦斯王之女
阿法柔斯	Aphareus	Ἀφαρεύς	林叩斯的真实父亲
阿佛洛狄忒	Aphrodite	Ἀφροδίτη	爱与美之女神
阿波罗	Apollo	Ἀπόλλων	光明之神，文艺之神
阿剌克涅	Arachne	Ἀράχνη	纺织女，被雅典娜变为蜘蛛
阿耳卡斯	Arcas	Ἀρκάς	卡利斯托之子，阿卡迪亚人的祖先
阿瑞斯	Ares	Ἄρης	战神
阿耳戈斯	Argos	Ἄργος	①看守伊俄的百目卫士；②阿耳戈号建造者
阿里阿德涅	Ariadne	Ἀριάδνη	克里特公主，酒神的妻子
阿里翁	Arion	Ἀρίων	①神驹；②一位著名乐手
阿里斯泰俄斯	Aristaeus	Ἀρισταῖος	养蜂的发明者，阿克泰翁之父
阿耳忒弥斯	Artemis	Ἄρτεμις	月亮女神，狩猎女神
阿斯克勒庇俄斯	Asclepius	Ἀσκληπιός	著名医师，死后被尊为医神
阿索波斯	Asopus	Ἀσωπός	河神
阿斯忒里翁	Asterion	Ἀστερίων	克里特岛的统治者，欧罗巴的丈夫
阿斯特赖亚	Astraea	Ἀστραῖα	公正与正义之女神
阿塔玛斯	Athamas	Ἀθάμας	玻俄提亚地区的一位国王
雅典娜	Athena	Ἀθηνᾶ	智慧女神
阿特拉斯	Atlas	Ἄτλας	扛天巨神，提坦神之一
奥革阿斯	Augeas	Αὐγείας	太阳神之子；阿耳戈英雄
奥托墨冬	Automedon	Αὐτομέδων	阿喀琉斯的御手
奥托诺厄	Autonoe	Αὐτονόη	卡德摩斯之女，阿克泰翁之母
柏勒洛丰	Bellerophon	Βελλεροφῶν	英雄，曾除灭怪兽喀迈拉
柏罗斯	Belos	Βῆλος	埃及国王
比亚	Bia	Βία	暴力女神
玻瑞阿得斯	Boreades	Βορέαδες	北风神的双生子
玻瑞阿斯	Boreas	Βορέας	北风之神
卡吕普索	Calypso	Καλυψώ	大洋仙女，英雄奥德修斯的情人
卡德摩斯	Cadmus	Κάδμος	腓尼基王子，忒拜城的建立者

（续表）

中文	英文	希腊文	说明
卡莱斯	Calais	Κάλαϊς	北风神的双生子之一
卡利俄珀	Calliope	Καλλιόπη	缪斯女神之一，司史诗
卡利斯托	Callisto	Καλλιστώ	宁芙仙子，狩猎女神的侍女
卡西俄珀亚	Cassiopeia	Κασσιόπεια	埃塞俄比亚王后
卡斯托耳	Castor	Κάστωρ	勒达之子，海伦之兄
肯陶洛斯	Centaur	Κένταυρος	半人马的祖先
肯陶洛斯人	Centaurs	Κένταυροι	半人马族的名称
刻甫斯	Cepheus	Κηφεύς	埃塞俄比亚国王
刻耳柏洛斯	Cerberus	Κέρβερος	冥府看门犬
刻耳库翁	Cercyon	Κερκύων	强盗，为忒修斯所除灭
刻托斯	Cetus	Κῆτος	一只海怪，被珀耳修斯杀死
卡尔喀俄珀	Chalciope	Χαλκιόπη	佛里克索斯之妻，美狄亚的姐姐
美惠三女神	Charites	Χάριτες	司掌优雅和美丽的三位女神
卡戎	Charon	Χάρων	冥河渡夫
卡律布狄斯	Charybdis	Χάρυβδις	西西里岛附近的海妖
喀迈拉	Chimera	Χίμαιρα	狮头、羊身、蛇尾的妖怪
喀戎	Chiron	Χείρων	著名的半人马，众英雄的导师
西利克斯	Cilix	Κίλιξ	欧罗巴的兄弟，西利西亚的创建者
克吕墨涅	Clymene	Κλυμένη	大洋仙女，法厄同的母亲
克吕泰涅斯特拉	Clytemnestra	Κλυταιμνήστρα	阿伽门农之妻，海伦的姐妹
科洛尼斯	Coronis	Κορωνίς	阿波罗情人，医神的母亲
克剌托斯	Cratos	Κράτος	强力之神
克瑞翁	Creon	Κρέων	俄狄浦斯之后的忒拜王
克瑞透斯	Cretheus	Κρηθεύς	伊俄尔科斯的建造者和第一任王
克瑞乌萨	Creusa	Κρέουσα	科林斯公主，为美狄亚所害
克洛诺斯	Cronos	Κρόνος	提坦神族之神王
独目巨人	Cyclops	Κύκλωψ	三位独目巨人
库克诺斯	Cygnus	Κύκνος	法厄同的挚友，因悲伤化为天鹅
库诺苏拉	Cynosura	Κυνοσούρα	北极仙女
库努罗斯	Cynurus	Κύνουρος	英雄珀耳修斯之子，库努里亚的建造者
库瑞涅	Cyrene	Κυρήνη	拉庇泰公主，太阳神阿波罗的情人
代达罗斯	Daedalus	Δαίδαλος	著名建筑师，克里特迷宫的建造者
达那厄	Danae	Δανάη	宙斯情人，珀耳修斯之母
达那俄斯	Danaus	Δαναός	达那伊得斯姐妹的父亲
达耳达诺斯	Dardanus	Δάρδανος	特洛亚人祖先，达耳达尼亚城之创建者
得墨忒耳	Demeter	Δημήτηρ	丰收女神
狄俄墨得斯	Diomedes	Διομήδης	色雷斯一位暴君，被赫剌克勒斯杀死

（续表）

中文	英文	希腊文	说明
狄俄倪索斯	Dionysus	Διόνυσος	酒神
狄俄斯库洛	Dioscuri	Διόσκουροι	双生英雄，海伦的两个哥哥
德律俄珀	Dryope	Δρυόπη	宁芙仙子，牧神潘之母
厄科	Echo	Ἠχώ	宁芙仙子，回音的象征
厄喀翁	Echion	Ἐχίων	神使赫耳墨斯的双生子之一
厄勒克特律翁	Electryon	Ἠλεκτρύων	英雄珀耳修斯之子，阿尔克墨涅之父
恩得伊斯	Endeïs	Ἐνδεΐς	喀戎之女，埃阿科斯王之妻
厄俄斯	Eos	Ἠώς	黎明女神
厄帕福斯	Epaphus	Ἔπαφος	伊俄之子，埃及国王
厄庇米修斯	Epimetheus	Ἐπιμηθεύς	后觉神，因娶潘多拉而给人间带来灾难
厄里达诺斯	Eridanus	Ἠριδανός	传说中的大河，法厄同曾坠落于此
厄里斯	Eris	Ἔρις	不和女神
厄洛斯	Eros	Ἔρως	小爱神，爱神阿佛洛狄忒之子
欧玻亚	Euboea	Εὔβοια	河神阿索波斯之女，波塞冬的情人
欧斐摩斯	Euphemus	Εὔφημος	阿耳戈英雄，锡拉岛的创造者
欧洛斯	Eurus	Εὖρος	东风之神
欧律狄刻	Eurydice	Εὐρυδίκη	乐师俄耳甫斯的妻子
欧律墨冬	Eurymedon	Εὐρυμέδων	阿伽门农王的御者
欧律斯透斯	Eurystheus	Εὐρυσθεύς	迈锡尼王，受天后指使不断迫害赫剌克勒斯
欧律托斯	Eurytus	Ἔρυτος	神使赫耳墨斯的双生子之一
该亚	Gaia	Γαῖα	大地女神，创世神之一
伽倪墨得斯	Ganymede	Γανυμήδης	美少年，特洛亚王子，宙斯的酒童
革律翁	Geryon	Γηρυών	三身巨人，被赫剌克勒斯所杀
癸干忒斯	Gigantes	Γίγαντες	蛇足巨人族
戈耳工	Gorgon	Γοργών	三位蛇发女妖
灰衣妇人	Graiai	Γραῖαι	三位灰衣妇人
哈得斯	Hades	Ἅιδης	冥王
哈耳摩尼亚	Harmonia	Ἁρμονία	战神和爱神之女，卡德摩斯之妻
哈耳皮埃	Harpy	Ἅρπυια	怪鸟
赫柏	Hebe	Ἥβη	青春女神
赫卡忒	Hecate	Ἑκάτη	幽灵女神
百臂巨人	Hecatonchires	Ἑκατόγχειρες	三位百臂巨人
海伦	Helen	Ἑλένη	宙斯和勒达之女，最美貌的女人
赫琉斯	Heleus	Ἕλειος	英雄珀耳修斯之子，赫洛斯的建造者
赫利阿得斯	Heliades	Ἡλιάδες	阳光仙女，法厄同的三个姐姐
赫利刻	Helike	Ἑλίκη	柳树仙女
赫利俄斯	Helios	Ἥλιος	太阳神

（续表）

中文	英文	希腊文	说明
赫勒	Helle	Ἕλλη	阿塔玛斯与云之仙女的女儿，坠海而死
赫淮斯托斯	Hephaestus	Ἥφαιστος	火神，锻造之神
赫拉	Hera	Ἥρα	天后
赫耳墨斯	Hermes	Ἑρμῆς	神使
赫斯珀里得斯	Hesperides	Ἑσπερίδες	三位黄昏仙女
希珀	Hippe	Ἵππη	智者喀戎之女
希波达弥亚	Hippodamia	Ἱπποδάμεια	珀罗普斯的妻子
希波吕忒	Hippolyte	Ἱππολύτη	阿玛宗女王
希波吕托斯	Hippolytus	Ἱππόλυτος	忒修斯王之子，死后被医神救活
希波墨冬	Hippomedon	Ἱππομέδων	围攻忒拜城的七位英雄之一
许德拉	Hydra	Ὕδρα	九头水蛇，被赫剌克勒斯所除灭
许癸厄亚	Hygieia	Ὑγιεία	医神之女，代表健康
许拉斯	Hylas	Ὕλας	美少年，被水泽女仙诱入池塘中
许珀里翁	Hyperion	Ὑπερίων	十二提坦神之一，高空之神
许珀耳涅斯特拉	Hypermnestra	Ὑπερμνήστρα	达那伊得斯姐妹之一
许普诺斯	Hypnos	Ὕπνος	睡神
许里欧斯	Hyrieus	Ὑριεύς	俄里翁的养父
伊阿珀托斯	Iapetus	Ἰαπετός	十二提坦神之一，普罗米修斯之父
伊阿西翁	Iasion	Ἰασίων	因与得墨忒耳结合而遭宙斯杀害
伊阿索	Iaso	Ἰασώ	医神之女，代表医药
伊达斯	Idas	Ἴδας	海王波塞冬的双生子之一
伊得蒙	Idmon	Ἴδμων	阿耳戈号上的先知
伊诺	Ino	Ἰνώ	卡德摩斯之女
伊俄	Io	Ἰώ	河神伊那科斯之女，宙斯的情人
伊俄巴忒斯	Iobates	Ἰοβάτης	吕基亚王，曾收留英雄柏勒洛丰
伊俄卡斯忒	Iocaste	Ἰοκάστη	俄狄浦斯王的母亲和妻子
伊俄拉俄斯	Iolaus	Ἰόλαος	赫剌克勒斯的侄子和战友
伊菲克勒斯	Iphicles	Ἰφικλῆς	赫剌克勒斯的兄弟，伊俄拉俄斯之父
伊斯库斯	Ischys	Ἰσχύς	科洛尼斯的恋人
伊克西翁	Ixion	Ἰξίων	忒萨利亚一位国王，半人马族之祖先
科瑞	Kore	Κόρη	冥后珀耳塞福涅的原名
拉冬	Ladon	Λάδων	看守金苹果的百首龙
拉俄墨冬	Laomedon	Λαομέδων	特洛亚王
拉庇泰	Lapiths	Λαπίθαι	忒萨利亚地区的一个古老民族
勒达	Leda	Λήδα	斯巴达王后，海伦之母
利比亚	Libya	Λιβύη	孟菲斯和厄帕福斯的女儿
吕卡翁	Lycaon	Λυκάων	阿卡迪亚国王，因暴虐被宙斯变为豺狼

（续表）

中文	英文	希腊文	说明
林叩斯	Lynceus	Λυγκεύς	海王波塞冬的双生子之一
迈那得斯	Maenades	Μαινάδες	酒神的女信众
迈亚	Maia	Μαῖα	七仙女之一，赫耳墨斯之母
美狄亚	Medea	Μήδεια	科尔基公主，伊阿宋之妻
墨冬	Medon	Μέδων	希腊联军将领，为埃涅阿斯所杀
墨杜萨	Medusa	Μέδουσα	蛇发女妖，本为海王的情人
墨伽拉	Megara	Μέγαρα	忒拜王克瑞翁之女，赫剌克勒斯之妻
墨勒阿革洛斯	Meleager	Μελέαγρος	阿耳戈英雄，被生母所杀
墨利萨	Melissa	Μέλισσα	蜜蜂仙女
孟菲斯	Memphis	Μέμφις	尼罗河神的女儿，孟斐斯城的名祖
墨涅拉俄斯	Menelaus	Μενέλαος	阿伽门农之弟，海伦之夫，斯巴达王
墨诺提俄斯	Menoetius	Μενοίτιος	①普罗米修斯之兄；②阿耳戈英雄
门农	Menon	Μένων	特洛亚联军中的英雄，黎明女神之子
墨洛珀	Merope	Μερόπη	喀俄斯公主，被猎人俄里翁所奸污
墨洛普斯	Merops	Μέροψ	埃塞俄比亚国王，法厄同的养父
墨斯托耳	Mestor	Μήστωρ	珀耳修斯之子
弥诺斯	Minos	Μίνως	克里特王，冥界三判官之一
弥诺陶洛斯	Minotaur	Μīνώταυρος	克里特王后与公牛结合所生的怪物
摩普索斯	Mopsus	Μόψος	阿耳戈号上的先知
缪斯	Muses	Μοῦσαι	九位司掌文艺的女神
水泽仙女	Naiads	Ναϊάδες	生活在溪流、沼泽等地的自然仙子
瑙普利俄斯	Nauplius	Ναύπλιος	海王与阿密摩涅之子，阿耳戈英雄
涅琉斯	Neleus	Νηλεύς	珀利阿斯王的兄弟
涅斐勒	Nephele	Νεφέλη	云之仙女
海中仙女	Nereids	Νηρηΐδες	海神涅柔斯的50个女儿
涅柔斯	Nereus	Νηρεύς	老一辈海神，海中老人
大洋仙女	Oceanids	Ὠκεανίδες	环河之神的3000个女儿
俄刻阿诺斯	Oceanus	Ὠκεανός	十二提坦神之一，环河之神
奥德修斯	Odysseus	Ὀδυσσεύς	希腊联军将领，以足智多谋著称
俄狄浦斯	Oedipus	Οἰδίπους	忒拜国王，在不知情中弑父娶母
俄里翁	Orion	Ὠρίων	著名猎人
俄耳甫斯	Orpheus	Ὀρφεύς	才华横溢的乐师，曾只身进入冥府寻妻
帕拉斯	Pallas	Πάλλας	雅典娜的别名
潘	Pan	Πάν	牧神和山林之神
帕那刻亚	Panacea	Πανάκεια	医神之女，代表一切治愈
帕里斯	Paris	Πάρις	特洛亚王子，拐走了美女海伦
帕西法厄	Pasiphae	Πασιφάη	克里特王后，生弥诺陶洛斯

（续表）

中文	英文	希腊文	说明
珀伽索斯	Pegasus	Πήγασος	飞马，众缪斯仙女的爱宠
珀琉斯	Peleus	Πηλεύς	海中仙女忒提斯之夫，阿喀琉斯之父
珀利阿斯	Pelias	Πελίας	埃宋王同母异父的弟弟，篡位做王
彭透斯	Pentheus	Πενθεύς	忒拜王，被生母杀死
珀里斐忒斯	Periphetes	Περιφήτης	强盗，为忒修斯所除灭
珀耳塞福涅	Persephone	Περσεφόνη	冥后
珀耳塞斯	Perses	Πέρσης	珀耳修斯之子，据传为波斯人的祖先
珀耳修斯	Perseus	Περσεύς	著名英雄，迈锡尼的建立者
法厄图萨	Phaethusa	Φαέθουσα	太阳神赫利俄斯之女
法厄同	Phaeton	Φαέθων	太阳神之子，驾太阳车给世界带来灾难
菲罗墨罗斯	Philomelos	Φιλόμελος	丰收女神之子，牛车和犁的发明者
菲吕拉	Philyra	Φιλύρα	大洋仙女，喀戎的母亲
菲纽斯	Phineus	Φινεύς	①刻甫斯王的兄弟；②一位盲先知
佛利阿斯	Phlias	Φλίας	酒神之子
菲尼克斯	Phoenix	Φοῖνιξ	欧罗巴的兄弟
福洛斯	Pholus	Φόλος	半人马，赫剌克勒斯的朋友
福耳库斯	Phorcys	Φόρκυς	远古海神，其后代多为怪物
佛里克索斯	Phrixus	Φρίξος	阿塔玛斯王与云之女神的儿子
庇里托俄斯	Pirithous	Πειρίθοος	拉庇泰英雄，曾与忒修斯劫掠美女海伦
庇堤斯	Pitys	Πίτυς	枞树仙女，为潘神所爱
普勒阿得斯	Pleiades	Πλειάδες	七仙女，阿特拉斯的七位美丽女儿
波吕得克忒斯	Polydectes	Πολυδέκτης	塞里福斯岛国王，曾收留达那厄母子
波吕丢刻斯	Polydeuces	Πολυδεύκης	勒达之子，卡斯托耳之兄弟
波吕多洛斯	Polydorus	Πολύδωρος	卡德摩斯和哈耳摩尼亚的长子
波吕尼刻斯	Polynices	Πολυνείκης	俄狄浦斯王之子
波吕斐摩斯	Polyphemus	Πολύφημος	独眼巨人，波塞冬之子
波塞冬	Poseidon	Ποσειδῶν	海王
普里阿摩斯	Priam	Πρίαμος	特洛亚王
普罗克汝斯忒斯	Procrustes	Προκρούστης	强盗，为忒修斯所除灭
普罗米修斯	Prometheus	Προμηθεύς	提坦神，因替人类盗取火种而受宙斯惩罚
剌达曼堤斯	Rhadamanthys	Ῥαδάμανθυς	欧罗巴之子，冥界三判官之一
瑞亚	Rhea	Ῥέα	提坦天后，宙斯的母亲
萨尔摩纽斯	Salmoneus	Σαλμωνεύς	埃俄罗斯王之子，少女堤罗之父
萨耳珀冬	Sarpedon	Σαρπηδών	宙斯与欧罗巴所生之子
萨堤洛斯	Satyr	Σάτυρος	长有羊角与羊蹄的怪物
斯喀戎	Sciron	Σκίρων	强盗，为忒修斯所除灭
斯库拉	Scylla	Σκύλλα	西西里岛附近的海妖

（续表）

中文	英文	希腊文	说明
塞墨勒	Semele	Σεμέλη	卡德摩斯之女，酒神之母
西尼斯	Sinis	Σίνις	强盗，为忒修斯所除灭
塞壬	Siren	Σειρήν	以迷人歌声引诱水手的女妖
天狼星	Sirius	Σείριος	由猎户俄里翁的爱犬所变的亮星
西绪福斯	Sisyphus	Σίσυφος	科林斯王，死后被罚推巨石
斯芬克斯	Sphinx	Σφίγξ	狮身人面的怪物
斯忒涅罗斯	Sthenelus	Σθένελος	珀耳修斯之子，欧律斯透斯之父
绪任克斯	Syrinx	Σύριγξ	宁芙仙子，为潘神所追求
塔罗斯	Talos	Τάλως	守卫克里特岛的青铜巨人
忒拉蒙	Telamon	Τελαμών	珀琉斯之兄弟，埃阿斯之父
忒堤斯	Tethys	Τηθύς	十二提坦神之一，海洋女神
塔那托斯	Thanatos	Θάνατος	死神
忒修斯	Theseus	Θησεύς	雅典君主
忒提斯	Thetis	Θέτις	海中仙女，阿喀琉斯之母
堤俄涅	Thyone	Θυώνη	塞墨勒变为女神后的名字
特洛斯	Tros	Τρος	特洛亚城的建造者
廷达柔斯	Tyndareus	Τυνδάρεως	斯巴达王，勒达之夫
堤丰	Typhon	Τυφῶν	该亚与地狱深渊所生的巨大怪物
堤罗	Tyro	Τυρώ	海王波塞冬的情人，珀利阿斯王之母
乌刺诺斯	Uranus	Οὐρανός	天空之神，第一代神王
仄费洛斯	Zephyrus	Ζέφυρος	西风之神
仄特斯	Zetes	Ζήτης	北风神的双生子之一
宙斯	Zeus	Ζεύς	奥林波斯神族之天王

附录 2　书中地名索引

全书所涉及的地名，大多数为古希腊各地区及城邦，以及爱琴海、地中海周边地区。考虑地名的特殊性，翻译时优先考虑已经广为流传的汉语译名，比如 Aegean Sea“爱琴海”；对于尚未有标准翻译的，或者译名不统一的，采用接近古希腊语音的罗氏希腊文译音翻译。

中文	英文	希腊文	说明
爱琴海	Aegean Sea	Αἰγαῖον πέλαγος	希腊半岛东部的海域
埃伊那岛	Aegina	Αἴγινα	希腊萨罗尼克湾中一岛屿
阿纳菲岛	Anafi	Ἀνάφη	基克拉泽斯群岛之一
阿卡迪亚	Arcadia	Ἀρκαδία	伯罗奔尼撒中部一地区
阿耳戈斯	Argos	Ἄργος	伯罗奔尼撒地区的重要城邦，最古老的希腊城邦之一
雅典	Athens	Ἀθῆναι	阿提卡地区的中心城邦，希腊重要城邦
阿提卡	Attica	Ἀττική	中部希腊东南一地区，南与东濒爱琴海
比堤尼亚	Bithynia	Βιθυνία	小亚细亚西北部地区，濒博斯普鲁斯海峡
玻俄提亚	Boeotia	Βοιωτία	中部希腊中间一地区
博斯普鲁斯	Bosporus	Βόσπορος	连接黑海和地中海的海峡
布饶戎	Brauron	Βραυρών	阿提卡东部海岸的一个圣所
卡德米亚	Cadmeia	Καδμεία	忒拜城的古名
高加索	Caucasus	Καύκασος	位于黑海、亚速海同里海之间的一个地区
克律涅亚山	Ceryneia	Κερύνεια	伯罗奔尼撒北部地区的一座山
喀俄斯岛	Chios	Χίος	爱琴海东部一岛屿
西利西亚	Cilicia	Κιλικία	小亚细亚东南部的一个地区
科尔基	Colchis	Κολχίς	遥远的东方国度，在黑海的东岸
科林斯	Corinth	Κόρινθος	希腊中部和伯罗奔尼撒半岛连接点处的重要城邦
克里特	Crete	Κρήτη	地中海东部一个大岛
库努里亚	Cynuria	Κυνουρία	伯罗奔尼撒东海岸的一片地区
塞浦路斯	Cyprus	Κύπρος	地中海东部一个大岛屿，今天的塞浦路斯
昔兰尼	Cyrene	Κυρήνη	利比亚地区的古城昔兰尼
得洛斯	Delos	Δῆλος	爱琴海中一岛屿，太阳神阿波罗的圣地
德尔斐	Delphi	Δελφοί	阿波罗神谕发布之地，位于福基斯地区
多多纳	Dodona	Δωδώνη	希腊西北部伊庇鲁斯的一个神谕处

（续表）

中文	英文	希腊文	说明
厄琉西斯	Eleusis	Ἐλευσίς	阿提卡的一个地区
厄律曼托斯	Erymanthos	Ἐρύμανθος	阿卡迪亚地区一座山名
埃塞俄比亚	Ethiopia	Αἰθιοπία	北非一个国家
欧玻亚岛	Euboea	Εὔβοια	爱琴海中最大的一个岛屿
赫利孔山	Helicon	Ἑλικών	阿波罗和缪斯女神的圣地，是帕耳那索斯山的一部分
赫勒海	Hellespont	Ἑλλήσποντος	即达达尼尔海峡，赫勒坠海而得名
赫尔摩坡利斯	Hermopolis	Ἑρμοῦ πόλις	在埃及境内，赫耳墨斯神的圣所
伊达山	Ida	Ἴδη	克里特岛的一座山，传说中宙斯长大的地方
伊俄尔科斯	Iolcus	Ἰωλκός	忒萨利亚地区的一个城邦
爱奥尼亚海	Ionian Sea	Ἰόνιον πέλαγος	希腊西部的一片海域
拉里萨	Larissa	Λάρισσα	忒萨利亚地区的一个城邦
利姆诺斯岛	Lemnos	Λῆμνος	爱琴海东部一大岛屿
勒耳那	Lerna	Λέρνη	阿耳戈斯城北部的一个地区
莱斯博斯岛	Lesbos	Λέσβος	爱琴海东部一岛屿
利比亚	Libya	Λιβύη	和地中海相邻的北非地区
吕基亚	Lycia	Λυκία	小亚细亚内的一个地区
迈锡尼	Mycenae	Μυκῆναι	伯罗奔尼撒地区的重要城邦，最古老的希腊城邦之一
密西亚	Mysia	Μυσία	小亚细亚北部地区，濒博斯普鲁斯海峡
那克索斯岛	Naxos	Νάξος	爱琴海上的一个岛屿，在基克拉泽斯群岛的中心
涅墨亚	Nemea	Νεμέα	阿耳戈斯城北部的一个地区
倪萨山	Nysa	Νῦσα	酒神出生的地方
奥林波斯山	Olympus	Ὄλυμπος	忒萨利亚境内，奥林波斯众神的寓居之地
珀里翁山	Pelion	Πήλιον	为希腊中部忒萨利亚地区的一座山脉
伯罗奔尼撒	Peloponnesos	Πελοπόννησος	位于希腊半岛的整个南部地区
佛律癸亚	Phrygia	Φρυγία	小亚细亚西北一地区
波塞多尼亚	Poseidonia	Ποσειδώνια	基克拉泽斯群岛中的一处圣所
罗得岛	Rhodes	Ῥόδος	小亚细亚西南一岛屿
斯库提亚	Scythia	Σκυθική	东欧至中亚的一个草原地带
塞里福斯岛	Seriphos	Σέριφος	基克拉泽斯群岛之一
西西里岛	Sicilia	Σικελία	亚平宁半岛的西南，地中海最大岛屿
斯巴达	Sparta	Σπάρτη	伯罗奔尼撒南部的一个重要城邦
斯特吕蒙河	Strymon	Στρυμών	流经希腊的一条河流
斯廷法罗湖	Stymphalus	Στύμφαλος	阿卡迪亚地区一个湖泊
塔福斯岛	Taphos	Τάφος	伊奥尼亚海中的一个小岛

（续表）

中文	英文	希腊文	说明
塔尔苏斯	Tarsus	Ταρσός	在小亚细亚东南部
忒拜	Thebes	Θῆβαι	玻俄提亚地区的中心城邦，亦称为底比斯
锡拉岛	Thera	Θήρα	位于爱琴海基克拉泽斯群岛的最南端
忒萨利亚	Thessaly	Θεσσαλία	希腊中北部一地区
色雷斯	Thrace	Θρᾴκη	希腊东北部地区名，在爱琴海北面
提任斯	Tiryns	Τίρυνς	伯罗奔尼撒一城市
特洛曾	Troezen	Τροιζήν	伯罗奔尼撒东北一城邦
特洛亚	Troy	Τροία	特洛斯之城，特洛亚战争发生的地方
堤洛斯	Tyros	Τύρος	在地中海东岸，腓尼基城邦
维苏威火山	Vesuvius	Οὐεσούιον	意大利西南部的一座活火山

附录 3　古希腊地图

黑海
比堤尼亚
密西亚
佛律癸亚
吕基亚
赫勒海
特洛亚
利姆诺斯岛
爱琴海
莱斯博斯岛
喀俄斯岛
得洛斯
那克索斯岛
塞里福斯岛
阿纳菲岛
锡拉岛
罗得岛
克里特岛
伊达山
拉里萨
伊俄尔科斯
珀利翁山
多多纳
克库拉岛
塔福斯岛
伊奥尼亚海
欧玻亚岛
德尔斐
忒拜
雅典
科林斯
迈锡尼
阿耳戈斯
特洛曾
埃伊那岛
斯巴达

:圣所
:王国
:山脉
色雷斯地区
马其顿地区
伊庇鲁斯
忒萨利亚地区
西部希腊地区
中部希腊地区
伯罗奔尼撒地区
基克拉泽斯群岛
阿卡迪亚
玻俄提亚
阿提卡

附录 4　恒星名称索引

恒星学名大多来自阿拉伯语，部分来自古希腊语、拉丁语或有其他来源。此处附上书中提及的恒星和对应词源，供有需要的读者查阅使用。

恒星	天文学名	来自阿拉伯文	含义解释	中文星名
α Eridani	Achernar	آخر النهر	河的尽头	水委一
β Cygni	Albireo	منقار ألدجاجة	天鹅之喙	辇道增七
α Tauri	Aldebaran	الدبران	追求者	毕宿五
β Persei	Algol	رأس الغول	妖怪之头	大陵五
α Piscium	Alrisha	الرشآء	绳索	外屏七
α Aquilae	Altair	النسر الطائر	飞翔的鹰	牛郎星
α Orionis	Betelgeuse	يد الجوزاء	猎户之手	参宿四
α Cygni	Deneb	ذنب الدجاجة	天鹅之尾	天津四
α Piscis Austrini	Fomalhaut	فم الحوت	鱼嘴	北落师门
β Orionis	Rigel	الرجل الجبار	猎户之足	参宿七
α Centauri	Rigil Kentaurus	رجل القنطورس	半人马之足	南门二
γ Cygni	Sador	صدر ألدجاجة	天鹅之脯	天津一
α Sagittae	Sham	سهم	箭矢	左旗一
α Lyrae	Vega	النسر الواقع	降落的鹰	织女星

恒星	天文学名	来自古希腊文	含义解释	中文星名
α Scorpii	Antares	Ἀντάρης	火星之敌	大火
α Boötis	Arcturus	Ἀρκτοῦρος	看熊人	大角星
α Carinae	Canopus	Κάνωπος	一名舵手	老人星
α Ursae Minoris	Cynosura	Κυνοσούρα	犬尾	北极星
α Canis Minoris	Procyon	Προκύων	先于狗星	南河三
α Canis Majoris	Sirius	Σείριος	灼热者	天狼星

恒星	天文学名	源自拉丁文	含义解释	中文星名
β Centauri	Agena	gena	膝盖	马腹一
δ Cancri	Asellus Australis	asellus australis	南面的驴	鬼宿四
γ Cancri	Asellus Borealis	asellus borealis	北面的驴	鬼宿三

（续表）

恒星	天文学名	源自拉丁文	含义解释	中文星名
β Crucis	Becrux	β Crucis	南十字β 星	十字架叁
α Aurigae	Capella	capella	母山羊	五车二
α Geminorum	Castor	Castor	双子英雄之一	北河二
β Geminorum	Pollux	Pollux	双子英雄之一	北河三
α Leonis	Regulus	regulus	小帝王	轩辕十四
α Virginis	Spica	spica	麦穗	角宿一

恒星	天文学名	来自意大利语	含义解释	中文星名
β Delphini	Rotanev	Venator	维纳托	瓠瓜四
α Delphini	Sualocin	Nicolaus	尼古拉斯	瓠瓜一

附录 5　梵文转写对照表

为方便读者学习，书中所涉梵文皆按照国际梵语转写字母（IAST）标准进行转写。此处附上书中所有转写词与梵文原词，供有需要的读者查阅使用。

注意：考虑到个别梵语词汇已被英语借用，书中诸已被英语借用的词汇转写为对应英语借词。比如 रामायण 转写为 ramayana，हीनयान 转写为 hinayana，महायान 转写为 mahayana，यमराज 转写为 yamaraja。

梵文原词	IAST转写	含义
आभा	ābhā	光
अमित	amita	不可测的
अमिताभ	amitābha	阿弥陀佛
अक्षि	akṣi	眼睛
आस	āsa-	灰烬
अश्व	aśva	马
चक्र	cakra	轮子
दानम्	dānaṃ	礼物
धर्म	dharma	法
धर्मचक्र	dharmacakra	法轮
धूम	dhūma	烟
धुनि	dhuni	河流
हीनयान	hīnayāna	小乘
ज्यार्ध	jyārdha	半弦
महा	mahā	大
महायान	mahāyāna	大乘
मकर	makara	摩羯
मन्त्र	mantra	祷文、咒语
मति	mati	思想
पुण्डरीक	puṇḍarīka	老虎
पुर	pura	城市

（续表）

梵文原词	IAST转写	含义
राजा	rājā	王
रामायण	rāmāyaṇa	罗摩衍那
सिंह	siṃha	狮子
सिंहल	siṃhala	僧伽罗
त्रय	traya	三
वत्स	vatsa	一岁
यम	yama	双生、阎罗
यमराज	yamarāja	阎罗王
यमी	yamī	阎罗的妹妹
यान	yāna	乘具、路途

附录 6　阿拉伯文、波斯文、希伯来文转写对照表

为方便读者理解，书中所使用的阿拉伯文、波斯文、希伯来文都使用拉丁字母进行了转写。

此处附上全书所用转写词与对应语言文字书写，供有需要的读者查阅使用。部分词汇使用对应英语借词翻译，如：בֵּית לֶחֶם在正文中转写为 Bethlehem。

书中转写	对应语种	含义	对应文字
al-kīmiyā		埃及学问	الكيمياء
ʕáqrab		蝎子	عقرب
jiba		弓弦	جيب
jayb		衣褶、弯曲	جيب
ghūl		妖魔	غول
ra's al-ghūl	阿拉伯语	妖怪之头	رأس الغول
rigl		足	رجل
fam al-ḥūt		鱼嘴	فم الحوت
al-rishā		绳索	الرشآء
Ras al-Khaimah		哈伊马角国	رأس الخيمة
al		定冠词	ال
šēr	波斯语	狮子	شير
‘akráv		蝎子	עַקְרָב
Adonai		上帝	אֲדֹנָי
bēṯ	希伯来语	房屋	בֵּית
leḥem		面包	לֶחֶם
Bethlehem		伯利恒	בֵּית לֶחֶם

参考文献

1. [古希腊] 荷马:《伊利亚特》(罗念生 王焕生 译)，上海人民出版社，2012 年版。

2. [古希腊] 荷马:《奥德赛》(王焕生 译)，人民文学出版社，1997 年版。

3. [古希腊] 赫西俄德:《神谱》(吴雅凌 撰译)，华夏出版社，2010 年版。

4. [古希腊] 阿波罗尼俄斯:《阿尔戈英雄纪》(罗逍然 译笺)，华夏出版社，2011 年版。

5. [古希腊] 埃斯库罗斯 索福克勒斯 等:《古希腊悲剧喜剧集》(张竹明 王焕生 译)，译林出版社，2011 年版。

6. [古希腊] 伊索:《伊索寓言》(李汝仪 译)，译林出版社，2010 年版。

7. [古希腊] 希罗多德:《历史》(王以铸 译)，商务印书馆，2013 年版。

8. [古希腊] 亚里士多德:《宇宙论》(吴寿彭 译)，商务印书馆，1999 年版。

9. [古罗马] 奥维德:《变形记》(杨周翰 译)，人民文学出版社，1958 年版。

10. [古罗马] 瓦罗:《论农业》(王家绶译)，商务印书馆，2006 年版。

11. [英] Adrian Room 编著:《古典神话人物词典》(刘佳、夏天 注译)，外语教学与研究出版社，2007 年版。

12. [美] 大卫 • 萨克斯:《伟大的字母：从 A 到 Z，字母表的辉煌历史》(慷慨 译)，花城出版社，2008 年版。

13. [德] 莎德瓦尔德:《古希腊星象说》(卢白羽 译)，华东师范大学，2008 年版。

14. [英] 米歇尔 • 霍斯金:《剑桥插图天文学史》(江晓原等 译)，山东画报出版社，2003 年版。

15. 张闻玉:《古代天文历法讲座》，广西师范大学出版社，2008 年版。

16. [美] 斯塔夫里阿诺斯:《全球通史》(吴象婴 梁赤民 董书慧 王昶 译)，北京大学出版社，2012 年版。

17. [美] 杰里 • 本特利、赫伯特 • 齐格勒:《新全球史》(魏凤莲 译)，北京大学出版社，2014 年版。

18. [美] 埃德蒙 • 耶格:《生物名称和生物学术语的词源》(滕砥平 蒋芝英 译)，科学出版社，1979 年版。

19. 李楠:《希腊罗马神话 18 讲：英语词语历史故事》，中国书籍出版社，2009 年版。

20. 中国基督教两会 .《圣经》(NRSV 版). 南京爱德印刷有限公司，2005 年。

21. Richard Hinckley Allen. *Star Names: Their Lore and Meaning*. Dover Publications Inc, 1889.

22. David W. Anthony. *The Horse, the Wheel, and Language*. Princeton University Press, 2010.

23. Dr. Ernest Klein. *A Comprehensive Etymological Dictionary of the English Language*. Elsvier Publishing Company, 1965.

24. Jonh Algeo, Thomas Pyles. *the Origins and Development of the English Language* (*fifth edition*). Wadsworth Publishing, 2004.

25. Benjamin W. Fortson Ⅳ . *Indo-European Language and Culture An Introduction*. Blackwell Publishing Ltd, 2004.

26. D. Gary Miller. *Latin Suffixal Derivatives in English and their Indo-European Ancestry*. Oxford University Press, 2006.

27. Julius Pokorny. *Indogermanisches Etymologisches Wörterbuch*. 1959.

后记

在西安的一段时间里，有天忽然想去看看王维诗中的终南山。因为是一时兴起，没有做任何准备或计划，爬到一个僻静的山头时已经接近日落。一个人坐在山头发呆，看着四野里朦胧的雾色，一重重望不到尽头的山。起身归返时已经薄暮，夜色如群鸟般迅速聚拢。那是在暑夏，暮色中伴着湿气，开始变凉。下山的路很长，在几个路口错误抉择之后，我发现自己彻底迷失在这深山之中。夜如期而至。我借着愈加暗淡的余辉在山间小路上摸索前行，被众山围困着找不到出路，因为每个方向能看到的都只是山。没有灯火。只有被围困的人，迫切地想要寻找一个出口。在这慌乱和急迫的心绪中，出口愈是远远地躲避我的寻求。我只好放弃初衷，沿着小径漫无目的地前行。就这样绝望地走了很远很远，几个小时后，终于看到深山里的一家灯火。

那夜在山中留宿，听着窗外的虫鸣，困意反而消失殆尽。实在无法入眠，便独自去屋外走走。夜风习习，穿过四周叶隙，可以清晰听到风的动向。远处不时有动物奇怪的啼叫声，不晓得是什么动物，朝着叫声的方向只能看到山林幽深的影子。抬头，是漫天星光。没有月亮。愈是这种被群山环绕的地方，星空愈是显得明朗清晰。我站在这个远离人群和喧哗的山谷中，被群山和繁星重重包围。此刻的星空如此之美，我站在繁星之下忽然间有种难以名状的孤独，不知道该与谁述说。我很想知道那年王维是不是也停宿在水对面的那位樵夫家，或许他也在夜里望着星空难以入眠，然后写下了那首让人无尽陶醉的诗。我也很想描述一种急速消逝的感觉，在这永恒而神秘的星空下，我仿佛能触摸到时间那冰凉的小手。

那是一种难以言述的感觉，当你面对着一种近乎永恒的极致的美，这种美如镜子般照映出你那颗一直不曾安定的心。你忽然意识到，相比于这种永恒，你的一生却如此短暂，就如古籍的行页间流走的年代一样。快乐的时光总是飞快流逝，悲伤的时光也转瞬消无。我们却一天到晚劳苦奔波，拼命追求那些易于覆灭的事物，追求别人眼中的羡慕，对自己内心深处的呼喊视而不见。

然而我们短暂的一生，仿佛弹指间就会走到尽头。

我开始对时间产生一种莫名的恐惧。每每荒废时日，心中总会惶恐不安。因此在一些孤独的日子里，用心写书于我成为一种慰藉。我希望这本书能为喜欢观星、爱好神话、痴迷于语言文化的朋友带来阅读的启发和益处。我自己也曾陶醉于这些美好的知识中，乐而忘忧。

我喜欢仰望星空，静静地望着这些美丽又深邃的天体。星星很远，漫无边际的思绪也会随它们漂泊很远，我喜欢这样的感觉。或者与同样痴迷星空的朋友谈起，关于星座的那些古老传说。我甚至经常想到有一天当我老了，带一群小孩坐在院子里看星星，给他们讲星座故事的情景。这些都是非常美好的事。

星空的美好与真切在于，她属于每一个爱着她的人，这份爱若在心中就永远都不会失去。所以我把星空里的这些故事写下来，希望读者朋友会因此喜爱上星空，喜爱上这份被很多人遗忘的美好。在写作中我反复查阅了大量关于希腊神话的古典作品和天文文史典籍，以确保所有内容及其细节知识都有可靠的来源。我希望《星座神话》能为读者朋友点亮一盏灯，即使它无法夺目地明亮。我只愿这盏灯能够为读者照亮一些美好的知识，这份美好经常被我们在忙碌中扔却在一旁。

亲爱的读者朋友，在你翻开这本书时，或许已与我写作这书的时间相距甚远，或许很多年都在你我之间流走了。我把自己的一段时光留在这书中，为将来的你讲述这些我所钟情的故事。当你捧起这本书，若如一个老朋友在讲起一些同样令你着迷的故事，那将是对我极大的肯定。我也经常在读一些美好的书籍时，恍若在同自己的挚交聊天。有时会感慨和书中的古人相隔那么多的岁月，却又庆幸他们一直在文字和书页间陪伴着我。这又是怎样的失落和幸福呢!

在这本书的制作和校对中，有幸得到很多老师和朋友们的支持和帮助，请允许我在此向他们致谢：

特别感谢词源学专家袁新民博士对词源内容的勘误，英国华威大学助教清源老师对古希腊语的勘误，科学松鼠会会员孙正凡博士对天文内容的勘误，天主教会广州教区的刘勋·保禄对拉丁语内容的勘误，苏州大学法文系的吕玉冬老师对法语内容的勘误，马赛大学法学院的黄冠理朋友对梵文内容的勘误，百度希腊神话贴吧卞伟（Hyperboreus）对神话内容的勘误。

感谢中国词源教研中心丁朝阳、摩西、刘新格、何英君等老师在本书写作过程中给予的各种建议和各方面的帮助，感谢巫文聪、缪斯和狐狸、Lo Aidas、Ryan 等朋友参与全书内容校对。

感谢英语教育家汪榕培老师、古典语言学家雷立柏老师，感谢果壳网 CEO 姬十三老师、爱思英语网创办人周玉亮老师、《英语世界》主编魏令查老师，感谢新东方教育科技集团创始人俞敏洪老师、广州新东方校长助理刘晓峰老师，感谢北京天文馆馆长朱进老师、“夜空中国”星空摄影联盟发起人 Steed 老师等对本书的支持。

感谢湖北美术学院的顾励超为本书制作了精美的英雄谱图、希腊地图等附图。感谢青青虫设计排版工作室的方加青老师在排版设计方面的力求精美。感谢清华大学出版社编辑管嫣红老师尽心尽力做好了本书相关的各种工作。

也感谢其他对本书写作和出版提出有用意见的朋友。谢谢你们对本书的贡献。

稻草人语
2014 年冬